专业户健康高效养殖技术丛书

（第二版）

现代养鹅

关键技术精解

熊家军　杨菲菲　主编

U0194266

化学工业出版社

北京

本书在介绍养殖鹅的主要品种和生物学特性的基础上，结合我国养鹅业的生产条件和特点，详细讲解鹅的营养需要与日粮配合、繁育、饲养管理、疾病防治以及养鹅场建设与经营管理等技术，同时介绍生态养鹅新模式、鹅肥肝和鹅羽绒生产等内容，可供广大养鹅专业户和中小型养鹅场学习使用，也可为畜牧兽医工作者特别是养鹅专业技术人员工作提供帮助。

图书在版编目（CIP）数据

　　现代养鹅关键技术精解/熊家军，杨菲菲主编. —2版. —北京：化学工业出版社，2020.3
　　（专业户健康高效养殖技术丛书）
　　ISBN 978-7-122-36138-7

　　Ⅰ.①现… Ⅱ.①熊…②杨… Ⅲ.①鹅-饲养管理 Ⅳ.①S835.4

　　中国版本图书馆 CIP 数据核字（2020）第 018112 号

责任编辑：刘亚军　　　　　　　　文字编辑：焦欣渝
责任校对：边　涛　　　　　　　　装帧设计：张　辉

出版发行：化学工业出版社（北京市东城区青年湖南街 13 号　邮政编码 100011）
印　　装：大厂聚鑫印刷有限责任公司
850mm×1168mm　1/32　印张 9　字数 252 千字
2020 年 6 月北京第 2 版第 1 次印刷

购书咨询：010-64518888　　　售后服务：010-64518899
网　　址：http://www.cip.com.cn
凡购买本书，如有缺损质量问题，本社销售中心负责调换。

定　　价：38.00 元　　　　　　　　　　版权所有　违者必究

本书编写人员名单

主　编　熊家军　杨菲菲

副主编　董　尧　程春宝

参　编　王前勇　王贵强　吴桂香　常　帅

前 言

　　我国是世界上养鹅最多的国家，无论是存栏量、屠宰量还是鹅肉的产量和消耗量均居世界第一，是世界上当之无愧的养鹅大国和鹅肉产品消费大国。

　　近年来由于人们生活水平的提高和崇尚绿色食品的发展，鹅肉的需求量增长速度较快，带动了北方养鹅业的大发展，形成了北养南销的格局。吃鹅的习惯也由南向北扩散，鹅的各种加工产品在东北各地的餐馆已成为新宠。在肉类市场消费份额中，鹅肉已从 10 年前的 1% 上升到 4%，目前仍呈上升趋势，在短期内不会出现供大于求的情况。鹅的养殖也因为投资少、耗粮少、周期短、效益高的特点，成为当前畜牧业结构调整的优势产业之一，也将成为农村经济发展和农民增收的重要增长点。目前，我国养鹅业中的主体是个体养殖户，以散养为主，笔者认为只有结合当地情况实现产业化、集约化、规模化生产，才能确保养鹅业走上更快、更宽、更顺的发展之路。

　　本书在《高效养鹅关键技术》的基础上，结合近几年养鹅的新技术重新进行编写，不仅较为全面系统地介绍了养鹅生产中的主要环节及技术关键，还融入了一些国内外养鹅的新技术。本书总共分为十一章，其内容主要包括：我国养鹅现状及发展趋势、鹅的生物学特性、鹅的常见品种、鹅的营养需要与日粮配方、鹅的繁殖技术、鹅的饲养管理、生态养鹅新模式、鹅舍建筑及其设备、鹅肥肝的生产技术、鹅羽绒生产和活拔毛技术、常见鹅病的防治等，并附有农业标准无公害食品家禽养殖生产管理规范和无公害食品鹅饲养兽医防疫准则供大家参考。全书资料翔实，深入浅出，通俗易懂，具有实用性、操作性、前瞻性等特点，可供广大养鹅场（户）及基层畜牧兽医技术人员参阅，并对从事养鹅业教学人员有参考价值。

　　本书在编写过程中得到了许多同仁的关心和支持，在此一并表示诚挚的感谢。由于时间仓促，加之编者水平有限，书中难免存在漏洞和不妥之处，恳请广大读者及时发现并提出宝贵意见，以便修改和完善，进一步提高该书质量。

编者

2020 年 1 月

目 录

第一章 绪 论

鹅是典型的草食性禽类，以草食为主，其生活力、抗病力较强，疾病较少，在饲养过程中不需要大量用药防病治病，其生产的鹅产品药物残留少。鹅肉营养价值高，蛋白质含量高，脂肪、胆固醇含量低，而对人体健康有益的不饱和脂肪酸含量高；鹅血防癌抗癌作用明显，可谓是集营养、保健、安全于一身的理想食品，是很有发展前途的食品。鹅肥肝、羽绒是国际市场需求潜力非常大的原材料。我国很适于发展养鹅业，而发达国家的劳力紧缺，劳动力成本高，他们又十分需要鹅产品。中国养鹅业在国际市场上没有竞争对手，在国内市场没有进口压力，在贸易全球化、市场竞争日益激烈的大背景下，我国畜牧业将走向更广阔的国际市场。

我国养鹅历史悠久，是世界上养鹅生产及鹅产品消费的第一大国。了解和掌握我国养鹅业的生产现状，正确分析目前养鹅生产中存在的问题，并科学预测养鹅业的发展趋势，充分考虑地区特色和优势，对我国养鹅业的发展、指导广大鹅养殖户进行健康养殖是很有益处的。

一、我国鹅种资源丰富

我国有三千多年的养鹅历史，在漫长的农耕文明时代，勤劳智慧的中国人民因地制宜，培育出了几十个不同类型的优良鹅品种。我国是世界上鹅品种资源最丰富的国家，对发展养鹅业做出了巨大

1

贡献。

我国的鹅，从地域分布看，北到黑龙江，南到广东、广西，西到云贵，东到上海和台湾，都有分布。我国的鹅，除分布在新疆的伊犁鹅外，其余一般被称为中国鹅。中国鹅由鸿雁驯化而来，有许多共同的特征，例如头上有肉瘤、颈细长等，但由于生活条件的不同，形成了今天多样化的各地方品种。

鹅按体形大小可分为大、中、小型三种。大型鹅品种狮头鹅（广东）是世界大型鹅种之一，体重可达 10～15 千克，肉鹅早期生长迅速，8 周龄可达 5 千克以上；小型鹅品种有太湖鹅（江苏、浙江）、乌鬃鹅（广东）、豁眼鹅（山东、辽宁、吉林、黑龙江），其生长缓慢，尤其是早期，大约 70 日龄往往不到 3 千克；其他为中型鹅品种，有皖西白鹅（安徽、河南）、溆浦鹅（湖南）、雁鹅（安徽）、合浦鹅（广西）、马岗鹅（广东）、浙东白鹅（浙江）、四川白鹅（四川、重庆）。另外，四川白鹅、豁眼鹅的繁殖力可谓世界之最，被称为"鹅中来航"，年产蛋量可达 60～80 枚，分布于全国各地。

按羽毛颜色分，中国鹅分为白色和灰色两大系列。白鹅有豁眼鹅、四川白鹅、浙东白鹅、皖西白鹅、太湖鹅等；灰鹅的典型代表有雁鹅、狮头鹅、马岗鹅等。从生产性能上分，主要是产肉鹅和产肝鹅两类，有的品种兼有优良的产蛋、产绒性能。从产肉性能上分，我国的大、中型鹅生长速度快，肉质好，均可产肉用，如狮头鹅、皖西白鹅等；产肝品种中狮头鹅、溆浦鹅、合浦鹅的肥肝性能都不错，但是由于其产肝性能没有优育，根本不能与法国的专门产肝品种相比较。

总之，我国具有世界上最丰富的鹅种资源基因库，它是我们进行品种选育和鹅业生产的重要基础，是调整农业产业结构、带动农民致富的重要资源，是世界人民的共同财富。改革开放以来，在国家的富民政策引导下，人们解放了思想，改变了观念，拓宽了视野，启发了创新思维，在优化畜禽结构调整过程中，就把传统养鹅业当作朝阳产业，因地制宜，大力发展起来，取得了空前巨大的成就。

二、发展我国养鹅业的意义重大

鹅是以食草为主的大型水禽，具有很强的生活力和适应性，抗病力比较强，疾病比较少，用药少，鹅肉属绿色安全食品，有益于人体健康；早期生长发育快，饲养周期短，经济周转快，全身是宝，综合开发利用价值高；能充分利用青粗饲料，耗料少，饲料来源广；养鹅项目投资少，饲养设施比较简单。大力发展养鹅业，既符合我国国情，又有明显的经济效益、社会效益；既可提高农民收入，又可提高消费者的生活质量；不但发展空间大，而且能优化我国的畜牧业产业结构。

（一）适合国情，富强"三农"

我国土地资源短缺，而且面临着人口的不断增长以及老龄化问题，农户生产经营规模小、投资少，组织化程度低，文化、知识、科技水平低。若能因地制宜，大力发展养鹅业，对加速解决"三农"问题将会起到独特的效果。养鹅业属于节粮型畜牧产业，抗逆力比较强，饲养设施比较简单，投资比较少，且以青粗饲料为主，以草换取畜产品，疾病少、用药也少，饲养成本比较低，还可以与农、林、果、渔业协调发展，产生良好的生态经济效益。

鹅早期生长快，商品鹅饲养周期短，一般 60～70 天即可出栏上市，经济周转快。鹅既能规模饲养，也能小群分散饲养，既能有水饲养，也可旱养；既能地面饲养，也可网上饲养；既能放养，也可圈养，全劳力、半劳力都能养；既可专业养，也可农鹅结合养。投资可多可少，规模可大可小，很适合农村饲养。

据测算，我国的载鹅量约为 30 亿只，现在只有 8 亿只左右，发展空间巨大。根据我国的自然生态条件，农区和半农半牧区70％以上的农户都可以养鹅，以产业化生产经营模式发展现代化鹅产业，让亿万农民就地就业，既能大大减少因农民外出务工而留下的农村留守儿童和老人的数量，维护了家庭团结与和谐社会的稳定，还能成倍地增加鹅产业的产值，让农民富裕起来，从而增强社会主义新农村建设的实力，促进新农村建设快速发展。

（二）发展养鹅业，有利于优化畜牧业产业结构

我国畜牧生产主要以食粮动物为主，其中生猪占肉类总量的63%，禽肉占20%左右，而禽肉中以鸡、鸭肉为主，鹅肉只占非常少的一部分。与世界农业基本现状相比较，中国明显存在粮食安全问题。解决粮食问题有两个途径：一个是增加粮食产量，另一个是合理的粮食消费。粮食消费的主体是人和家养动物。目前，我国动物饲料用粮约占全国粮食总产量的30%，畜牧业要继续发展势必受到粮食饲料减少的制约。因此，大力发展草食畜禽既符合我国的产业政策，又是畜牧业发展的大方向（减少畜牧业对粮食的依赖，大力发展草食畜禽节粮型畜牧业，将以粮换畜产品转化成以草换畜产品，是畜牧业发展的方向）。鹅是草食禽中的佼佼者，它以青粗饲料为主，饲料粮食比例约为40%，而猪、鸡、鸭则需79%左右。鹅早期生长快，肉料比为1:(0.8~1.5)，而猪的肉料比为1:(3.5~4.5)，肉鸡的肉料比为1:(2.0~2.5)，肉鸭的肉料比为1:(2.6~2.8)。养一头猪所需的饲料足可养100只肉仔鹅，产肉量是猪的3倍。所以养鹅对调整我国畜牧业产业结构、畜产品结构以及消费结构有着非常重要的意义。

（三）符合时代需要，提高肉食质量，增进人体健康

随着人们物质生活的不断丰富，温饱已经不是问题，消费者对食物的追求更多是营养、绿色、健康。人们对肉类的要求也将不断提高，对高脂肪肉类的消费习惯也将转变。鹅肉不但鲜美，而且经过对鹅肉营养成分化验分析评价，认为鹅肉是典型的理想高蛋白、低胆固醇、高不饱和脂肪酸、无污染、营养全面丰富的绿色动物食品。鹅肉中蛋白质含量为22.3%，鸭肉为21.4%，鸡肉为20.6%，牛肉为18.7%，羊肉为16.7%，猪肉为14.8%。从生物学价值与评价来看，鹅肉是全价、优质蛋白质，含有人体生长发育所必需的各种氨基酸，其组成接近人体所需氨基酸的比例，其中赖氨酸和丙氨酸含量高于肉仔鸡30%，组氨酸高出70%，还富含人体必需的多种维生素、微量元素和矿物质，对人体健康十分有益。而脂肪含量低于其他畜禽，鹅肉中脂肪含量为11.2%，猪肉为

现代养鹅关键技术精解

28.8%，羊肉为 13.6%。且鹅肉脂肪熔点低，为 26～34℃，鸭肉为 34～38℃，鸡肉为 33～40℃，质地柔软，容易被人体消化吸收，其不饱和脂肪酸含量高，特别是亚麻酸含量远高于其他肉类。中医认为，鹅肉具有温中益气、补虚填精、健脾胃、活血脉、强筋骨、解铅毒之功效，能有效改善女性月经不调、贫血等症状。民间有"喝鹅汤、吃鹅肉，一年四季不咳嗽"的说法。

鹅血中含有免疫球蛋白、抗癌因子，能通过宿主中介作用，强化人体的免疫系统，对癌症的防治产生明显的效果。据报道，上海市 20 多家医院临床验证，鹅血制剂治疗胃癌、食管癌、肺癌、乳腺癌、肝癌等恶性肿瘤 334 例，显效者 17 例，症状缓解者 200 例，总有效率达 65%，对艾氏腹水癌的抑制率达 40%。另外，鹅的胸腺特别发达，成年鹅的血清蛋白含量较高，外周血液中白细胞总数比其他家禽都高，食用保健效果好。

被誉为世界"绿色食品之王、三大美味之首"的鹅肝不但营养丰富、质地细嫩、味道鲜美，而且含有很多有利于人体健康的元素，其中脂肪含量高达 60%～70%左右，不饱和脂肪酸 65%～80%，软脂酸 21%～22%，硬脂酸 11%～12%，亚油酸 1%～2%，十六碳烯酸 3%～4%，肉豆蔻酸 1%，每 100 克肥肝中卵磷脂含量 4.5～7 克，脱氧核糖核酸和核糖核酸 9%～13.5%。不饱和脂肪酸可有效降低人体血液中的胆固醇含量，卵磷脂能降低血脂，软化血管，延缓衰老，防治心脑血管病；亚油酸为人体所必需，且人体内不能合成。

（四）鹅的综合开发利用价值高

鹅肉不但是绿色动物食品，而且鹅肉深、精加工品的价值比鹅肉自身价值提高 2～4 倍；另外鹅羽绒、鹅肥肝、鹅裘皮、鹅血、鹅掌、鹅舌等都是高价值的产品。以羽绒为例，一只成鹅一次的羽绒售价为 7～13 元，专用于生产羽绒的鹅一年可以活拔羽绒 4～6 次，产量 400～600 克，种鹅休产期可拔 2～3 次羽绒，国内市场每千克 30～35 元，出口含绒量在 70%以上的羽绒每吨为 4 万美元左右，含绒量达 85%以上的羽绒每吨达 7 万多美元。而鹅绒裘皮是新近研制成功的国家专利产品，其特性优于其他毛皮动物的裘皮，人们对它也格外地喜爱。鹅绒裘皮被誉为珍品，今后将用于军用内衣、登山滑雪运动衣、高寒野外御寒用品等领域，具有很高的开发价值。研究发现，鹅血不仅营养价值高，其制品对多种癌症的治疗效果较好，开发前景好。鹅掌、鹅舌、鹅肠等都是广大消费者喜欢的美味，综合开发利用价值很高。

（五）市场发展空间巨大，前景好

根据鹅的生物学特性和生理特点，养鹅业属于劳动密集型产业，不适于大规模工厂化、现代化饲养。发达国家劳动力短缺，人力劳动工资高，不宜发展养鹅业，但他们因为经济发达、文化科技水平高、生活水平高，需要消费优质营养安全的鹅产品。据统计，世界上190多个国家和地区中养鹅较多的国家仅有中国、加拿大、阿根廷、埃及、以色列、缅甸、泰国、丹麦、法国、波兰、希腊、匈牙利、南斯拉夫、新西兰等16个国家，而中国养鹅数量占世界养鹅总量的88%左右，匈牙利、法国和以色列都是生产肥肝鹅，其他国家养鹅很少，预测将来也不会太多。所以，我国发展养鹅业，国外竞争对手少，国内没有进口压力，可以因地制宜，大力发展。目前全国约8亿只鹅，人均占有量仅为0.6只左右，如若发展到26亿只，人均只有2只鹅，而全世界将需要消费50亿～60亿只鹅，市场空间、经济效益、社会效益巨大。而我国的养猪、奶牛、肉鸡、肉鸭等产业，它们国内外的竞争对手强，国内的进口压力大，市场波动频繁，因此，我国应积极科学地快速调整畜牧业产业结构。

三、我国养鹅业的现状

（一）生产规模大，数量发展快

在我国除西藏、青海、甘肃外，其他各省（自治区、直辖市）都有数量不等的规模养鹅业分布，其中养鹅5000万只以上的有江苏、广东、安徽、四川、河南、山东等。近几年，黑龙江、吉林、辽宁的规模养鹅业也得到了快速、稳定的发展，质量逐步提高。我国养鹅数量、鹅肉及其制品数量、羽绒产量在世界上一直占有领先

現代养鹅关键技术精解

地位。

（二）重视品种培育，良种鹅使效益得到提高

国际和国内市场对鹅肉、鹅深加工产品需求的不断增大，使我国鹅的养殖规模不断扩大，而规模化养鹅业的发展，对鹅的品种提出了更高的要求。我国是世界上鹅品种资源最丰富的国家，有着世界上最丰富、最庞大的鹅种资源基因库。良种鹅是鹅业生产的基础，是强鹅之本。对于良种鹅，应给予高度重视，合理地进行保护和开发利用。国家畜禽资源管理委员会根据调查已对我国现有的20多个鹅品种中的豁眼鹅、四川白鹅、皖西白鹅、鄱县白鹅、狮头鹅、兴国灰鹅、乌鬃鹅等7个地方良种建立了国家级保种场，并将对我国地方良种鹅的遗传多样性的保护和开发利用发挥重要作用。另外，我国近几年也引进了几个欧洲鹅种，如繁殖性能较高的莱茵鹅、产肥肝性能较优的专用品种朗德鹅、丹麦的佳丽鹅和罗曼白鹅、匈牙利的阿尔多巴吉鹅。这些欧洲鹅种，都经过系统的专门化选育，早期生长发育快，繁殖性能中等，产绒多，适应性强，具有独特的遗传基因资源，已经成为我国鹅品种资源的重要组成部分，对我国发展现代养鹅业产生了积极作用。

（三）科学养鹅，营养对于养鹅的重要性得到认可

以前，受传统养鹅思想的影响，人们养鹅是有啥料喂啥料，长成啥样是啥样，能活多少是多少，能赚多少是多少，赔了也就赔了。现在，随着养鹅业的发展和科技水平的提高，传统式养鹅状况逐步得到改善，鹅的专用配合饲料生产供应逐渐增多，科学养鹅宣传力度也逐渐加大，开始约有 20% 的养鹅户试喂配合料，取得成效后，示范带动效应明显，饲喂面迅速扩大。为满足养鹅业迅速发展的需要，各地陆续研制出不同水平的雏鹅、肉仔鹅、种鹅繁殖期需要的配合料，其中预混料更为普遍。由于饲料企业大力宣传和推销鹅的专用配合料，进一步扩大了社会的应用面，从而更有力地促进了现代鹅业的发展。

种草养鹅和青贮玉米秸秆喂鹅是科学养鹅的重要内容，而在人们的传统思维中则是新鲜事物，难以接受。经过宣传教育以及示范

带动，在广大的农区和半农半牧区，从 20 世纪初就开始种植黑麦草、冬牧 70 黑麦草、菊苣、苦荬菜等优质牧草养鹅，取得成效后，种植面已经迅速扩大。目前约有 24 个省（自治区、直辖市）开展了面积不等的种草养鹅工作，收效很好，也将快速发展。

青贮玉米秸秆喂鹅也在河南、河北、山东、安徽等地先后试验成功，正在大力普及推广。农作物秸秆如玉米秸秆、花生秧等干燥粉碎后经生物发酵喂鹅，也在一些地区试用推广。这是养鹅业的科技创新工程，也是一场科技革命，意义重大而深远。

（四）现代养鹅设施，推进现代养鹅业发展

随着标准化鹅场建设和规范化饲养管理工作的不断发展，不少新筹建的规模养鹅场对于鹅舍的建筑，采用轻质耐用、隔热性能好的塑料构件，比起砖、水泥、灰沙、钢材、木材等材料，省工、省时、省运费，占地面积少，既减轻地面负重，又美观、大方，适于养鹅，是今后发展的方向。

在饲养管理设备方面，我国在引进国外品种的同时，也带来了国外先进的饲养管理技术，厚垫料平养、网上平养、笼养等先进的饲养方式也逐渐得到推广应用。鹅舍采用了比较规范化的禽用饮水器、料盘和自动饮水装置，两层式笼育雏和网上平养方式，电动刮粪机。采用现代饲养管理设备，既减轻了人工劳动强度，又减少了人工操作对鹅群正常生活规律的干扰，有利于鹅群的生长发育和生产性能的正常发挥。特别是两层式笼育雏设备，分小群饲养，饲槽、水槽放置笼外，采食、饮水自由而均匀，水不沾湿鹅身，不发生叼毛现象，鹅群生长发育快，整齐度好，成活率高。正常情况下，饲养人员除进行免疫之外，不干扰鹅群的生活秩序，有利于鹅群的生长发育，节约人力，一个人可管 4000～5000 只雏鹅，是地面养、网养的若干倍，这是一项应该广泛推广的技术。

（五）疫病防治取得进展

随着养鹅业的发展，疫病的发生也成为必然。我国近年来，对疫病的防治取得了很大的进展。当前，对鹅的病毒性肠炎、出血性败血症、流感、大肠杆菌性腹膜炎等传染病的治疗方法取得一定成

效，对养鹅业的发展起到一定的推动作用。

（六）羽绒业的发展，带动养鹅业的发展

我国是羽绒消耗大国，冬季服饰材料，羽绒成为首选。我国有产优质鹅绒的鹅品种，例如安徽省的皖西白鹅，因其绒质好，耐粗饲，给安徽省带来了巨大的经济产值。羽绒在服饰中应用的不断发展，势必带动养鹅业的发展。

四、我国养鹅业存在的问题

（一）品种选育工作落后，鹅良种繁育体系不健全

我国拥有丰富的鹅地方品种资源，但这些资源是在我国特定的历史条件下自然形成的，没有经过系统选育，生产性能存在很多不足，不符合目前养鹅业的发展需要。尤其是农村养鹅，长期以来依靠自然交配的现象十分普遍，鹅的品种长期得不到提纯和复壮，另外由于养殖行情好，养殖效益高，鹅苗需求量大，有些不法商贩乘机把品种不纯，甚至是劣质的鹅苗混入市场。为满足养鹅业的发展，不把养鹅输在"源头"上，必须进行品种选育。目前，我国的品种选育工作进展缓慢，还未构建科学的良种繁育体系，很多地方养殖的品种，仍旧是生产性能不高的品种，不能满足鹅肉制品、鹅肥肝、羽绒的生产需求，整个产业链的经济效益难以提高。尽管已经培育出了部分优良品种和杂交配套系，如扬州大学培育的扬州鹅和四川农业大学的天府肉鹅配套系，但远远不能满足我国鹅业多样化、产业化发展的需要。因此，必须加强鹅的品种选育和繁育。

（二）鹅营养科学研究滞后，缺乏营养需要标准

我国是世界上的养鹅大国，每年满足世界上大部分鹅肉等的消费，但与此不相符的是，我国对鹅的营养需要研究较少，目前还没有建立鹅营养需要的数据库，主要参照国外鹅的饲养标准。由于我国鹅品种多数起源于鸿雁，而且是在特定的历史自然条件下形成的，而欧洲鹅绝大多数来自灰雁，这使得它们在消化生理上必然存在差别，所以盲目参照国外标准，不但容易造成饲料资源的浪费，花费的成本收不到预期的回报，还容易导致营养性疾病的发生。另

外，我国养鹅业多为小农户饲养，其饲养方式以自由放牧为主，在饲料上多采取有什么喂什么，不考虑鹅的营养需要和平衡，造成鹅营养不足和浪费，引起鹅生长缓慢，饲养周期延长，饲养成本增加。有时饲料中添加剂和药物不规范使用，造成饲料安全存在隐患，导致鹅体内有害物质残留高，直接影响了鹅产品的安全。

对鹅营养研究的滞后，还体现在鹅营养饲料生产的滞后上，我们要想满足鹅的营养需求，就应研发适口性好、产量高、适应性强、安全、可靠的牧草品种，以便降低养殖成本，提高经济效益。

（三）人工授精技术不过关，鹅的生产季节性明显

人工授精技术对于现代动物育种具有非常重要的意义。通过人工授精技术，可以加快育种进度，还可以迅速扩大良种规模，在现代养殖业中应得到普遍应用。鹅由于受其自身条件限制，人工授精问题一直未能得到解决，严重制约了鹅的品种选育和繁育体系建立，影响了选育和繁育的进展速度。与鸡相比较，鹅的生产具有明显的季节性，产蛋和生长随着季节的变化而变化，不利于鹅的工厂化生产。

（四）饲养管理方式落后，防疫体系不规范

目前我国养鹅业中的主体是个体农民，他们大多文化水平不高、不懂专业知识、缺乏疾病防治的临床经验等，其饲养管理方式原始落后，对鹅舍选址随意，鹅舍修建简陋，甚至常将鸡、鸭、鹅混养，不仅严重影响着鹅的生长和生产性能的发挥，还会造成疾病的交叉感染，引起高死亡率，造成较大的经济损失。采取水陆结合饲养时，长期在静止的或小面积水域中，鹅长期向水中排粪，导致大量致病细菌繁殖而使水质遭受污染，严重影响着鹅的健康。鹅舍建筑缺乏必要的排污设施，致使污水到处乱流。防疫体系不规范，存在严重的隐患，大多数养殖户没有定期进行防疫消毒，有的甚至根本没有防疫消毒计划。频繁用药、不合理使用抗生素导致某些细菌的耐药性增强。没有一定的免疫程序，疫苗注射随意性强，致使一些传染病时有发生。对病死鹅随意丢弃和食用等，严重制约着公共卫生的发展。

（五）市场信息不畅通，政府引导和宏观调控力度不足

我国实行市场经济体制后，尤其是畜禽产品市场开放，畜禽生产一般由饲养者根据市场需求来自行决策，但我国养鹅业主体是个体农民，受其自身条件的限制，他们不能很好地研究、分析市场，没能力及时掌握市场供求关系，不能合理安排生产，造成养殖带有盲目性，跟风现象严重。政府虽然能及时掌握市场信息，但缺乏对养殖户进行有效的引导和宏观调控。一旦供求关系发生变化，往往给养殖户造成巨大的经济损失，势必会严重打击养鹅户的积极性，不利于养鹅业的稳定发展。

（六）鹅产品深加工能力亟待提高

相对于法国、以色列等养鹅业发达的国家，我国的养鹅业处在起步阶段，深加工品种比较少，生产能力也较差。例如对于鹅肉制品、鹅肝酱、羽绒制品、血和油等产品的下脚料，不能进一步利用，白白浪费掉。由于加工工艺落后，我国生产的深加工产品品质与进口商品根本不能同日而语。例如我国目前从法国进口的净重225克鹅肝罐头在北京市场的零售价格达到780元，北京涉外饭店进口法国的鹅肝酱价格为27美元/200克，而在国内购买的鲜鹅肝价格为220元/千克。要想进一步增加鹅产品的总销售量，挖掘鹅的潜在经济价值，形成高附加值产业链，必须改变我国鹅产品综合加工利用滞后、基础设施不配套、缺乏龙头企业、产业化水平低、生产技术和产品质量亟待提高的现状。

五、我国养鹅业的发展方向

随着我国养鹅业的发展，养鹅产业化、规模化、专业化、产品高品质深加工化等必将成为未来的发展方向。

（一）大力发展鹅的产业化

产业化是解决我国养鹅业面临的诸多问题的重要途径，也是养鹅业发展的必然趋势。产业化的重要特点是生产的规模化，规模的扩大有利于降低生产成本，为生产企业带来更多的经济效益。产业化能降低行业风险，成为养鹅业持续发展的动力。

（二）科学地品种选育和健全良种繁育体系

种鹅是生产的源头，良种的质量和数量直接决定生产的发展速度和规模。我国鹅品种资源丰富，品种十分优秀，不同品种的生产性能特点差异显著。应充分利用各品种的特点，根据市场需求，在人工授精技术的支持下，通过有计划、有目的的科学育种，培育出不同生产用途的、优秀的新的鹅品种和杂交配套体系，进行商品化鹅生产。同时，建立好保种场、育种场、制种繁育场，使鹅种进行良性循环，保证良种的供应，在全国范围内建成一整套优秀地方鹅和新鹅种良种繁育体系，相应地建成基因库或保种场。

（三）建立营养标准和饲料安全评价体系

营养标准的建立是实现产业化的前提。我国养鹅业不再盲目地搬抄国外的标准，而是根据我国不同品种鹅的特点，制定出具有中国特色的营养标准，满足鹅不同的生产需要。开发经济高效的牧草，降低生产成本。利用我国现有饲料资源合理配制饲料，使鹅的饲料实现工厂化生产，降低饲料生产成本。

我国鹅产品品质优劣，有无残留，安全性如何，能否进入国际市场主要取决于饲料的安全性。因此，必须建立具有国际水平的鹅饲料安全标准，包括饲料原料标准、生产工艺标准和产品标准等。应特别严格限制药物使用，彻底解决养鹅业滥用药物问题和产品药物残留问题，促使鹅产品达到安全、无疾病污染和低（无）残留，提高产品品质和竞争力水平，提高国民生活质量的同时，使其在国际消费总量中占有更重要的地位。

（四）应用人工授精技术，减弱甚至消除鹅生产的季节性

随着新技术、新方法的出现，鹅的人工授精难题得以彻底解决，鹅的品种选育和良种扩繁明显加快。分子遗传学技术在鹅研究中的应用，可以减弱甚至消除鹅生产的季节性特点，实现鹅的全年产蛋，鹅生长发育季节性显著减弱。

（五）加强饲养管理

我国鹅生产实现由零星分散饲养向集约化、规模化、专业化转

现代养鹅关键技术精解

12

变，组织形式上形成"公司＋农户＋科研单位"模式，使企业、农民、科研单位、市场形成一个相对紧密的联合体，采取由市场牵科研单位、科研单位连企业、企业带农户的方法，把不同单位引入产业化大生产，形成一个有机的整体，使劳动力、资本、土地和技术有效地组合起来，既符合我国广大农村的现实生产力水平，又符合我国地方良种鹅生产的内在要求。在此模式中，企业负责育种、策划和销售，帮助农户提高规避风险的能力，是解决"小农户"和"大市场"衔接的关键；科研单位不断以科技成果的转化来提高产品的科技含量与农户的积极性；农户通过分散养殖减少企业的资金压力和成批发病死亡的风险。由于其真正做到以市场为导向，以生产基地为基础，以社会化服务为纽带，以科学技术为依托，从而逐步形成了区域化养殖、规模化生产、社会化服务、现代化加工、一体化经营的管理体系。

（六）建立科学的防疫体系

疾病对我国养殖业的危害十分严重：一方面，疾病危害动物健康，降低动物的生产性能和养殖业的经济效益；另一方面，疾病给食品安全带来隐患，危害人类健康。严格控制疾病已经成为养殖业健康发展的关键。因此，科学的防疫体系是养鹅业产业化的保证。科学的防疫体系包括：全进全出的生物安全体系，保证一个养鹅场只养一个品种；完善的监测监视系统，定期或不定期测定鹅群中抗体效价的变化规律和舍内空气、器物表面病原菌的种类与数量，有组织地收集流行病学的信息，尽快采取有针对性的有效防疫措施；规范的免疫程序，严格按照免疫程序操作等。

（七）健全市场信息体系

市场供求信息决定着养殖户的经济效益。健全市场信息体系能够帮助生产者了解国内外鹅产品的供求关系、贸易水平、价格变动趋势、产品品质要求、相关产业动态，以指导生产经营者制订生产计划，避免盲目生产造成损失。健全的市场信息体系，其核心是建成一个全国性的信息交流平台。政府通过该平台对养鹅业进行宏观调控，企业通过该平台及时了解市场信息，指导生产，同时指导个体养殖户进行有目的、有计划的饲养，形成产-供-销良性循环。我国目前已经有企业建立并不断完善农产品平台。

（八）加强鹅产品的深加工，增加经济效益

深加工是增加畜产品经济效益的有效手段。鹅的深加工产品，一般是初级产品价格的 2～3 倍，因此应改变过去单一加工方式，形成以鹅绒、鹅肥肝、鹅肉为主导的多种多样的深加工产品。鹅绒质地柔软，富有弹性，保暖透气，是制作羽绒服的高级原料；鹅翎毛是加工羽毛球片的唯一原料；鹅绒裘皮深入开发的制品成为时尚的象征；鹅肥肝因其味香奇特、营养价值高，被誉为"世界三大美味之首"，在西方社会受到追捧，每年产量供不应求，且价格高昂。通过深加工制成鹅肥肝酱，可形成高附加值。根据不同消费市场的需求，将鹅胴体分割包装销售，也可以进行熟食加工，制作成罐头之类，增加其附加值。在对鹅产品进行深加工的过程中，形成一批龙头企业，创造一些知名品牌，走品牌之路。我国的养鹅业经过多年的发展探索，已先后在华东、华南、东北、中南、西南地区建成了具有一定规模的鹅、鸭屠宰加工企业 260 多家，鹅肥肝加工企业 9 个，羽绒加工及制品企业 4300 多家，其中产值在 100 万元以上的羽绒企业有 2800 多家。中外合资的大型龙头企业有中法合资在广西、云南两地兴建的大型鹅肥肝生产企业，中匈合资在内蒙古兴建的大型鹅羽绒、肥肝生产企业。这些现代式龙头企业，必将迅速示范带动我国现代养鹅业向现代化鹅产业跨越。

现代养鹅关键技术精解

第二章　鹅的生物学特性

　　良种鹅饲喂在温湿度适宜，光照时间和强度合理，通风良好，空气清新、干燥、清洁、卫生，分群与饲养密度适当，安静稳定等优越的环境中，其生产性能才可以充分发挥。鹅的日常饲养管理制度是根据其生物学特性制定的，只有对其有充分的了解，制度才能定得科学。

第一节　鹅的外貌特征

　　鹅在动物学分类上属脊椎动物门、鸟纲、雁形目、鸭科、雁属、鹅种。其形态结构主要由头、颈、体躯、翼、尾和腿等组成，鹅体形态结构的外貌特征见图2-1。

一、头部

　　鹅的头部比其他家禽大，有两种类型，中国家鹅由鸿雁驯化而来，喙基部有肉瘤，俗称"额包"，颌下有垂皮，俗称"咽袋"，都与性别有关，一般公鹅较大，母鹅较小。由灰雁驯化而来的欧洲鹅品种和我国的新疆伊犁鹅，没有肉瘤，也无咽袋。鹅头覆盖有细小的羽毛。鹅喙分上、下2片，其特征是略扁、宽，呈楔形，角质比较软，表层覆盖有蜡膜。上喙基部两侧为鼻孔开口处。头顶部两侧是眼睛，头后两侧为耳孔。眼和耳是鹅的视觉和听觉器官，非常灵敏，故人们有养鹅护院的习惯。

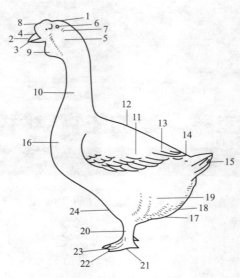

图 2-1　鹅体各部位名称

1—头；2—喙；3—喙豆；4—鼻孔；5—脸；6—眼；7—耳；
8—肉瘤；9—咽袋；10—颈；11—翼；12—背；13—臀；14—覆尾羽；
15—尾羽；16—胸；17—腹；18—绒羽；19—腿；
20—胫（跖）；21—趾；22—爪；23—蹼；24—腹褶

二、颈部

　　鹅颈比其他家禽粗而长，下至食道膨大的基部，颈椎由 17～18 枚椎骨组成。由鸿雁驯化而来的中国家鹅颈部较长，微弯如弓。由灰雁驯化而来的国外鹅种和伊犁鹅，颈部较粗短。公、母鹅比较，公鹅颈较粗，母鹅颈较细。鹅颈灵活，伸缩转动自如，喙可以随意伸向以颈为直径的各个方向和身体的各个部位，可进行觅食、修饰羽毛、配种、营巢、自卫、驱逐体表蚊蝇等多功能的行为活动，尤其是能半身潜入一定深度的水中觅取食物。一般小型鹅种颈细长，产蛋性能较好，大型鹅种颈短粗，易育肥，肉用性能较好。

三、体躯

　　鹅的体躯比其他家禽长而宽，且紧凑坚实，外形似船，不同品种、年龄、性别的鹅体形大小不同。大型鹅种体躯硕大，骨骼粗壮，肉质较粗；中、小型鹅体躯较小，骨骼较小，肉质细嫩。鹅的体躯长短与宽窄关系到个体的生产性能，体躯长而宽的个体，不仅产肉性能好，而且产羽、绒也多；背宽腹大的个体产蛋性能较好。体躯可分为背、腰、荐、胸、肋、腹部和尾部等部分。有些鹅腹部皮肤有皱褶1～2个，称为皮褶。

四、尾部

鹅的尾部比较短平，尾端羽毛略上翘。鹅尾有比较发达的尾脂腺，能分泌脂肪、卵磷脂和高级醇。鹅在梳理羽毛时，常用喙挤压尾脂腺，挤出油脂并用喙涂布于全身羽毛上，这样可使羽毛光滑润泽，保持弹性，也有防止被水浸湿的作用。

五、翅膀

鹅的翅膀又称翼，宽大厚实，有飞翔和保持身体平衡的功能。翼上羽毛主要由主翼羽和副翼羽组成，主翼羽10根，副翼羽12～14根，在主、副翼羽之间有1根较短的轴羽。

六、腿部

鹅腿粗壮有力，是支撑肌体的支柱。鹅腿由大腿、小腿、鹅掌（趾爪）和蹼构成，其长短和粗细与品种有关，一般公鹅较长，母鹅较短。鹅的腿稍偏后躯，大腿和小腿部分被体躯的羽毛覆盖，大、小腿有健壮的肌肉以支撑体躯；胫、趾部分的皮肤裸露，已角质化呈鳞片状，趾端的角质叫爪。在一般情况下，公鹅胫较长，母鹅较短。腿的下端生有4个趾，并有膜相连，故又叫蹼，鹅依靠蹼可在水中生活。

七、皮肤与羽毛

鹅的体表主要由羽毛、鳞片和皮肤构成。它们的特性和颜色是区别品种及个体的外貌特征。

皮肤是体表的重要组成部分，覆盖整个肌体表面。鹅的皮肤较薄，皮下组织疏松，与肌肉连接不紧密，很容易与肌体剥离。被羽毛覆盖的部位的皮肤较薄，裸露的部位的皮肤较厚。鹅的皮肤由表皮、真皮和皮下层组成，没有汗腺和皮脂腺，表面比较干燥，但在尾部尾根两侧有一对椭圆形的尾脂腺，可分泌油脂。因为没有汗腺，不能依靠水分蒸发而降低体温，所以在炎热的夏季鹅喜欢下水游泳，以散发体内的热量。鹅的皮肤颜色一般有白色、灰色、黄色之分，这也是品种特征的表现。鹅的皮肤营养和代谢状况对羽毛生长发育影响极大，营养良好、代谢旺盛，羽毛生长发育就良好。鹅的皮肤与机体健康状况有关，健康者皮肤略显湿润、柔软有弹性；反之则显干燥、粗糙无弹性。鹅体表鳞片面积很少，主要覆盖在胫部。

鹅的羽毛和其他鸟类羽毛一样，均是特有的表皮构造，除喙、胫和蹼外，覆盖整个机体表面。从外表来看，鹅体由一种羽毛覆盖，但实际上是由正羽、绒羽、毛羽、纤羽等组成，内层绒羽着生紧密，有很好的保温效果，是羽绒制品的最佳原料。鹅的羽绒代谢与生产的关系密切，羽绒光亮、湿润、舒展是健康的体态表现；羽绒蓬乱、无光，是机体衰弱或病态的表现。鹅羽毛有白色和灰色等几种；公、母鹅羽毛很相似，不像鸡那样具有明显的形状和色彩的区别，也不像公鸭那样具有典型的性羽，单靠羽毛形状或颜色很难识别公母。

第二节　鹅的消化特征

一、鹅的消化系统构造

鹅的消化系统（图2-2）包括消化道和消化腺两部分，消化道由喙、口腔、咽、食道（包括食道膨大部）、胃（腺胃和肌胃）、肠（大肠和小肠）和泄殖腔组成。消化腺包括肝脏和胰腺。

（一）喙

喙即嘴，由上喙和下喙组成。上喙长于下喙，质地坚硬，扁而长，呈凿子状，便于采食草类。喙边缘呈锯齿状，上下喙的锯齿互相嵌合，在水中觅食时具有滤水保食的作用。

（二）口咽

鹅口咽部器官比较简单，没有唇、齿和软腭。鹅口咽是一个整体，没有将其分开的软腭，唇颊部很短；活动性不大的舌，能帮助采食和吞咽。口咽黏膜下有丰富的唾液腺，这些腺体很小，但数量很多，能分泌黏液，有导管开口于口咽的黏膜面。饲料在口腔内停留的时间很短，不经咀嚼即咽入食管。

（三）食道

鹅食道较宽大，是一条富有弹性的长管，起于口咽腔，与气管并行，略偏于颈的右侧，在胸前口与腺胃相连。鹅无嗉囊，在食道后段形成纺锤形的食道膨大部，功能与嗉囊相似。

（四）胃

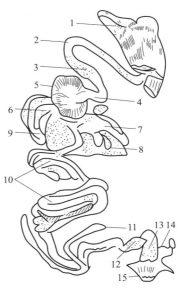

图 2-2　鹅消化系统模式图
1—喙；2—食道；3—食道膨大部；
4—腺胃；5—肌胃；6—胰腺；
7—肝；8—胆；9—十二指肠；
10—空肠；11—盲肠；
12—直肠；13—泄殖腔；
14—输卵管；15—肛门

鹅的胃由腺胃（前胃）和肌胃（又称砂囊或肫）两部分组成。腺胃呈纺锤形，位于左、右肝叶之间的背侧，胃壁黏膜上有许多乳头，乳头虽比鸡的小，但数量较多。腺胃分泌含有盐酸和胃蛋白酶的胃液通过乳头排到腺胃腔中。肌胃呈扁圆形，位于腺胃后方，胃壁由厚而坚实的肌肉构成，两块特别厚的叫侧肌，位于背侧和腹侧，两块较薄的叫中间肌，位于前部和后部。背腹面各肌肉连接处有一厚而致密的中央腱膜，称腱镜。肌胃内有 1 层坚韧的黄色类角质膜保护胃壁。肌胃腔内有较多的砂石，对食物起研磨作用。鹅肌胃的收缩力很强，是鸡的 3 倍、鸭的 2 倍，适于磨碎青饲料。

（五）小肠

鹅的小肠相当于体长的 8 倍左右。小肠粗细均匀，肠系膜宽大，并分布大量的血管网。小肠又可分为十二指肠、空肠和回肠。

十二指肠开始于肌胃幽门口，在右侧腹壁形成一长袢，由一降支和一升支组成，胰腺夹在其中。十二指肠有胆管和胰管的开口，并常以此为界向后延伸为空肠。空肠较长，形成 5～8 圈长袢，由肠系膜悬挂于腹腔顶壁，空肠中部有一盲突状卵黄囊憩室，是胚胎期间卵黄囊柄的遗迹。回肠短而直，仅指系膜与两盲肠相连的一段。

小肠的肠壁由黏膜层、肌层和浆膜层三层构成，除十二指肠外，黏膜内有很多肠腺，分泌含有消化酶的肠液，小肠黏膜上有肠绒毛，但无中央乳糜管。肌壁的肌层由两层平滑肌构成。浆膜是一层结缔组织。

（六）大肠

大肠由一对盲肠和一条短而直的直肠构成，鹅没有结肠。盲肠呈盲管状，盲端游离，长约 25 厘米，比鸡、鸭的都长，它具有一定的消化粗纤维的作用。距大、小肠连接处约 1 厘米处的盲肠壁上有一膨大部，由位于盲肠内的大量淋巴结组成，称盲肠扁桃体。

（七）泄殖腔

泄殖腔略呈球形，内腔面有三个横向的环形黏膜褶，将泄殖腔分为三部分：前部为粪道，与直肠相通；中部叫泄殖道，输尿管、输精管或输卵管开口在这里；后部叫肛道，直接向肛门，肛道壁内有肛腺，分泌黏液，背侧壁还有腔上囊（法氏囊）开口。

（八）肝脏

肝脏是鹅体内最大的腺体，呈黄褐色或暗红色，分左、右两叶，各有一个肝门。右叶有一胆囊，右叶分泌的胆汁先贮存于胆囊中，然后通过胆管开口于十二指肠。左叶肝脏分泌的胆汁从肝管直接进入十二指肠。

（九）胰腺

胰腺是长条形、淡粉色的腺体，位于十二指肠的肠袢内，分背叶、腹叶和脾叶三部分。胰腺实质分为外分泌部和内分泌部。外分泌部分泌的胰液经 2 条开口于十二指肠末端的导管进入十二指肠腔消化食物；内分泌部称胰岛，呈团块状分布于胰腺腺泡中，分泌胰岛素等激素，随静脉血循环。

二、鹅的消化生理

饲料由喙采食通过消化道直至排出泄殖腔，在各段消化道中消化程度和侧重点各不相同，比如肌胃是机械消化的主要部位，小肠以化学消化和养分吸收为主，而微生物消化主要发生在盲肠。鹅是以食草为主的家禽，在消化上有其特点。

（一）胃前消化

鹅的胃前消化比较简单，食物入口后不经咀嚼，被唾液稍微润湿，即借舌的帮助而迅速吞咽。鹅的唾液中含有少量淀粉酶，有一定的分解淀粉的作用。食物贮存于食管假嗉囊中由微生物和食物本身酶对其部分分解。

（二）胃内消化

1. 腺胃消化

鹅腺胃分泌的消化液（即胃液）含有盐酸和胃蛋白酶，不含淀粉酶、脂肪酶和纤维素酶。腺胃中蛋白酶能对食糜起初步的消化作用，但因腺胃体积小，食糜在其中停留时间短，胃液的消化作用主要在肌胃而不是在腺胃。

2. 肌胃消化

鹅肌胃很大，肌胃率（肌胃重除以体重的百分率）约为 5%，高于鸡（1.65%），而鹅肌胃容积与体重的比例仅是鸡的一半，表明鹅肌胃肌肉紧密厚实。同时肌胃内的砂砾在肌胃强有力的收缩下，可以磨碎粗硬的饲料。

在机械消化的同时，来自腺胃的胃液借助肌胃的运动得以与食糜充分混合，胃液中盐酸和胃蛋白酶协同作用，把蛋白质初步分解为蛋白脉、蛋白胨及少量的肽和氨基酸。

鹅肌胃对水和无机盐有少量的吸收作用。

（三）小肠消化

鹅与其他畜禽相似，小肠消化主要靠胰液、胆汁和肠液的化学性消化作用，在空肠段的消化最为重要。

胰液和肠液含有胰淀粉酶、胰蛋白酶、肠肽酶、胰脂肪酶、肠脂肪酶等多种消化酶，能使食糜中蛋白质、糖类（淀粉和糖原）、脂肪逐步分解，最终成为氨基酸、单糖、脂肪酸等。而肝脏分泌的胆汁则主要促进对脂肪及水溶性维生素的消化吸收。此外，小肠运动也对消化吸收有一定的辅助作用。小肠的逆蠕动能使食糜往返运动，增加其在肠内的停留时间，便于食物被更好地消化吸收。

小肠中经过消化的养分绝大部分在小肠被吸收，食物经消化成为可吸收的养分，通过肠黏膜绒毛丰富的毛细血管吸收入血液进入肝脏贮存或送往身体各部。

（四）大肠消化

大肠由盲肠和直肠构成，盲肠是纤维素的消化场所，除食糜中带来的消化酶对盲肠消化起一定作用外，盲肠消化主要是依靠栖居在盲肠的微生物的发酵作用。盲肠中有大量的细菌，1克盲肠内容物细菌数有10亿个左右，最主要的是严格厌氧的革兰氏阴性杆菌。这些细菌能将粗纤维发酵，最终产生挥发性脂肪酸、氨、胺类和乳酸。盲肠内细菌还能合成B族维生素和维生素K。

盲肠能吸收部分营养物质，特别是对挥发性脂肪酸的吸收有较大的实际意义。直肠很短，食糜停留时间也很短，消化作用不大，主要是吸收一部分水分和盐类，形成粪便，排入泄殖腔，与尿液混合排出体外。

三、对鹅消化特点的利用

青饲料是鹅主要的营养来源，甚至完全依赖青饲料鹅也能很好地生存。鹅之所以能单靠吃草而活，主要是依靠肌胃强有力的机械消化、小肠对非粗纤维成分的化学性消化及盲肠对粗纤维的微生物消化三者协同作用的结果。与鸡、鸭相比，虽然鹅的盲肠微生物能更好地消化利用粗纤维，但由于盲肠内食糜量很少，盲肠又处于消化道的后端，很多食糜并不经过盲肠。因此，粗纤维的营养意义不如想象中的那样重要。许多研究表明，只有当饲料品质十分低劣时，盲肠对粗纤维的消化才有较重要的意义。事实上鹅是依赖频频采食、采食量大而获得大量养分的。农谚"家无万石粮，莫饲长颈项""鹅者饿也，肠直便粪，常食难饱"，反映了这一消化特点。因此，在制定鹅饲料配方和饲养规程时，可采取降低饲料质量（营养浓度）、增加饲喂次数和饲喂数量的方法，来适应鹅的消化特点，提高经济效益。

第三节　鹅的生活习性

鹅的驯化程度比鸡、鸭低，家养的鹅还保留着祖先鸿雁的一些特性。熟悉鹅的生活习性，才能制定出适宜的日常管理制度，才能做到科学养鹅。鹅的生活习性主要表现在以下几个方面：

一、喜干厌湿

鹅虽然属于水禽类，但鹅在陆地上生活时特别喜爱干燥的地方，鹅在潮湿的地方，特别是雏鹅在潮湿（或者说湿度很大）的地方，很难正常生长发育，发病率、死亡率都很高。大、中、小鹅休息活动的场所都必须经常保持干燥，垫草更要干燥。育雏室的湿度保持在60%～65%，超过65%就会对雏鹅有害。鹅经常在水质良好的自然或人工水域洗浴、游戏，能增强新陈代谢，增进健康，更能促进羽毛的生长和成熟。管理上必须有"见湿见干"的措施，即鹅游水洗浴上岸后，让它在干燥的地方尽快抖干水，理干羽毛，安静地休息一段时间。

二、喜群居、怕拥挤

鹅是由雁类驯化而来，其在野生状态下抵御天敌的能力较弱，故而天性喜群居和成群飞行。这种群体活动的本性在驯化家养之后仍然保留，因而家鹅至今仍表现出很强的合群性。经过训练的鹅在放牧条件下可以成群远行数里而不紊乱。如有鹅离群失散，则会高声鸣叫，一旦得到同伴的回应，失散的鹅则寻声而归群。鹅相互间也不喜殴斗。这种合群性使鹅适于大群放牧饲养和圈养，管理也比较容易。在实际生产过程中，如果群体过大，又会出现拥挤，相互踩踏受损，所以必须严格合理分群，小群低密度饲养。大规模养鹅，如果不注意合理分群和适宜的饲养密度，是很容易出问题的。

三、喜静、怕闹，喜平稳、怕动乱

鹅有较好的反应能力，比较容易接受训练和调教，但它们性急、胆小，容易受惊而高声鸣叫，导致互相挤压。鹅的这种应激行为一般在雏鹅早期就开始表现，雏鹅对人、畜及偶然出现的鲜艳色泽物或声、光等刺激均有害怕感觉，甚至因某只鹅无意间弄翻食盆发出声响，其他鹅也会异常惊慌，迅速站起惊叫，并拥挤于一角。对此，应尽可能保持鹅舍的安静，避免惊群的发生造成损失。人接近鹅群时，也要事先做出鹅熟悉的声音，以免使鹅骤然受惊而影响采食或产蛋。同时，要防止猫、犬、老鼠等动物进入圈舍。饲养人员要稳定，严禁经常而频繁地调整鹅群，以免引起应激，造成伤害。

四、耐寒、怕热，对空气质量敏感

鹅全身覆盖羽毛，起着隔热保温的作用，成年鹅的羽毛比鸡的羽毛更紧密贴身，且鹅的绒羽浓密，保温性能更好，较鸡具有更强的抗寒能力。鹅与鸡的脂肪沉积比较，鸡的脂肪主要贮积在腹部，皮下脂肪层较薄，因而鸡脂肪对于调节体温起的作用不大；鹅的皮下脂肪则比鸡厚，因而耐寒性好。鹅的尾脂腺发达，尾脂腺分泌物中含有脂肪、卵磷脂、高级醇，鹅在梳理羽毛时，经常用喙压迫尾

现代养鹅关键技术精解

脂腺，挤出分泌物，再用喙涂擦全身羽毛，来润湿羽毛，使羽毛不被水所浸湿，起到防水御寒的作用。鹅即使是在冬季 0℃ 左右低温条件下，仍能在水中活动，在 10℃ 左右的气温条件下即可保持较高的产蛋率。相对而言，鹅比较怕热，在炎热的夏季，喜欢整天泡在水中，或者在树荫下纳凉休息，觅食时间减少，采食量下降，产蛋量也下降。许多鹅种往往在夏季停止产蛋。

鹅对一氧化碳、氨、硫化氢等有害气体很敏感，雏鹅容易发生一氧化碳中毒。育雏室必须在保温的前提下，搞好通风，保持空气清新。

五、摄食性

鹅喙呈扁平铲状，进食时不像鸡那样啄食，而是铲食，铲进一口后，抬头吞下，再重复上述动作，一口一口地进行。这就要求补饲时，食槽要有一定高度，平底，且有一定宽度。放牧采食以铲食方式为主。鹅没有鸡那样的嗉囊，每天鹅必须有足够的采食次数，防止饥饿，每间隔 2 小时需采食 1 次，小鹅就更短一些，每天必须在 7～8 次以上，特别是夜间补饲更为重要。群众说："鹅不吃夜草不肥，不吃夜食不产蛋"。

第四节　鹅的食性特点

一、草食性

鹅是体形较大和容易饲养的一类草食水禽，凡有草地和水源的地方均可饲养，尤其是水较多、水草丰富的地方，更适宜成群放牧饲养。鹅喜食青草，不存在与人、畜争粮的矛盾，因此在我国现今粮食人均占有量较低、饲料粮紧张的条件下，大力发展养鹅等草食动物生产，是实现畜牧业战略性结构调整的一项重要举措。

鹅一般以植物性食物为主，与牛、羊等大型牲畜无异，可以尽可能多地采食青粗饲料，大幅降低养殖成本。适宜放牧，能充分利用盐碱荒地、沟渠河滩、荒山坡地的野草和田间秸秆、遗落麦稻穗，甚至深埋污泥中的草根、块茎等。

二、耐粗饲

鹅是唯一能利用粗纤维含量较高的粗饲料的家禽。鹅的消化道总长度是体躯长的11倍，而且有发达的盲肠，所以它对青草中粗蛋白质的吸收率达76％，对粗纤维的消化率可达40％～50％，比其他家禽消化饲料中粗纤维的能力高出许多。

鹅具有强健的肌胃、比身体长10倍的消化道，以及发达的盲肠。鹅的肌胃压力比鸡大2倍，胃内有两层厚的角质膜，腔中砂石可把食物磨碎。鹅的肠道较长，盲肠发达，对青草中粗纤维的消化率可达45％～50％，特别是消化青饲料中粗蛋白质的能力很强。鹅的颈粗长而有力，对青草芽、草尖和果穗有很强的衔食性。同绵羊相似，鹅吃百样草，除莎草科苔属青草及有毒、有特殊气味的草外，都可采食，群众称之为"青草换肥鹅"。

三、对药物敏感

鹅对很多药物敏感，如对痢特灵、氟哌酸、磺胺类药物等都很敏感，使用不当即会引起中毒事故。如用磺胺类药物在对鹅的细菌性疾病防治过程中，如果应用不当或剂量过大会引起鹅只发生急性或慢性中毒症。其毒害作用主要是损害肾、肝、脾等器官，并导致鹅只发生黄疸、过敏、酸中毒以及免疫抑制等，往往会造成大批鹅只死亡。

第五节　鹅的繁殖特性

一、母鹅的生殖系统

母鹅的生殖系统和绝大多数禽类一样，也只有左侧的发育完全，右侧的虽在胚胎时期曾经出现过，但随后退化。母鹅的生殖系统包括卵巢和输卵管两大部分。

（一）卵巢

卵巢位于左肾前叶的下方，借卵巢系膜固定于腹腔顶壁，同时又以腹膜褶与输卵管相连。卵巢分为皮质部和髓质部，皮质部在外层，含有大量不同发育阶段的各级卵泡，突出于表面，大小不等，呈葡萄串状，大的肉眼可见。髓质部在皮质部内，具有丰富的血管。到产蛋期，卵泡开始发育，逐渐积聚卵黄而增大，逐次成熟，排出卵泡（蛋黄），直径可达5厘米。

卵巢还合成和分泌性激素，维持母鹅生殖系统的发育，促进排卵，调节生殖功能。

（二）输卵管

输卵管是一条长而弯曲的管道，从卵巢向后一直延伸到泄殖腔，按其形态和功能，可分为5段：漏斗部、蛋白分泌部、峡部、子宫部和阴道部。漏斗部边缘呈不整齐的指状凸起，叫输卵管伞，当卵巢排卵时，它将卵卷入输卵管中。漏斗颈有管状腺，可贮存精子，卵在此受精。蛋白分泌部又叫膨大部，是输卵管最曲最长的部分，内有大量的腺体，分泌蛋白和盐类，形成蛋清。峡部细而短，黏膜内的腺体分泌一部分蛋白和形成纤维性壳膜。子宫部是输卵管最膨大的部分，肌层较厚，黏膜内的腺体分泌钙质、色素和角质层，形成蛋壳。阴道部是输卵管末段，呈"S"形，开口于泄殖腔的左侧，它分泌的黏液，形成蛋壳表面的保护膜，阴道肌层收缩时将蛋排出体外。

二、公鹅的生殖系统

公鹅的生殖系统包括两侧的睾丸、附睾、输精管和阴茎。睾丸呈椭圆形，以1片短的睾丸系膜悬挂在肾前叶的前下方。睾丸外面被覆一层白膜，内为实质，由许多弯曲的精细管构成，性成熟时在精细管内形成精子。精细管之间分散着间质细胞，产生雄激素，以维持性功能。

鹅的附睾不很明显，主要是由睾丸输出管构成，最后汇成很短的附睾管。

输精管由附睾管延续而来，与输尿管基本平行向前延伸，末端稍膨大形成储精囊，开口于泄殖腔内的具有勃起功能的输精管乳头上。输精管既是精子通过的管道，又是分泌液体成分和主要储存精子的地方。

阴茎是交配器官，比较发达，位于泄殖腔肛道底壁的左侧，回缩时阴茎在基部形成球状，勃起时，基部胀大而填塞整个肛道，游离部呈螺旋状，伸出长达5厘米以上。阴茎表面有一螺旋状的射精沟，勃起时边缘闭合而形成管状，可将精液输入母鹅生殖道内。

三、鹅繁殖性能的特点

1. 季节性明显

鹅繁殖存在明显的季节性，绝大多数品种在气温升高、日照延长的6～9月，卵黄生长和排卵都停止，接着卵巢萎缩，一直至秋末天气转凉时才开产，产蛋期在冬、春两季。

2. 就巢性（抱性）强

我国鹅种一般就巢性很强，绝大多数大、中型鹅种及部分小型鹅种都有抱性，在一个繁殖周期中，每产一窝蛋（约8～12个）后，就要停产抱窝，直至小鹅孵出。

3. 择偶性强

在小群饲养时，每只公鹅常与几只固定的母鹅配种，当重新组群后，公鹅与不熟识的母鹅互相分离，互不交配，这在年龄较大的种鹅中更为突出。在不同个体、品种、年龄和群体之间都有选择性，这一特性严重影响受精率。因此，组群要早，让它们年轻时就生活在一起，产生"感情"，形成默契，从而提高受精率。另外，不同品种择偶性的严格程度是有差异的。

4. 性成熟较迟

鹅是长寿动物，成熟期和利用年限都比较长。一般中、小型鹅的性成熟期为6～8个月，大型鹅种则更长。母鹅利用年限一般可达5年左右，公鹅也可以利用3年以上。

第三章 鹅的常见品种

第一节 鹅的起源和分类

一、鹅的起源

　　家鹅的祖先是来自雁属中的鸿雁和灰雁。中国家鹅品种中，除原产于新疆的伊犁鹅是来自灰雁之外，其他品种都是鸿雁的后代。欧洲鹅绝大多数起源于灰雁。来自鸿雁的家鹅，在外形上的明显特征是：头部着生有额包，成年公鹅特别突出硕大；颈细长，呈弓形；前躯抬起与地面保持明显的角度。来自灰雁的家鹅在外形上正好与之相反，其特征是：头浑圆而无额包；颈粗短而直；前躯几乎与地面保持水平状态。

二、鹅的品种分类

（一）按地理特征分类

　　以往对鹅的品种，大多以地域分布为依据来分类，如中国鹅、法国鹅、英国爱姆顿鹅、埃及鹅、加拿大鹅以及德国鹅等。

（二）按经济用途分类

　　从鹅的主要经济用途看，鹅的品种分羽绒型、蛋用型、肉用型、肥肝型。

1. 羽绒型

各品种的鹅均产羽绒，所以专门把某些鹅种定为羽绒型似乎不科学。在鹅的品种中,以皖西白鹅的羽绒洁白、绒朵大而品质最好。一些客商在收活鹅时,如为相同体重的白鹅,皖西白鹅的价格要高。特别是养鹅进行活鹅拔毛时,更应选择这一品种。皖西白鹅的缺点是产蛋较少,繁殖性能差。如以肉毛兼用为主,可引入四川白鹅、莱茵鹅等进行杂交。

2. 蛋用型

鹅蛋已成为都市人喜爱的食品,且售价较高,国内一些大型鹅产品加工、经营企业争相收购鹅蛋,加工成再制蛋后进入超市。我国豁眼鹅(山东叫五龙鹅,辽宁昌图地区叫昌图鹅)、籽鹅(产于黑龙江绥化和松花江地区)的产蛋量是世界上最多的,一般年产蛋量可达 14 千克左右,饲养较好的高产个体可达 20 千克。这两种鹅个体相对较小,除产蛋用外,还可利用该鹅作母本,与体形较大的鹅种进行杂交生产肉鹅。这样可充分利用其繁殖性能好的特点,繁殖更多的后代,降低肉鹅种苗生产成本。

3. 肉用型

凡仔鹅 60～70 日龄体重达 3 千克以上的鹅种均适宜作肉用鹅。这类鹅主要有四川白鹅、皖西白鹅、浙东白鹅、长白鹅、固始鹅以及引进的莱茵鹅等。这类鹅多属中、大型鹅种,其特点是早期增重快。

4. 肥肝型

这类鹅引进品种主要有朗德鹅、图卢兹鹅,国内品种主要有狮头鹅、溆浦鹅。这类鹅经填饲后的肥肝重达 600 克以上,优异的则达 1000 克以上。这类鹅也可用作产肉,但习惯上把它们作为肥肝专用型品种。

(三) 按体形大小分类

国内外一般以活体重的大小作为划分体形的标准。小型品种鹅:公鹅体重为 3.7～5 千克,母鹅为 3.1～4 千克。国内属于小型鹅种的有乌棕鹅、太湖鹅以及东北地区的豁眼鹅和籽鹅等。中型品种鹅:公鹅体重为 5.1～6.5 千克,母鹅为 4.4～5.5 千克。国内属于中型鹅种的有溆浦鹅、雁鹅、皖西白鹅、马岗鹅、四川白鹅以及德国的莱茵鹅。大型品种鹅:公鹅体重为 10～12 千克,母鹅为6～

现代养鹅关键技术精解

10 千克。国内属于大型鹅种的有狮头鹅，国外的如托罗士鹅，成年公鹅活重达 10～12 千克，母鹅活重达 8～10 千克。

（四）按产蛋性的高低分类

高产品种，年产蛋 150～200 枚，如豁眼鹅；中产品种，年产蛋 60～80 枚，如太湖鹅、雁鹅等；低产品种，年产蛋 25～40 枚，如国内的狮头鹅和国外的托罗士鹅、朗德鹅等。

（五）按性成熟的早晚分类

早熟型，开产期在 130 日龄左右的小型鹅种；中熟型，开产期在 150～180 日龄左右的中型鹅种；晚熟型，开产期在 200 日龄以上的大型鹅种。

（六）羽毛颜色分类

分白鹅和灰鹅两大类。我国南方多为灰鹅，北方多为白鹅。

目前在全世界有 30 多个鹅品种，中国鹅品种资源特别丰富，现有 8 种，约占世界品种数的 1/3。我国大型鹅只有一个品种，即狮头鹅，也是世界上著名的大型品种之一。

第二节　鹅的常见养殖品种

一、狮头鹅

（一）产地和分布

狮头鹅是国内外最大的肉鹅品种之一，因成年鹅体大，头形如狮头，故名。原产于广东省饶平县溪楼村，主要产区在澄海区和汕头市郊。

（二）品种形成

原产地溪楼村是山区的一个小盆地，气候温和，水草丰茂，水田较多，盛产稻谷和杂粮，饲料充足，放牧条件优越。当地饲养该品种历史悠久，后来传至潮安一带，再传至澄海一带，与当地的竹种鹅及其他中型鹅种杂交，选择具有狮头鹅外貌的后裔，经长期培育而成为目前饲养量较多的狮头鹅。

（三）体形外貌

狮头鹅体躯呈方形，头大颈粗，前躯略高。公鹅昂首健步，姿态雄伟。头部前额肉瘤发达，向前突出，覆盖于喙上。两颊有左右对称的肉瘤1～2对，肉瘤黑色。母鹅肉瘤较扁平，显黑色或黑色而带有黄斑，全身羽毛为灰色。喙短、质坚、深灰色，与口腔交接处有角质锯齿。脸部皮肤松软，颌下咽袋发达，眼凹陷，眼圈呈金黄色，胸深而广，胫与蹼为橘红色，头顶和两颊肉瘤突出，颌下咽袋发达，一直延伸至颈部。胫粗蹼宽，胫、蹼都为橘红色，有黑斑。皮肤米黄色或乳白色。体内侧有似袋状的皮肤皱褶。

狮头鹅的全身羽毛及翼羽均为棕褐色，边缘色较浅，呈镶边羽。由头顶至颈部的背面形成如鬃状的深褐色羽毛带。腹面羽毛白色或灰白色。

（四）生产性能

1. 产肉性能

在以放牧为主的饲养条件下，70～90日龄上市未经育肥的仔鹅，平均体重为5.84千克，半净膛屠宰率为82.9%，全净膛屠宰率为72.3%。

2. 产蛋性能

产蛋季节在每年9月至翌年4月，母鹅在此期内共有3～4个产蛋期，每期可产蛋6～10枚。第一个产蛋年度平均产蛋量为24枚，平均蛋重为176.3克，蛋壳乳白色，蛋形指数为1.48。两岁以上母鹅，平均年产蛋量为28枚，平均蛋重为217.2克，蛋形指数为1.53。

在改善饲料条件及不让母鹅孵蛋的情况下，个体平均产蛋量可达35～40枚。母鹅可使用5～6年，盛产期在2～4岁。在良好的饲养条件下，母鹅开产日龄为160～180天，但产区群众习惯在130日龄以后，用粗饲的方法，把开产期延至200日龄以上，一般控制在220～250日龄。种公鹅配种都在200日龄以上。

公母鹅配种比例以1：5为宜，放牧鹅群在水中自然交配。1

现代养鹅关键技术精解

岁母鹅产的蛋，受精率为 69%，受精蛋孵化率为 87%；2 岁以上母鹅产的蛋，受精率为 79.2%，受精蛋孵化率为 90%。

3. 成活率

在正常饲养和防疫条件下，雏鹅 30 日龄成活率均在 95% 以上。

二、豁眼鹅

产蛋量最多的豁眼鹅又称豁鹅，因两眼睑均有明显的豁口而得名。

（一）产地和分布

豁眼鹅为白色中国鹅的小型品变种之一，以优良的产蛋性能著称于世。原产于山东莱阳地区（五龙鹅），后经闯关东者带至东北各省，现广泛分布于山东（五龙鹅）、辽宁、吉林以及黑龙江等地，并各具特色。产区年饲养量 1 亿只以上。

（二）品种形成

豁眼鹅产区的地理条件包括丘陵、平原和半山区，年平均气温为 4～11.2℃，绝对温差从零上 35℃ 到零下 30℃，年降水量为 600～1100 毫米不等，无霜期为 110～193 天。山东产区属海洋性气候的半岛地区，雨水充沛，气候温和，浅水渠塘较多，是山东农业高产稳产地区；辽宁省昌图县位于辽河两岸，属丘陵和平原地区，土质肥沃，为辽宁省著名粮仓，并有草原 33 万亩（1 亩＝667 平方米）；吉林省通化地区属山区和半山区，雨水充足，农作物以水稻、玉米、大豆和粟类为主，青草及树叶丰富；黑龙江中心产区延寿县是水草繁茂的北国粮食产区。各产区的共同特点为草地植被茂盛，水源充足，农业生产发达，饲料丰富，具有发展养鹅业的良好自然条件。

（三）体形外貌

1. 外貌特征

豁眼鹅体形轻小紧凑。头中等大小，额前长有表面光滑的肉质瘤，眼呈三角形，上眼睑有一疤状缺口，为该品种独有的特征。颌下有咽袋。颈长，呈弓形。体躯为蛋圆形，背平宽，胸满而突出，前躯挺拔高抬，成年母鹅腹部丰满略下垂，有腹褶。腿脚粗壮。喙、肉瘤、胫、蹼橘红色；虹彩蓝灰色；羽毛白色。山东产区的鹅颈较细长，腹部紧凑，有腹褶者占少数，腹褶较小，颌下有咽袋者亦占少数；东北三省的鹅多有咽袋和较深的腹褶。

2. 体重和体尺

豁眼鹅公鹅体重变化幅度很大，山东的平均体重为 4.60 千克，吉林的为 4.58 千克，辽宁的为 4.44 千克，黑龙江的为 3.72 千克；母鹅为 3.12～3.82 千克，其中山东的为 3.90 千克，辽宁的为 3.82 千克，吉林的为 3.72 千克，黑龙江的为 3.12 千克。

（四）生产性能

（1）产肉性能　在放牧条件下，肉鹅多养到 4～5 月龄屠宰出售。活重 3250～4510 克的公鹅，半净膛屠宰率为 78.3%～81.2%，全净膛屠宰率为 70.3%～72.6%。

（2）产蛋性能　在半放牧饲养条件下，年产蛋量为 100 枚左右。蛋重为 120～150 克，蛋壳白色，蛋壳厚 0.45～0.51 毫米，蛋形指数为 1.41～1.48。

性成熟期一般为 7～8 月龄。在公母配种比例为 1∶（6～7）的情况下，种蛋受精率为 85% 左右，受精蛋孵化率为 82%～90%。

三、太湖鹅

（一）产地和分布

太湖鹅原产于长江三角洲的太湖地区，遍布于浙江省嘉湖地区、上海市郊县以及江苏省大部。据 2002 年初统计，现存种鹅数 2 万余只，其中扬州占主要部分。

（二）品种形成

产区城市集中，人口稠密，经济繁荣，历来是我国的高产农区；气候温和，年平均气温为 15℃ 左右，雨水充沛，年降水量为 1200 毫米。全区河流纵横，湖泊棋布，水草丰茂，盛产稻麦，素称"鱼米之乡"。养鹅业早就是该区的一种副业。

（三）体形外貌

太湖鹅体态高昂，体质细致紧凑，全身羽毛紧贴。肉瘤圆而光滑，无皱褶。颈细长，呈弓形，无咽袋。从外表看，公、母差异不大，公鹅体形较高大雄伟，常昂首挺胸展翅行走，叫声洪亮，喜追逐啄人；母鹅性情温驯，叫声较低，肉瘤较公鹅小，喙较短。全身羽毛洁白，偶在眼梢、头顶、腰背部有少量灰褐色斑点；喙、胫、蹼均橘红色，喙端色较淡，爪白色；眼睑淡黄色，虹彩灰蓝色。雏鹅全身乳黄色，喙、胫、蹼橘黄色。

（四）生产性能

1. 肉用性能

太湖鹅主要用于生产肉用仔鹅。雏鹅初生重平均为 91.2 克，70 日龄左右即可上市，平均体重 2.5~2.8 千克。仔鹅半净膛屠宰率为 78.6%，全净膛屠宰率为 64%；成年公鹅半净膛屠宰率为 84.9%，全净膛屠宰率为 75.6%；成年母鹅半净膛屠宰率为 79.2%，全净膛屠宰率为 68.8%。

2. 产蛋性能

产蛋数：在大群饲养条件下，平均每只母鹅产蛋约 60~70 枚，平均蛋重为 135 克左右。蛋壳白色，蛋形指数为 1.44。

太湖鹅性成熟较早，一般 3 月上中旬孵出的母鹅，8~9 月份（160~200 日龄）即可开始产蛋。

在 1000 只母鹅群中放入 150 只公鹅〔公母鹅比例为 1：（6~7）〕，种蛋受精率可达 90% 以上，受精蛋孵化率为 86% 以上。

3. 成年率

太湖鹅生活力强，在大群放牧饲养条件下，70 日龄肉用仔鹅平均成活率在 92% 以上，70 日龄成活率为 98.3%。

四、乌鬃鹅

（一）产地和分布

乌鬃鹅因颈背部有一条由大渐小的深褐色鬃状羽毛带而得名。原产于广东省清远市，故又名清远乌鬃鹅。主要产区在清远市北江两岸，全市都有分布，邻近的花都区、从化区等地均有引种饲养。原产地清远市每年平均有种鹅 8 万只，年饲养量达 110 多万只。

（二）品种形成

产区位于广东省北部，毗邻珠海三角洲。气候温和，年平均气温为 20℃，最高气温为 29℃，最低气温为 2℃，雨水充沛，年平均降水量为 2000 毫米。土地肥沃，农作物以水稻为主，农副产品丰富，池塘河涌，水草繁茂，具有养鹅的良好自然条件。

（三）体形外貌

乌鬃鹅体质结实，被毛紧贴，体躯宽短，背平。公鹅体形比母鹅大，呈榄核形，肉瘤发达，雄性特征明显；母鹅呈楔形，脚矮小，颈细而灵活，眼大小适中，虹彩褐色，喙和肉瘤黑色且颜色较深，胫、蹼黑色，性羽呈扇形，稍向上翘起。

成年鹅的头部自喙基和眼的下缘起直至最后颈椎有一条由大渐小的鬃状黑色羽毛带。颈部两侧的羽毛为白色，翼羽、肩羽和背羽乌鬃色，并在羽毛末端有明显的棕褐色镶边，故俯视呈乌鬃色。胸羽灰白色，性羽灰黑色，腹尾的羽绒白色。在背部两边有一条自肩部直至尾根 2 厘米宽的白色羽毛带，在尾翼间不被覆盖部分呈现白色圈带。

现代养鹅关键技术精解

（四）生产性能

1. 产肉性能

采用农家传统的饲养方法，70 日龄体重为 2500～2700 克，在以放牧为主、补喂配合饲料的条件下，1～70 日龄的饲料利用率为 2.3∶1。在半舍饲条件下，75 日龄体重 3200 克左右；半净膛屠宰率，公鹅为 88.8%，母鹅为 87.8%；全净膛屠宰率，公鹅为 77.9%，母鹅为 78.1%。

2. 产蛋性能

乌鬃鹅一年产蛋 4～5 期，第一期在 7～8 月份，第二期在 9～10 月份，第三期在 11 月至翌年 1 月份，第四期在 2～4 月份。一般年产 4 期，饲料好的可达 5 期。平均年产蛋量为 29.6～34.6 枚，平均蛋重为 144.5 克，蛋壳白色，蛋形指数为 1.49。

母鹅的开产日龄一般在 140 天左右，公母配种比例为 1∶（8～10）。种蛋平均受精率为 87.7%。产区群众绝大多数采取母鹅天然孵化，受精蛋平均孵化率为 92.5% 左右。

母鹅的就巢性很强，每产完一期蛋就巢一次，每年就巢达 4～5 次。

3. 成活率

雏鹅成活率为 85%～90%。

五、浙东白鹅

（一）产地和分布

浙东白鹅主要产于浙江东部的奉化、象山、定海等地，分布于鄞州、绍兴、余姚、上虞、嵊州、新昌等地，具有生长快、肉质好的特点，在青年期作短期育肥，宰后加工成"宁波冻鹅"，销往香港地区和新加坡，深受欢迎，成为我国供港食品中的一个名牌产品。2002 年饲养量 160 余万只。

（二）品种形成

浙江东部属亚热带海洋性气候，年平均气温 16.5℃ 左右，无霜期 240 天以上，年降水量为 1500 毫米左右。沿海平原，江河交叉，湖泊棋布，稻田连片，水草丰茂，具有养鹅的良好自然条件。当地群众习惯于小群饲养，成为一项重要的家庭副业。

浙东各地的自然条件很相似。随着交通的便利，经济的开发，各地的养鹅业相继发展起来。近年来，由于耕作制度的变化，平原水稻地区的放牧场地日益缩小，所以养鹅中心逐步东移。现在，象山、定海、奉化等沿海岛屿丘陵的放牧条件比宁绍平原好，成为目前浙东白鹅的主要产区。

（三）体形外貌

成年鹅体形中等大小，体躯长方形。全身羽毛洁白，约有15% 的个体在头部和背侧夹杂少量斑点状灰褐色羽毛。额上方肉瘤高突成半，随年龄增长突起明显。颌下无咽袋。颈细长。喙、胫、蹼幼年时橘黄色，成年后变橘红色，爪玉白色；肉瘤颜色较喙色略浅；眼睑金黄色，虹彩灰蓝色。

成年公鹅高大雄伟，肉瘤高突，耸立头顶，昂首挺胸，鸣声洪亮，好斗逐人；成年母鹅肉瘤较低，性情温驯，鸣声低沉，腹部宽大下垂。

（四）生产性能

1. 产肉性能

浙东白鹅育肥上市日龄一般在 70 日龄左右（体重约 3.2～4.0 千克）。

2. 产蛋性能

每年有四个产蛋期，每期产蛋量为 8～13 枚，一年可产蛋 40 枚左右。据奉化地区 1980 年调查，年产四期的母鹅，每只平均年产蛋量为 37.8 枚，平均蛋重为 149.1 克。也有少数母鹅，一年有五个产蛋期。蛋壳白色。

性成熟期，母鹅一般在 150 日龄左右开产，公鹅 4 月龄开始性成熟，初配控制在 160 日龄以后。

公母配种比例，一般是 1∶（10～15）。公鹅可利用 3～5 年，以第二、三年为最佳时期。产区有公、母鹅不同年龄交叉配种的习惯，即老公鹅配新母鹅，新公鹅配老母鹅。种蛋受精率为 90％以上。

六、四川白鹅

（一）产地和分布

四川白鹅产于四川省温江、乐山、宜宾、永川和达州等地，广泛分布于平坝和丘陵水稻产区。据 2002 年统计，全国约有四川白鹅 1200 万只。

（二）品种形成

产区海拔在 300～800 米之间，境内有岷江、沱江和嘉陵江等水系，滴流水库塘堰多，水域广阔。气候温和，雨水充沛，饲草长

现代养鹅关键技术精解

年繁茂，为养鹅业的发展提供了良好的天然牧地。四川省养鹅历史悠久，产区人民历来把养鹅作为一项重要的家庭副业，普遍饲养，每年城镇销售仔鹅量甚大，因而促进了四川白鹅向早期生长快、体形较大的方向发展。同时，产区素有以母鸡或人工孵化鹅蛋的习惯，长期以来形成了四川白鹅基本无就巢性、产蛋量较高的特点。

（三）体形外貌

1. 外貌特征

四川白鹅全身羽毛洁白、紧密；喙、胫、蹼橘红色；虹彩灰蓝色。公鹅体形稍大，头颈较粗，体躯稍长，额部有一呈半圆形的肉瘤；母鹅头清秀，颈细长，肉瘤不明显。

2. 体重和体尺

成年公鹅平均体重为 4.3～5.0 千克，母鹅为 4.31～4.90 千克。

（四）生产性能

1. 产肉性能

四川白鹅的初生重为 71.1 克；60 日龄重为 2476.5 克，平均日增重为 40.1 克；90 日龄重为 3518.9 克，平均日增重为 34.8 克。肥嫩的烫皮仔鹅是产地的畅销食品之一，上市的多为 90 日龄左右的仔鹅。

屠宰率较高，6 月龄半净膛屠宰率，公鹅为 86.28%，母鹅为 80.69%；6 月龄全净膛屠宰率，公鹅为 79.27%，母鹅为 73.10%。6 月龄的三肌（胸肌，大、小腿肌）重，公鹅为 829.5 克，占全净重的 29.71%；母鹅 644.6 克，占全净重的 20.40%。

2. 产蛋性能

年平均产蛋量为 60～80 枚，平均蛋重为 146.28 克，蛋壳白色。

公鹅性成熟期为 180 日龄左右，母鹅于 200～240 日龄开产。每年 1～6 月为孵化季节。公母配种比例为 1：（3～4）。种蛋受精率为 85% 以上，受精蛋孵化率为 84% 左右。母鹅无就巢性。

七、皖西白鹅

（一）产地和分布

皖西白鹅产于安徽省西部丘陵山区和河南省固始一带，主要分布在皖西霍邱、寿县、六安、肥西、舒城、长丰等地，以及河南的固始等地。

（二）品种形成

皖西白鹅形成历史较早，在明代嘉靖年间即有文字记载，已有四百余年历史。这与当地自然生态条件有密切关系。该地区历史上人少地多，交通闭塞，以自给经济为主。气候温和，年平均气温为15～16℃，雨水充沛，年降水量为 1150 毫米，无霜期为 214～226天，年日照时数为 2000～2200 小时。盛产稻、麦，河湖众多，水草丰茂，丘陵草地广阔，放牧条件较为优越。当地群众习惯选用2～3 年的老鹅作种，春季采用自然孵化繁育雏鹅，经过 3～4 个月的放牧，体重已接近成年鹅，但很少宰杀，继续饲养到 11 月，至"小雪"前后，在宰前 20 天将鹅圈养，限制其活动，以稻谷等饲料进行催肥，称为"栈鹅"。经催肥后鹅的体重增加，脂多肉嫩，羽丰绒厚，适合腌制"腊鹅"。

（三）体形外貌

皖西白鹅体态高昂，细致紧凑，全身白羽毛。肉瘤橘黄色，圆而光滑，无皱褶。喙橘黄色，喙端色较淡。虹彩灰蓝色。胫、蹼橘红色。约 6% 的鹅颌下带有咽袋。公鹅肉瘤大而突出，颈粗长有力；母鹅颈较细短，腹部轻微下垂。少数个体头顶后部生有球形羽束，称为"顶心毛"。

（四）生产性能

1. 产肉性能

皖西白鹅前期生长较快，在农村较粗放的饲养条件下，30 日龄仔鹅体重可达 1.5 千克以上，60 日龄达 3.0～3.5 千克，90 日龄

现代养鹅关键技术精解

达 4.5 千克左右，成年公鹅体重 5.5～6.5 千克，母鹅体重 5～6 千克。8 月龄放牧饲养和不催肥的鹅，其半净膛和全净膛屠宰率分别为 79.0% 和 72.8%。

2. 产蛋性能

开产日龄 180 天，在农村较粗放的饲养条件下，一般母鹅年产两期蛋，孵两窝雏鹅，年产蛋量为 30～40 枚。产三期蛋孵三窝鹅的较少。还有 3%～4% 的鹅可连产蛋 30～50 枚而不抱窝，群众称为"常蛋鹅"，但不符合当地自然孵化的习惯，多被淘汰。

公鹅 6 月龄性成熟，但配种多在 8～10 月龄以后；母鹅 6 月龄也可开产，但当地习惯早春孵化，有利于仔鹅的生长，故人为地将开产期控制到 9～10 月龄。

公母配种比例为 1∶5，组成一个小的配种群，常年饲养在一起，任其自然交配，群众称之为"一架鹅"。有些地区也有每户留养一只母鹅，十几户或一个自然村合养一只公鹅，繁殖季节将母鹅送到公鹅处进行人工辅助交配。种蛋受精率平均达 88.7%。由于采用自然孵化，一般孵化率较高，受精蛋孵化率达 91.1%，健雏率为 97.0%。

由于长期采用自然孵化，母鹅就巢性很强。有就巢性的母鹅占 98.9%，其中一年两次的占 92.1%。一般每年产一期蛋，就巢一次。

3. 成活率

皖西白鹅生产力和抗病力强，雏鹅育成率高，平均 30 日龄仔鹅成活率高达 96.8%。种鹅利用年限，公鹅为 3～4 年或更长（为 4～5 年），优良者可利用 7～8 年。一般采取逐年更新，也有采取一次性更新的。

4. 产羽绒性能

皖西白鹅羽绒洁白、质量好，尤其以绒毛的绒朵大而著称。平均每只鹅产羽绒量为 349 克，其中产绒毛量为 40～50 克。20 世纪 70 年代末 80 年代初，产区每年出口羽绒量占全国的 10%，居全国第一位，占全世界绒贸易量的 3.3%。

八、溆浦鹅

(一) 产地和分布

溆浦鹅产于湖南省沅水支流的溆水两岸,中心产区在溆浦县城附近的新坪、马田、水车等地,分布遍及溆浦全县及怀化地区各县、市。

(二) 品种形成

溆浦县位于湖南省西部,地处雪峰与武陵山脉之间,地势东南高、西北低。全县溪河山塘众多,有 12 条小河溪在新坪汇合,经县城流入沅水。该县为山岳区,境内"八山一水一分田"。年平均气温为 16.9℃,年降水量为 1419 毫米,年日照时数为 1552 小时,无霜期为 284 天。主要产区海拔为 161 米。农作物以水稻为主,经济作物也占有相当比重。房前、屋后、河滩、田野、池塘、沟港水草繁茂,为养鹅提供了优越的条件。

(三) 体形外貌

1. 外貌特征

溆浦鹅成年鹅体形高大,体躯稍长、呈圆柱形。公鹅头颈高昂,直立雄壮,叫声清脆洪亮,护群性强。母鹅体形稍小,性情温驯,觅食力强,产蛋期间后躯丰满、呈蛋圆形。腹部下垂,有腹褶。有 20% 左右的个体头上有顶心毛。溆浦鹅有灰、白两种羽色,喙、肉瘤呈橘黄色,虹彩蓝灰色,胫、蹼橘红色。灰鹅的颈、背、尾部羽毛为灰色,腹部白色,母鹅有腹褶;肉瘤明显,表面光滑,呈灰黑色。以白色居多数。

2. 体重和体尺

成年公鹅体重 6.0~6.5 千克,母鹅 5.0~6.0 千克。

(四) 生产性能

1. 产肉性能

仔鹅生长快,60 日龄活重达 3.5 千克。

2. 产蛋性能

开产日龄 210 天，年产蛋 30 枚左右，产蛋季节集中在秋末和初春两期，即当年 9、10 月份和次年 2、3 月份。每期可产蛋 8～12 枚，一般年产 2～3 期，高产者有 4 期。

平均蛋重为 212.5 克。蛋壳多数呈白色，少数淡青色。蛋壳厚度为 0.62 毫米。蛋形指数为 1.28。蛋的组成：蛋白占 53.2%，蛋黄占 35.1%，蛋壳占 11.7%。煮熟后失水率为 2.3%。

母鹅 7 个多月开产，公鹅达 6 月龄有配种能力。

公母配种比例为 1：(3～5)。种蛋受精率为 97.4%。农家采用母鹅孵化，一窝可孵蛋 10～13 枚，受精蛋孵化率为 93.5%。

溆浦鹅有较强的就巢性，一般每年发生 2～3 次，多的达 5 次，均发生在每个产蛋期末，如不让孵化，15 天左右醒抱。

3. 成活率

雏鹅 70 日龄成活率为 85%。

九、雁鹅

（一）产地和分布

雁鹅是中国鹅灰色品种中的代表类型，属中型肉用型品种。原产于安徽省六安地区的霍邱、寿县、六安、舒城、肥西及河南省的固始等地。现分布于安徽各地及与安徽省接壤的地区，在安徽的郎溪、广德一带雁鹅饲养量较大。

（二）品种形成

产区处于淮河以南，属丘陵地区。气候温和，年平均气温为 14～15.6℃，雨水充沛，年平均降水量为 850～1000 毫米。农业开产较早，盛产水稻、小麦、大豆、花生、甘薯等，农副产品极为丰富，饲料条件良好。这一带山丘、平原、洼地互相交织，平原地带水域宽广，河流交错，水草丰盛；丘陵地，岗冲地带，岗冲相间，空闲地较多，野生牧草繁茂，为发展养鹅提供了良好的生态环境。

中心产区的霍邱和寿县，腌制的"腊鹅"是群众传统的肉食品，每逢喜庆佳节，宴会上都以鹅为珍品。长期以来，当地群众把养鹅放在家禽养殖的首位，每逢春季，农民家家户户纷纷喂养小鹅，采取放牧饲养的方法，一直养到霜降以后（10月底至11月初），然后圈养起来，限制其运动，饱饲稻谷，进行20天左右的育肥，成为腌制出的"腊鹅"的原料。

（三）体形外貌

雁鹅体形较大，体质结实，全身羽毛紧贴。头部圆形略方、大小适中，头上有黑色肉瘤，质地柔软，呈桃形或半球形向上方突出。眼球黑色，大而灵活，虹彩灰蓝色。喙扁阔，黑色。个别鹅颔下有小咽袋。颈细长，胸深广，腹下有皱褶，胫、蹼多数橘黄色，个别有黑斑。爪黑色。皮肤多数黄白色。

公鹅体形较母鹅高大粗壮，行走时昂首挺胸，叫声洪亮，肉瘤大而突出；母鹅性情温驯，叫声较低而清亮。

成年鹅羽毛呈灰褐色和深褐色；颈的背侧有一条明显的灰褐色羽带；体躯的羽毛，从上往下幅深渐浅，至腹部成为灰白色或白色，除腹部白色羽毛外，背、翼、肩及腿羽皆为镶边羽，即灰褐色羽镶白边，排列整齐；肉瘤的边缘和喙的基部大部分有半圈白羽。

雏鹅全身羽绒呈墨绿色或棕褐色；喙、胫、蹼均呈灰黑色。

（四）生产性能

1. 产肉性能

在放牧条件下，成年公鹅体重5.5～6.0千克，母鹅体重4.7～5.2千克，早期生长较快，70日龄上市仔鹅体重3.5～4.0千克，5～6个月体重达5.0千克以上；在较好的饲养条件下，2月龄可长到4.0千克。

2. 产蛋性能

一般母鹅年产蛋量为25～35枚。雁鹅在产蛋期间，每产一定数量蛋后即进入就巢期休产，以后再产第二、三期蛋，一般可间歇产蛋三期，也有少数可产蛋四期，故产区群众称之为"四季鹅"。其中第一个产蛋期产蛋量为12～15枚，第二、三个产蛋期产蛋量为8～10枚。

雁鹅的平均蛋重为150克。蛋壳白色。卵黄膜厚而结实。蛋白浓、黏度大。蛋壳平均厚度为 0.60 毫米。蛋形指数为 1.51（蛋的横径为 5.66 厘米、纵径为 8.55 厘米）。煮熟后的蛋，蛋白占 52.9%，蛋黄占 33.6%，蛋壳占 13.5%。

在较好的饲养管理条件下，母鹅 7 月龄开产，一般在 8～9 月龄开产。公鹅 8～9 月龄有配种能力。

繁殖力：公母配种比例一般为 1：5，种蛋受精率为 85% 以上，受精蛋孵化率为 70%～80%。

就巢性：就巢性较强，一般就巢 2～3 次。

成活率：雏鹅 30 日龄成活率在 90% 以上。

种鹅使用年限：公鹅性成熟后 1～2 年内性欲旺盛；母鹅开产后至 3 岁产蛋量逐年递增 10% 左右，两岁以上的母鹅蛋大、壳厚、蛋形好。

十、扬州鹅

（一）产地分布

扬州鹅由扬州大学联合扬州市农林局、畜牧兽医站等单位利用国内鹅种资源协作攻关培育而成，2002 年 8 月通过省家禽品种委员会审定，正式定名为扬州鹅，被誉为我国第一个新鹅种。主要产于江苏省高邮市、仪征市等地。

（二）外形特征

成年公鹅 5570 克，母鹅 4170 克。头中等大小，高昂。前额有半球形肉瘤，瘤明显，呈橘黄色。颈匀称、粗细、长短适中。体躯方圆、紧凑。羽毛洁白，绒质较好，偶见眼梢或头顶或腰背部有少量灰褐色羽毛个体。喙、胫、蹼橘红色，眼睑淡黄色。公鹅比母鹅体形略大。

（三）生产性能

扬州鹅 70 日龄平均重 3450 克，公鹅平均半净膛屠宰率 77.30%，母鹅为 76.50%；70 日龄公鹅全净膛屠宰率 68%，母鹅为 67.70%。平均开产日龄 218 天。平均年产蛋 72 枚，平均蛋重 140 克，蛋壳白色。公母鹅配种比例为 1：(6～7)，平均种蛋受精率为 91%，平均受精蛋孵化率为 88%。

十一、南溪白鹅

（一）产地分布

南溪白鹅是四川的优良种鹅。该品种是由野天鹅在一定的自然环境下，经长期人为驯化选育而形成。南溪地处长江上游，位于四川盆地南部的沿边丘陵地带。区域内，溪河纵横，库渠密布，盛产水稻、小麦、玉米、高粱。优越的自然生态环境，提供了南溪白鹅自成品种的条件。

（二）外形特征

南溪白鹅全身羽毛洁白，喙、胫、蹼呈橘红色，虹膜呈灰色。成年公鹅体形大，头颈粗壮，体躯较长，额部有一呈半圆形的肉瘤；成年母鹅头清秀，颈细长，肉瘤不明显。

（三）生产性能

现代养鹅关键技术精解

出壳重 88 克，公鹅 180 日龄左右性成熟，平均体重 3845 克，最大体重可达 6275 克，屠宰率 75.91%；母鹅 200～230 日龄开产，产蛋时间为 9 月至次年 5 月，年均产蛋 60～80 枚，高的可达 100～200 枚，每枚蛋重平均 149.92 克；成年母鹅体重平均 3390 克，最大体重 5813 克，屠宰率 73.45%。种鹅公母比例 1:（3～4），种蛋受精率 84.15%，受精蛋孵化率 61.0%～87.2%，其中水孵法 85.9%，谷孵法 75.47%，母鸡孵抱法 82.93%。

十二、籽鹅

（一）产地分布

籽鹅原产于东北松辽平原，分布于黑龙江、吉林、辽宁等省，以产蛋多而著名。其主产区位于黑龙江省绥化和松花江地区，其中以肇东、肇源和肇州等市县饲养量为多。

（二）外形特征

该鹅体形较小、紧凑，体躯呈蛋圆形，颈细长，有小肉瘤，头上有缨状头髻，颌下偶有咽袋，全身羽毛白色。喙、胫、蹼均为橙黄色。腹部一般不下垂。

（三）生产性能

成年公鹅体重 4.0～4.5 千克，母鹅 3.0～3.5 千克。母鹅 180 日龄开产，年产蛋 100～180 枚，蛋重 131 克，蛋壳白色。公母配种比例 1：（5～7），受精率 90％以上。母鹅无就巢性。

十三、酃县白鹅

（一）产地分布

产于湖南酃县沔水流域的沔渡、十都等地。酃县白鹅 1998 年被载入《中国家禽品种志》，2006 年被国家农业部列入《国家级畜禽遗传资源保护名录》，2007 年被选入国家种质资源基因库，2009 年被农业部批准登记为农产品地理标志，成为株洲市首个国家级农产品地理标志。2009 年，酃县白鹅原种场成为首批 97 个国家级畜禽遗传资源保种场之一。

（二）外形特征

酃县白鹅体形小而紧凑，近似短圆柱体。头中等大小，公鹅有较小的肉瘤，母鹅肉瘤偏平。全身羽毛白色。喙、肉瘤、胫、蹼橘红色，皮肤黄色，爪白玉色，皮肤黄色。公、母鹅均无咽袋。

（三）生产性能

酃县白鹅具有早熟、生长快、肉质好、蛋量较高和遗传性较稳定等特点，适于山区饲养。初生重为 78.66 克；成年公鹅体重为 4.25 千克，母鹅为 4.1 千克。屠宰测定：6 月龄半净膛屠宰率公鹅为 84.15％，母鹅为 83.95％；全净膛屠宰率公鹅为 78.17％，母鹅为 75.68％。开产日龄 158 天，年产蛋 45 枚，蛋重为 142.51 克，蛋形指数 1.49，壳厚 0.59 毫米。公母配种比例 1：（2～4），选良种后，公母鹅比例可以是 1：（4～5），种蛋受精率约 98.2％。

十四、兴国灰鹅

（一）产地分布

兴国灰鹅原产于江西省兴国县，是全国优良地方水禽品种之一，饲养历史悠久，早在1700多年前兴国县民间就有养殖灰鹅的习俗，至今仍流传着"种田为吃饭，养鹅换油盐"的谚语。2007年10月，兴国灰鹅又先后被列入《江西省地方畜禽品种志》和《国家级畜禽遗传资源保护名录》，并获得了国家农产品地理标志登记证书和国家注册商标。

（二）外形特征

兴国灰鹅属小型偏中等型鹅种。其羽毛呈灰色。初生时，仔鹅嘴尖有一点黄豆般大的黄白斑，脚青色。成年鹅青嘴，黄脚，背呈灰色，胸腹为灰白色，背翅羽毛形成波纹。公鹅额前有一明显肉瘤，似头戴一顶小帽。母鹅腹部有明显腹褶。兴国灰鹅不仅体形优美，风姿诱人，而且肉质细嫩，骨脆皮白，味道鲜美，营养价值高，含有独特的蛋白酶。

（三）生产性能

兴国灰鹅耐粗饲，喜群牧，抗逆性强，母性好。在冬、春两季长速最快，冬鹅日增重普遍在55克以上，65日龄左右即可出笼，春鹅日增重在50克以上，70日龄左右即可出笼。一般可长到4千克，大的有5千克。兴国灰鹅母性好，每产蛋10～12枚后就自然抱窝，而且抱性好，有护理雏鹅的本能。年产蛋3～4窝。开产日龄为180～210天，公母鹅配种比例1：（5～6），种蛋受精率80%左右。

十五、雅鲁肝鹅

（一）产地分布

该品种是黑龙江省龙江县联合肥肝种鹅场经多年、多次再杂交纯化选育而成。雅鲁肝鹅不但继承了亲本鹅产蛋多、不抱窝、耐寒

现代养鹅关键技术精解

的特点，而且继承了产绒多、长得快、耐粗饲、1千克鹅产100克肝的特点。因雅鲁河流经龙江县，故定名雅鲁肝鹅。

（二）外形特征

该鹅眼睛有豁，头上有缨，成年鹅有咽袋、肉瘤，脖粗腿短，喙、胫、蹼均呈橘黄色；羽毛洁白，后背隐约有数片黑毛但不普遍，是典型的肉、蛋、绒、肝、皮多用的新品种鹅。

（三）生产性能

在黑龙江省稍加保温饲养，其年产蛋80～120枚，蛋重135～150克。180日龄开始产蛋，第二、三年可产120～150枚，蛋重可达140～180克。公鹅体重4.5～6.0千克，母鹅体重4.0～5.0千克；第二、三年公鹅体重5.5～7.5千克，母鹅体重5.0～6.5千克。雏鹅28日龄可达1.5～2.5千克，结合放牧1千克料长1千克鹅肉；填饲时1千克鹅产100克肝；3年老鹅可产0.75千克肥肝。120天后1次可拔40克3厘米长的纯绒，最高可拔60克，绒最长达4厘米。可拔片毛100克。种鹅1年可拔4～6次，拔150～200克左右纯绒，600克左右片毛。拔毛不影响产蛋，不拔时有边产蛋、边换毛的特性。无就巢性，5母1公的群体种蛋受精率90%以上。平均日喂500克草、100克料，可常年圈养产蛋拔绒，只要达到条件要求，不分季节都可产蛋。全净膛屠宰率72%以上，半净膛屠宰率78%以上，扒皮制革达50平方厘米绒皮毛。

十六、四季鹅

四季鹅是我国民间饲养的一个优良传统鹅品种，耐粗饲，可完全以青绿饲草或秸秆粉碎饲喂。产蛋多，一年四季都可产蛋，年产蛋120枚左右。生长快，两个月长到4千克多，这一点非常适合于农户养殖，可以省去每年购雏鹅的麻烦和费用，四季鹅的最大特点是可以自己孵抱，肉用仔鹅一年四季均可上市。

十七、豫杂四季鹅

豫杂四季鹅是河南民权县科技局特色农业开发中心科研人员以

扬州四季鹅和豫东四季鹅多代杂交优化选育而成的肉蛋毛兼用鹅新品种，成年公鹅体重 8 千克左右，母鹅 6 千克左右，毛多为白色，偶有杂色。和其他品种相比，其以产蛋多、易饲养、增重快、自抱窝等诸多优势很快脱颖而出，养殖效益远高于其他鹅品种。豫杂四季鹅传承了四季鹅自由采食的习性，耐粗饲能力特强，杂草、作物秸秆等都是豫杂四季鹅的好饲料，饲喂粗饲料最高可占其日粮比例的 95％。

豫杂四季鹅为中型肉蛋毛兼用型品种，自产蛋、自抱窝，和其他鹅品种相比，除具有产蛋多、增重快等优点外，其就巢性也是其他品种望尘莫及的。该品种鹅产蛋 1 个月后即开始自行抱窝，孵出小鹅后如采取集中饲养小鹅，母鹅复膘一周后即可进入下一轮产蛋期。全年可自孵小鹅 6～8 茬。一只豫杂四季鹅母鹅年孵小鹅 80 只以上，省去了人工孵化、饲养小鹅的麻烦。

幼鹅及成年鹅抗病能力极强，极少感染疾病，养鹅户一年四季都有小鹅养殖，让原本比较繁杂的养鹅业变得轻轻松松。鹅毛收入也是一项不菲的收入，每年可人工拔毛 4～6 次，每次采毛可达 100 克左右。另外，豫杂四季鹅鹅肉细腻，屠宰率高，富含 40 多种人体必需的氨基酸和微量元素，是制作烤鹅、风鹅、烧鹅的绝好原料，市场供不应求。

十八、朗德鹅

（一）产地与分布

朗德鹅又称西南灰鹅，原产于法国西南部的朗德省。目前，不少国家都从法国引进朗德鹅，现已成为世界著名的肥肝生产专用品种。我国大部分地区均有引种饲养。

（二）外形特征

朗德鹅体形中等偏大。成年公鹅体重 7～8 千克，母鹅 6～7 千克。毛灰褐色，颈部、背部毛接近黑色，胸部毛呈银灰色，腹下部毛则呈白色，也有部分白羽个体或灰白羽个体。通常情况下，灰羽毛较松，白羽毛较紧贴，喙橘黄色，胫、蹼肉色，灰羽在喙尖部有一深色部分。

（三）生产性能

仔鹅生长迅速，8周龄体重可达4.5千克左右。肉用仔鹅经填肥后，活重可达10~11千克。肥肝重量可达700~800克。母鹅性成熟期180日龄，一般在2~6月产蛋，平均年产蛋量35~40枚，平均蛋重180~200克。公母配比1:3，种蛋受精率较低，约65%~75%。该品种产绒量较高，对人工拔毛的耐受性强，每年拔毛2次，产羽绒350~450克。

十九、莱茵鹅

（一）产地与分布

莱茵鹅原产于德国莱茵河流域，现广泛分布于欧洲各国，是世界著名的优良鹅种。我国江苏、山东、吉林、上海和重庆等地引进了该鹅种并进行生产。

（二）外形特征

莱茵鹅体形中等偏小，额上无肉瘤，颈短粗，无咽袋和腹褶。初生雏鹅头、背部羽毛为灰褐色，从2~6周龄逐渐转变为白色，成年时全身羽毛洁白，喙、胫、蹼均呈橘黄色；眼呈蓝色。

（三）生产性能

成年公鹅体重5.0~6.0千克，母鹅4.5~5.0千克。前期生长速度快，仔鹅8周龄活重可达4.0~4.5千克。肉料比1:（2.5~3.0）。莱茵鹅合群性强，能适应大群舍饲，是理想的肉用鹅种。产肥肝性能中等，一般填饲条件下，肥肝重350~400克。种公鹅210日龄即可配种，母鹅开产日龄210~240天，年产蛋量50~60枚，蛋重150~190克。公母配比1:（3~4），种蛋受精率平均为85%以上，受精蛋孵化率80%~85%。

二十、丽佳鹅

（一）产地与分布

丽佳鹅是著名的肉蛋兼用型品种。原产于丹麦，我国于2001

年引种饲养。

（二）外形特征

丽佳鹅头长而直，喙短而基部粗，眼睛淡蓝色，体宽粗壮，胸圆。喙、胫、蹼均橘黄色。羽毛坚硬而紧贴体躯，颈部蓑羽为纯白色。雏鹅毛色呈黑白花色，4 周龄开始逐渐转白，8 周龄时羽色为全白。

（三）生产性能

商品代初生重约为 89.5 克，6 周龄体重约为 2725 克，8 周龄体重约为 4115 克，成年鹅体重 7 千克左右。种鹅开产日龄为 293 日龄，母鹅开产体重为 5.89 千克，入舍母鹅平均产蛋 44.2 枚，种蛋受精率约为 89%，受精蛋孵化率为 84% 左右。

第四章　鹅的营养需要与日粮配方

第一节　鹅的营养需要

鹅的营养需要包括用以维持其健康和正常生命活动的需要，以及用于供给产蛋、长肉、长毛、肥肝等生产产品的营养需要。鹅维持生命和生产所需的主要营养物质有蛋白质、脂肪、能量、矿物质、维生素和水等。

一、蛋白质

蛋白质是构成鹅体各种组织，也是组成酶、激素的主要原料之一，关系到整个新陈代谢的正常进行，而且不能由其他营养物质代替，是维持生命、进行生产所必需的营养物质。

在通常情况下，成年鹅饲料的粗蛋白质含量控制在 15％左右为宜，能提高产蛋性能和配种能力。雏鹅日粮粗蛋白质含有 20％就可保证最快生长速度对蛋白质的需要。因此，提高日粮粗蛋白质水平，对于肉鹅 6 周龄以前的增重有促进用，以后各阶段粗蛋白质水平的高低对增重没有明显影响。

二、脂肪

脂肪在营养中的作用主要有以下几个方面：一是构成机体组织的重要组成成分，参与细胞构成和修复。二是鹅能量的重要来源，当摄入的能源物质超过需要量时，机体将剩余的营养物质转为体脂肪贮存起来。三是可以提供必需脂肪酸，如亚油酸、亚麻酸和花生四烯酸。四是脂肪作为有机溶剂，直接影响脂溶性维生素的吸收。饲料中适量的脂肪进入小肠后可促进维生素 A、维生素 D 和维生素 K 等脂溶性维生素的吸收。如果脂肪供应不足，则易发生脂溶性维生素缺乏症。五是禽产品的组成成分，如鹅肉和肥肝中的脂肪。在肉用鹅日粮中添加 1%～2% 的油脂可满足其高能量的需要，同时能提高能量的利用率和机体的抗应激能力。饲料或日粮中含量过高，则极易酸败变质，影响适口性和产品质量，生产上应尽量避免。在配制鹅饲料时，由于纯粹的脂肪（动、植物油脂）来源少，价格较贵，且不宜存放，一般不采用，只有特殊需要（如填制肥肝）时才应用。

三、能量

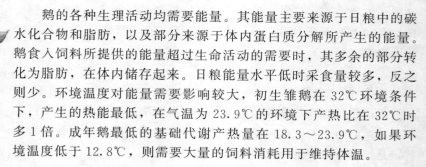

鹅的各种生理活动均需要能量。其能量主要来源于日粮中的碳水化合物和脂肪，以及部分来源于体内蛋白质分解所产生的能量。鹅食入饲料所提供的能量超过生命活动的需要时，其多余的部分转化为脂肪，在体内储存起来。日粮能量水平低时采食量较多，反之则少。环境温度对能量需要影响较大，初生雏鹅在 32℃ 环境条件下，产生的热能最低，在气温为 23.9℃ 的环境下产热比在 32℃ 时多 1 倍。成年鹅最低的基础代谢产热量在 18.3～23.9℃，如果环境温度低于 12.8℃，则需要大量的饲料消耗用于维持体温。

四、矿物质

鹅的生长发育、机体的新陈代谢需要矿物质元素。矿物质元素在鹅体内含量虽然不多，仅占鹅体重的 3%～4%，但在生理上起着重要的作用，是鹅的骨骼、肌肉、血液必不可少的一种营养物质，许多机能活动的完成都与矿物质有关。现将主要的矿物质简介如下：

（一）钙和磷

钙和磷占体内矿物质总量的 65%～70%，主要以磷酸盐、碳酸盐形式存在于组织、器官、血液中，尤其是骨骼和蛋壳中。其主要功能是构成骨骼和蛋壳的主要成分，参与维持神经、肌肉的正常活动，保持酸碱平衡等。如果日粮中钙、磷缺乏，就会出现产软壳蛋、薄壳蛋的现象，导致孵化率下降，幼鹅出现佝偻病和软骨病等。鹅的矿物质饲料，不但钙、磷的数量要充足，而且比例要适宜，一般应保持 1.3∶1，产蛋期为（3～4）∶1。

（二）钠和氯

钠、氯主要存在于体液和软骨组织中，对鹅的生理功能起着重要的作用。钠不仅能维持动物体内的酸碱平衡，保持细胞和血液间渗透压的平衡，调节水盐代谢，维持神经、肌肉的正常兴奋性，还有促进动物的生长发育等作用。氯除维持渗透压的作用外，还有促进食欲、帮助消化等作用。钠和氯在植物饲料中含量较少，动物饲料中含量稍多，但一般不能满足鹅的需要，在日粮中必须补充适量的食盐。

（三）微量元素

微量元素对鹅的健康和生长起着重要的作用。铁和铜是形成血红蛋白、血色素和体内代谢所必需的。铁与血红蛋白和肌红蛋白的形成有关；铜与骨骼的正常发育及鹅的羽绒品质有关。如果日粮中铁、铜缺乏，就会出现贫血现象。钴是维生素 B_{12} 的组成成分之一，维生素 B_{12} 是血红蛋白和红细胞生成过程中所必需的物质，如果钴缺乏，就会发生恶性贫血。钾有类似钠的作用，与水分平衡和渗透压的维持有密切的关系，对红细胞和肌肉的生长发育有特殊的功能。如果钾缺乏，鹅就会生长发育不良。植物饲料中含钾较多，一般不会缺乏。锰主要与骨骼和腱的生长及繁殖有关，锰缺乏时发生骨短粗症，脱腱，蛋壳品质及孵化率下降。锌与鹅的生长发育有关。幼鹅缺乏锌，丧失食欲，生长停滞，关节肿大，羽毛发育不良；母鹅产软壳蛋，孵化率下降。碘、硒是体内谷胱甘肽过氧化酶的主要组成成分，具有保护细胞膜不受氧化物损伤的作用。如果缺硒，易发生脑软化病、白肌病以及肝坏死；碘来源于碘化钾，是甲状腺的组成成分，缺乏时，引起甲状腺肿大。

五、维生素

维生素是维持机体正常生理活动和生长、产蛋、繁殖所必需的营养物质，同时在体内起着调节和控制新陈代谢的作用。绝大多数维生素动物不能自己合成，需要从饲料中吸取；如果饲料中某种维生素缺乏，就会引起维生素缺乏症。维生素分为以下两大类：

一类是脂溶性维生素，包括维生素 A、维生素 D、维生素 E、维生素 K。这类维生素与脂肪同时存在，当条件不利于脂肪的吸收时，维生素的吸收也受到影响。脂溶性维生素可在体内贮存，较长时间缺乏时才会出现临床症状。

另一类是水溶性维生素，包括维生素 B_1、维生素 B_2、维生素 B_6、维生素 B_{12}、泛酸、叶酸、胆碱、烟酸、生物素等，还有维生素 C。这类维生素除 B_{12} 外，供应量超过需要量的部分很快从尿中排出，必须由饲料不断补充，防止缺乏症的发生。在实际配合时，把饲料中维生素含量作为安全余量，而需要量在维生素添加剂中解决，以保证鹅的生长、繁殖的需要。维生素添加剂的用法与用量请参照说明书使用。现将鹅需要的主要维生素介绍如下：

（一）维生素 A

维生素 A 主要来源于青绿多汁饲料（尤其是胡萝卜、黄玉米和维生素 A 制剂等）。其主要功能是保护皮肤和黏膜的发育和再生，增加对疾病的抵抗力，促进生长发育，提高繁殖率，调节体内代谢。缺乏时，雏鹅表现出步态不稳，眼、鼻出现干酪样物质，种鹅的产蛋量和蛋的孵化率下降。

（二）维生素 D

维生素 D 主要来自于鱼肝油、维生素 D 制剂。起着调节钙与磷代谢的功能，增加肠对钙、磷的吸收，控制肾脏对钙、磷的排泄和骨骼中钙、磷的贮存。缺乏时，雏鹅出现腿畸形、佝偻病、生长迟缓，种蛋蛋壳变薄，产蛋量和孵化率下降等。

（三）维生素 E

维生素 E 主要来源于小麦、苜蓿粉和维生素 E 制剂。其主要功能是促进性腺发育和生殖功能，并有抗氧化和保护肝脏的作用。缺乏时，公鹅睾丸退化，种蛋受精率、孵化率下降，肌肉营养不良，出现渗出性物质。

（四）维生素 K

维生素 K 主要来源于青绿多汁饲料、鱼粉和维生素 K 制剂。其主要功能是促进凝血酶原及凝血活素的合成，维持正常的凝血时间。缺乏时，会流血不止，或凝血时间延长，生长缓慢。

（五）维生素 B_1（硫胺素）

维生素 B_1 主要来源于谷类及其副产品、青绿饲料和优质干草、维生素 B_1 制剂。其主要功能是控制鹅体内水的代谢，维持神经组织及心脏的正常功能，维持肠蠕动和消化道内脂肪吸收。缺乏时，妨碍生长发育，引起神经系统疾病、多发性神经炎、生殖器官萎缩以及食欲减退等。

（六）维生素 B_2（核黄素）

维生素 B_2 主要来源于干醇母、乳清粉、动物性蛋白质、核黄素制剂。其主要功能是起到辅酶的作用，影响蛋白质、脂肪和核酸的代谢功能。缺乏时，引起雏鹅生长迟缓，足趾蜷曲麻痹症，孵化过程中死胚增加，孵化率降低。

（七）维生素 B_3（泛酸）

维生素 B_3 主要来源于动物性饲料、干青饲料、油饼和泛酸钙制剂。其主要功能是参与蛋白质、碳水化合物，特别是脂肪的代谢。缺乏时，引起生长迟缓、羽毛松乱，眼睑黏着，皮肤和黏膜发生病变，孵化过程中胚胎死亡率较高。

（八）维生素 B_6（吡哆醇）

维生素 B_6 主要来源于酵母、豆类、禾谷类籽实和维生素 B_6 制剂。其主要功能是起辅酶的作用，主要参与蛋白质、脂肪、碳水化合物代谢，在色氨酸与无机盐代谢中起重要作用。缺乏时，引起雏鹅生长受阻，母鹅产蛋量及种蛋孵化率下降。

（九）维生素 B_5（烟酸）

维生素 B_5 主要来源于麦麸、青草、发酵产品和烟酸制剂等。其主要功能是维持皮肤和消化器官的正常功能。缺乏时，鹅口腔和食道上部易发生炎症，口舌呈深红色，成年鹅羽毛脱落，骨粗短，关节肿大。

（十）维生素 B_{12}

维生素 B_{12} 主要来源于动物性蛋白质饲料和维生素 B_{12} 制剂。其主要功能是维持正常的造血功能，也是辅酶的成分，参与多种代谢反应。缺乏时，雏鹅生长速度减慢，母鹅产蛋量下降，孵化率降低，发生脂肪肝出血综合征等。

（十一）叶酸

叶酸主要来源于动物性饲料、苜蓿粉、豆饼。其主要功能与维生素 C 和维生素 B_{12} 类似，共同促进红细胞、血红蛋白的生成。缺乏时，引起贫血、孵化率降低，雏鹅生长不良，严重时患骨短粗症。

（十二）生物素（维生素 H）

生物素主要来源于青绿多汁饲料、谷物、豆饼、干酵母。也是一种辅酶，其主要功能是参与许多代谢，促进不饱和脂肪酸的合成。缺乏时，患皮肤病、喙周围与足趾结痂，骨骼畸形。

（十三）维生素 C（抗坏血酸）

维生素 C 在鹅体内能合成，青绿饲料中含丰富的维生素 C。其主要功能是参与氧化还原反应，与血凝有关，能增加机体的抵抗力。缺乏时，黏膜自发性出血，免疫力低下，蛋壳硬度降低。

六、水

水是生命体组成的重要成分，鹅的一切生理活动都离不开水，这是因为水是鹅维持生命和生长、生产所必需的营养素。水分约占鹅体重的70%，水参与物质代谢，参加营养物质的运输，能缓冲体液的突然变化，协助调节体温。

鹅体水分的来源是饮水、饲料含水和代谢水。据测定，鹅吃 1

现代养鹅关键技术精解

克饲料要饮水 3.7 克，在气温 12～16℃时，鹅平均每天饮水 1000 毫升，故有"好草好水养肥鹅"的说法，表明水对鹅的重要性。鹅是水禽，一般养在靠水的地方，在放牧中也常放水，不容易发生缺水的现象，如果采用舍饲集约化饲养，务必注意保证饮水的需要。

第二节　鹅的常用饲料

鹅的常用饲料按其性质和来源分为以下几种：

一、青绿饲料

青绿饲料是指富含水分和叶绿素的植物性饲料，主要包括牧草类、叶菜类、水生类、根茎类等。青绿饲料鲜嫩可口，营养丰富，水分含量高，栽培或野生的陆生青饲料含水量为 70%～85%，水生青饲料含水量为 90%～95%，因此，青绿饲料中干物质含量少，营养浓度低。青绿饲料蛋白质的品质好，尤其是赖氨酸含量较多，可以弥补禾谷类籽实赖氨酸不足的缺陷。青绿饲料是养鹅生产上维生素营养的良好来源，特别是胡萝卜素、B 族维生素含量丰富，但缺乏维生素 D。另外，青绿饲料含粗纤维少，幼嫩多汁，适口性好、消化率高，是鹅特别喜爱的一种饲料，尤其适用于幼龄鹅的采食。新鲜状态下青绿饲料所含有的各种酶、有机酸能促进养分消化，调节胃肠道 pH 值，消化利用率高，而其所含有的生长未知因子，能够促进鹅的生长和繁殖。农村流传的"鹅吃百样草""青草换鹅""不喂鹅青草，下蛋必定少"等谚语，都说明青绿饲料营养价值高，可以满足鹅只的营养需要。青绿饲料在使用前，应进行适当处理，如清洗、切碎或打浆，这样有利于采食和消化。在调制和饲喂过程中，应特别注意避免有毒物质，如氢氰酸、亚硝酸盐的影响，农药中毒以及寄生虫感染等，另外，某些饲料如牛皮菜、甜菜叶等的草酸含量过高，易导致缺钙。在使用过程中，应考虑植物不同生长期对养分含量及消化率的影响，适时刈割。由于青绿饲料具有季节性，为了做到常年供应，满足家禽的需要，可根据具体情况，有选择地人工栽培一些牧草或蔬菜。

（一）苏丹草

经多年的栽培试验和小面积的推广种植证明，苏丹草是适宜在气候温暖、干旱地区种植的一年生优良牧草。

1. 特性

苏丹草原产于非洲的苏丹高原，在欧洲、北美洲及亚洲大陆栽培广泛。现在我国各省均有较大面积的栽培。苏丹草是耐旱、高产、质优、喜温暖的植物，不耐寒，根系强大，入土很深，能利用土壤深层的水分和营养。抗旱能力极强，在降水量仅250毫米的地区种植仍可获得较高产量。对土壤要求不严，一般土壤均可种植，但不宜种植在沼泽地和流沙地上。要获高产，必须施肥灌水，该草宜在晚霜后播种，生育期100～120天。分蘖期长，分蘖数量多，生长迅速，再生能力强，一年可刈割2～3次。产量高而稳定，据西北畜牧兽医研究所1959年在武威黄羊镇种植的情况，在管理粗放时，每亩产青草1250千克，种子50多千克；在水肥条件好时，亩产青草3500千克，种子100多千克。苏丹草草质好、营养丰富，其蛋白质含量居一年生禾本科牧草之首。用于调制干草、青贮、青饲或放牧，马、牛、羊都喜采食，也是养鱼的好饲料。

2. 饲喂方法

青饲或青贮以孕穗至乳熟期为宜。调制干草以抽穗期为宜。刈割留茬6～10厘米，以利再生，收种子宜在主茎的种子成熟时进行。苏丹草幼苗期含氢氰酸较高，以后随生长而减少。宜在株高50～60厘米时刈割，割后稍加晾晒，而后饲喂，可避免牲畜中毒。苏丹草种子与其他谷类种子相比蛋白质含量也高，却因含有单宁，不宜作精料，但与其他谷实等量混合，仍可饲用。由于其干物质含量较低，只能作为饲料中的配合饲料原料。目前，有雅津甜高粱和苏丹草杂交的高丹草，相对于普通苏丹草更有优势，主要是提高了干物质成分以及糖度，饲料的适口性更好。

（二）美国籽粒苋

1. 特性

美国籽粒苋是饲料与蔬菜兼用型作物。该草适应性广，再生能力强，利用周期长，适口性较好，粗蛋白质含量高，可替代玉米等部分精料原料，用于猪、奶牛、蛋鸡、鹅、淡水鱼及兔的饲喂，因此深受广大畜禽饲养户喜爱。

该草喜温暖湿润的气候条件，地表平均温度达 18～24℃ 时，种子即可萌发。生长最适温度为 12～28℃，低于 9℃ 或高于 38℃ 时生长缓慢或停止。不抗寒，成株遇 −1～2℃ 的低温很快死亡。耐旱、耐碱性强，喜光性强，生育期要求光照充足。土壤要求排水良好、肥沃的砂质壤土，结构不良的重黏土不宜种植。

2. 饲用价值

美国籽粒苋营养丰富，其最大特点是粗蛋白质含量高达 18.97%，比玉米粗蛋白质含量多 95%，是常用饲料（如甘薯、甘薯藤、胡萝卜、南瓜、包心菜、水浮莲、水葫芦）的 10.5～16.0 倍。其中叶片的粗蛋白质含量最高，为 21%～28%，是食用或饲料用的主要部分。另外，美国籽粒苋的粗脂肪含量为 6.77%，粗纤维 6.61%，粗灰分 4.90%，可作为各种畜禽及鱼类的饲料。

（三）苦荬菜

1. 特性

苦荬菜原产于亚洲，由野生的山莴苣驯化而来。苦荬菜产量很高，再生性强。内蒙古地区一般每年刈割 2～3 次，以亩产鲜草 4000～6000 千克计算，可养 5 头猪或 100 只鸡或 50 只兔。苦荬菜的营养丰富，鲜草中干物质含量为 10.6%～20.0%，干物质中含粗蛋白质 20% 左右，而且矿质元素含量丰富，氨基酸种类齐全。给畜禽饲喂足够的鲜嫩苦荬菜，不仅饲料利用率高，饲喂效果好，还能减少疾病，增进健康。

2. 饲喂方法

利用苦荬菜饲喂畜禽主要是生喂，可切碎或打浆后拌入糠麸饲喂。苦荬菜可占日粮比例的 40%～60%。

（四）多年生黑麦草

1. 特性

多年生黑麦草是禾本科牧草中成熟较早、生长较快、分蘖能力强、生产潜力大的一种，能耐湿和短期水淹，不耐旱，高温伏旱对其生长尤为不利。

2. 饲用价值

多年生黑麦草用以放牧鹅，草高 15 厘米左右为宜。用作青饲宜在 25～30 厘米高抽穗前收割。春播可收割 1～2 次，每亩产鲜草1000～2000 千克，秋播早者冬前即可收割 1 次，次年盛夏前可割2～3 次，一般每亩产鲜草 3000～4000 千克，多者可达 5000～6000千克，适期收割的鲜草干物质含量一般在 15% 左右。

早期收割的多年生黑麦草叶多茎少，质地柔嫩，叶丛期的黑麦草，干物质中含粗蛋白质 18.6%，粗纤维 21.2%，脂肪 3.8%。多年生黑麦草地放牧鹅，草高达 15～25 厘米时开始利用。放牧至7.5 厘米时即应停牧转至他处，待恢复至一定高度时始可再次放牧。与白三叶混种的草地，更适于鹅的放牧利用，每亩草地可放牧肉鹅 100 只左右。

二、能量饲料

在饲料干物质中粗纤维含量低于 18%，粗蛋白质含量低于20% 的饲料称为能量饲料。能量饲料包括谷实类饲料、糠麸类饲料、块根块茎和瓜类饲料等。这类饲料含有丰富的能量和较低的粗纤维，容易消化吸收，是鹅能量的主要来源，但营养物质往往不平衡，单一使用效果不佳。同时能量饲料大多数属粮食及其副产品，成本较高。鹅常用的能量饲料有各类籽实及其加工副产品，这类饲料含有丰富的能量，较低的粗纤维，容易消化吸收，但含蛋白质、脂肪少，钙、磷含量低，除黄玉米含较多胡萝卜素外，其他谷物均缺乏，且核黄素含量少。

（一）谷实类饲料

谷实类饲料主要有玉米、高粱、小麦、稻谷等。其营养特点是能量含量高、有效能值高、粗纤维含量低、适口性好、易消化，但粗蛋白质含量低，且品质较差，赖氨酸、色氨酸和蛋氨酸缺乏；矿物质中钙少磷多，钙磷比例不当，且磷多以植酸磷形式存在，鹅利用率低。另外，还缺少维生素 D。除放牧时让鹅觅食外，谷实类饲料都应根据实际情况进行粉碎、切碎、浸泡及蒸煮等加工调制。麸饼类及较大的谷粒和籽实，如稻谷、玉米、小麦、大麦等，有坚硬的外壳和表皮，不易被鹅消化吸收，必须经过粉碎或磨细才能喂（尤其是雏鹅）。但饲料不宜过细，否则鹅不易采食和吞咽，一般粉碎成小碎粒即可。较坚硬的谷粒如玉米、小麦等，经浸泡后可增大体积，增加柔软度，使鹅喜食，也易于消化。雏鹅开食用的碎米，可先浸泡1小时后再喂，以利于开食和消化，但浸泡时间过久（尤其高温季节）会引起饲料发酵变质，降低适口性。谷粒和籽实以及块根、瓜类等饲料，如玉米、大麦、小麦、红薯、萝卜（包括胡萝卜）、南瓜等，蒸煮后可增加适口性和提高消化率。但在蒸煮过程会破坏一些营养成分。用于鹅肥肝生产饲喂的玉米不要进行粉碎，整粒通过蒸煮后即可使用。使籽实类饲料发芽是解决维生素来源不足的一种方法，一般冬季应用较多。用发芽的饲料喂鹅，可提高种鹅的产蛋率和孵化率。

这类饲料含营养物质往往不平衡，单一使用效果不佳。能量饲料（如玉米、小麦、高粱、稻谷）保存不当，最易受曲霉、黄曲霉污染，鹅摄入少量霉菌毒素，会抑制其生长；摄入量多，易中毒死亡。

1. 玉米

玉米号称"饲料之王"，在谷实类饲料中含可利用能量最高，是配合饲料中的主要能量饲料。玉米粗纤维少，适口性好，消化率高，是鹅的优质能量饲料。玉米的颜色有黄、白之分，黄玉米含有少量胡萝卜素，有助于蛋黄和皮肤的着色。玉米难干燥，如不及时晾晒或烘干，极易发霉变质，造成鹅霉菌毒素中毒。贮存玉米，含水量应保持在13%以下。

2. 高粱

高粱与玉米相比，代谢能含量低一些，粗蛋白质含量与玉米相近，但品质较差。高粱含有较多的单宁，影响了饲料的适口性和养分的消化率。因此，在鹅日粮中应限量使用，不宜超过15%，低单宁高粱的使用量可适当提高。

3. 小麦

小麦与玉米相比，含代谢能稍低，粗纤维少，适口性好，粗蛋白质含量较高，但苏氨酸、赖氨酸缺乏，钙磷比例也不当。用小麦作为主要谷物原料时，需要添加较高水平的生物素。小麦中含有5%～8%的戊糖，可能会引起肠道内容物黏稠度增大，如果用量超过30%，要特别注意，对于雏鹅的用量要更加注意。

4. 大麦

大麦有皮大麦与裸大麦之分，用作饲料的为皮大麦。大麦能量水平低于玉米与小麦，由于皮大麦外包颖壳，粗纤维含量比玉米高一倍以上，但粗蛋白质含量较高。皮大麦表面尖硬，适口性较差，不易消化，最好脱壳或发芽后饲喂。在大麦比小麦便宜的地方可以部分或全部替代小麦。大麦在鹅饲料中的用量一般约为15%～30%，雏鹅应限量。

5. 稻谷

稻谷含粗纤维较高，粗蛋白质的含量比玉米稍低，氨基酸的含量与玉米相近。其表面粗糙，适口性差，消化率低，如用作饲料，不要超过日粮的10%。稻谷脱壳后的糙米及制米筛分出来的碎米是好饲料。糙米中所含代谢能及粗蛋白质与玉米相似，适口性好，易消化，适宜喂育雏期鹅，缺点是糙米价格较高，成本较大。

6. 小米（粟谷）

小米的籽粒小，适口性好，对鹅有兴奋作用，但成本较高。

（二）糠麸类饲料

糠麸类饲料是谷类籽实加工制米或制粉后的副产品，主要有小麦麸和大米糠。该类饲料营养特点是无氮浸出物含量较低，粗蛋白质含量与品质介于豆科籽实与禾本科籽实之间，粗纤维与粗脂肪含量较高，因此消化能比谷类籽实低；矿物质含量丰富，但利用率低，尤其是钙少磷多严重不平衡；B族维生素含量丰富，但胡萝卜素和维生素D、维生素K缺乏。

1. 小麦麸

小麦麸是生产面粉的副产物，是高纤维、低容量、低代谢能的一种饲料。蛋白质含量相当高，其氨基酸水平与小麦相似，含B族维生素较多。小麦麸结构蓬松，适口性好，有轻泻性，在鹅日粮中的比例不宜太高。一般雏鹅和产蛋鹅麦麸用量占日粮的5%～

15％，育成期占 10％～25％，育肥鹅少用。

2. 米糠

米糠是糙米加工成白米时的副产物。米糠中含粗纤维较多，影响消化率，影响使用量。一般雏鹅日粮中米糠占 5％～10％，育成鹅占 10％～20％。

3. 次粉

次粉又称四号粉，是小麦加工成面粉时的副产品，为胚芽、部分碎麸和粗粉的混合物。其适口性好，但与小麦相似，多喂时也会产生粘嘴现象，制作颗粒饲料时则无此问题。一般可占日粮的 10％～20％。

（三）块根块茎和瓜类饲料

常见的淀粉质的块根块茎和瓜类饲料主要有甘薯（红苕）、马铃薯（土豆）、胡萝卜、南瓜等。这类饲料含水分高（自然状态下可达 70％～90％）。干物质中淀粉含量高，粗纤维少；蛋白质含量低，且蛋白质的品质也差；矿质元素含量不平衡，钾多、钙、磷含量极少；B 族维生素含量较高。该类饲料适口性好，鹅喜欢吃，但养分往往不能满足需要，饲喂时应配合其他饲料。

三、蛋白质类饲料

凡粗纤维含量低于 18％，粗蛋白质含量不低于 20％的饲料称为蛋白质饲料。这类饲料营养丰富，特别是蛋白质含量高，易于消化，能值高，含钙、磷多，B 族维生素亦丰富。蛋白质饲料是养鹅生产中的主要饲料之一，主要来源有植物性蛋白质饲料、动物性蛋白质饲料和单细胞蛋白质饲料三大类。

（一）植物性蛋白质饲料

植物性蛋白质饲料主要包括豆类籽实、饼粕类和其他制造业的副产品。

1. 豆类籽实

（1）豌豆　由于豌豆籽粒大小适中，形状圆形，对鹅适口性很好，在豆类籽实中价格较低，饲养效果最好。未成熟的豌豆、生象鼻虫以及严重破碎的豌豆、发霉及变质或贮藏多年的豌豆均不能喂。豌豆占日粮的比例为 20%～30%。

（2）蚕豆　蚕豆的营养含量与豌豆相似，粗纤维含量比其他豆类籽实高，含代谢能 10.79 兆焦/千克（2.58 兆卡/千克）左右，粗蛋白质 24.9%，粗脂肪 1.4%。蚕豆最好能破碎后喂，因为蚕豆有一层很厚的种皮。蚕豆有大粒与小粒之分，即使是小粒蚕豆也比其他籽实大。雏鹅食用蚕豆后饮水会有被胀死的危险，因为蚕豆容易吸水膨胀，饮水后蚕豆体积剧增。虽然蚕豆可代替部分豌豆，但用量要控制，不能像豌豆那样大量使用。

（3）绿豆　绿豆大小适中，便于雏禽吞食，适口性也好，还有清热解毒作用，很适宜在夏季日粮中应用。但绿豆的价格较高，只能控制使用，占日粮的 5%～10%。

（4）大豆　按种皮的颜色不同又可分为黄豆、黑豆、青豆。常用的有黄豆和黑豆，黄豆含代谢能 13.55 兆焦/千克（3.24 兆卡/千克）左右，粗蛋白质 33.5%，粗脂肪 17.3%，黑豆和黄豆的营养价值差不多。大豆的适口性不如豌豆，生大豆中含有抗胰蛋白酶、血细胞凝集素、皂角苷等有害物质，会影响营养物质的吸收，加热可以破坏这些有害物质，所以使用大豆时最好炒熟喂，可破坏大豆中的有害物质；或喂成熟的、干燥与贮藏半年以上的大豆。用量占日粮的 5%～10%。

2. 油料籽实

油料籽实喂换羽期的鹅效果较好。

火麻仁，又称大麻籽。大麻籽中含水分 8.75%，粗蛋白质 21.51%，粗脂肪 30.41%，粗纤维 18.84%，无氮浸出物 15.89%，粗灰分 4.6%。虽然大麻的花和嫩叶有毒，但大麻籽喂特禽类动物比较安全，适口性非常好，有促进食欲、振奋精神、增强生殖机能、使羽毛有光泽的作用。特别是喂换羽期的鹅效果更好。喂量占日粮的 1%～5%。

除此之外，还有油菜籽、向日葵仁、花生仁等。

3. 饼粕类

常用的饼粕类饲料，是豆类籽实和油料籽实提取油后的副产

现代养鹅关键技术精解

品，其中，压榨提油后块状副产品称作饼，浸提出油后的碎片状副产品称作粕。常见的有大豆饼（粕）、棉仁饼（粕）、花生仁饼（粕）等。这类饲料的粗蛋白质含量高，蛋白质中的必需氨基酸含量也较平衡，故蛋白质的利用率高于谷实类饲料；无氮浸出物含量低；粗脂肪含量因种类、加工工艺不同变化较大，一般情况下，饼类含油量高于粕类；粗纤维含量一般不高，但棉籽饼、葵花籽饼、花生仁饼等粗纤维含量高；矿物质含量与谷类籽实相似，也是钙少磷多；B族维生素含量丰富，胡萝卜素含量较少；该类饲料如用量过大，适口性较差；这类饲料往往含有一些抗营养因子，如不脱毒就大量利用，易发生中毒。

饼粕类饲料来源广，价格便宜，粗蛋白质含量高达40%～45%，有效能值高，是很好的饲料，应充分利用各种饼粕资源。生豆饼含有胰蛋白酶抑制因子（阻碍蛋白质的消化吸收）以及血凝素、皂角素等抗营养因子（2种有害物质），鹅不能饲喂生豆饼。

（1）大豆饼（粕）　在所有饼粕类饲料中，大豆饼（粕）的产量最高，品质好，使用最广。大豆饼粕中蛋白质含量达40%～50%，必需氨基酸组成中赖氨酸含量高，与玉米配合使用效果较好，但是蛋氨酸和胱氨酸含量不足。大豆饼中含残留油较多，所以比大豆粕的代谢能值高，粗蛋白质含量低。大豆饼（粕）的缺点是含有胰蛋白酶抑制因子、血凝素、皂角素等物质，会影响蛋白质的利用，可以通过加热处理来破坏这些有害物质。目前，国内一般多用3分钟、110℃热处理，其用量可占鹅日粮的10%～25%。

（2）花生仁饼（粕）　花生仁饼（粕）是花生榨油后的副产品，分去壳与不去壳两种，其营养成分差异较大，去壳较好。花生仁饼（粕）成分与大豆饼基本相同，略有甜味，适口性好，可代替大豆饼（粕）饲喂。花生仁饼（粕）脂肪含量较高，很容易发霉，特别是在温暖潮湿条件下，黄曲霉繁殖很快，并产生黄曲霉毒素，这种毒素经蒸煮也不能去掉。因此，花生仁饼（粕）必须在干燥、通风、避光条件下妥善贮存。其用量占日粮的5%～10%。

（3）菜籽饼（粕）　油菜籽取油后所得副产品为菜籽饼（粕），菜籽饼（粕）的蛋白质含量为35%～40%，低于大豆饼和花生仁饼；含硫氨基酸丰富，达 6.0% 左右，赖氨酸含量在 1.5%～2.5%，精氨酸含量在饼粕类中最低。菜籽饼与棉仁饼配合使用，可改善赖氨酸和精氨酸的比例。菜籽饼（粕）含有的多种抗营养因子，可严重降低饲料的适口性，引起胃肠道炎症，降低养分消化率，引起动物甲状腺肿大、抑制生长、影响繁殖。目前生产上合理利用菜籽饼（粕）有两种方法：一是限量使用，一般占日粮的 5%～8% 为宜；二是进行脱毒处理。

（4）棉籽饼（粕）　棉籽经脱壳取油后的副产品是棉籽饼（粕），含粗蛋白质 32%～37%，脱壳的棉仁饼粗蛋白质含量可达 40%，蛋白质中赖氨酸和蛋氨酸含量较低，精氨酸含量较高；粗脂肪含量较高，是维生素 E 和亚油酸的良好来源，但不利于保存；粗纤维含量比大豆饼（粕）高，有效能值低于大豆饼（粕）。棉籽饼（粕）中含有毒的游离棉酚，对鹅的代谢和体组织有破坏作用，过多使用会引起中毒。可采用长时间蒸煮或用 0.05% 硫酸亚铁溶液浸泡去毒，以减少棉酚对鹅的毒害作用。其用量一般可占日粮的 5%～8%。

（二）动物性蛋白质饲料

动物性蛋白质饲料主要是水产品、肉类、乳和蛋品加工的副产品，还有屠宰场和皮革厂的废弃物及缫丝厂的蚕蛹等，主要包括鱼粉、肉粉、肉骨粉、血粉及蚕蛹。动物性蛋白质饲料蛋白质含量高（多在 50% 以上），必需氨基酸含量较多，蛋白质生物学价值较高；不含粗纤维，消化利用率高；矿质元素丰富，比例平衡，利用率高；维生素丰富，特别是维生素 B_{12} 含量高；一些动物性饲料含有生长未知因子，有利于家禽生长。但动物性蛋白质饲料含有一定数量的油脂，容易酸败，影响产品质量，且容易被病原菌污染。

1. 鱼粉

鱼粉是鹅的优质蛋白质饲料，包括进口鱼粉和国产鱼粉。进口鱼粉一般由鲱鱼、鯷鱼、沙丁鱼等全鱼制成，蛋白质含量高，一般在 60%～70%；赖氨酸和蛋氨酸含量也高。另外，鱼粉中富含脂溶性维生素，水溶性维生素中的核黄素、生物素、维生素 B_{12} 的含量丰富，钙、磷含量也丰富且比例适宜，还含有未知生长因子。进口鱼粉以秘鲁和智利的质量最好。国产鱼粉质量差异较大，粗蛋白

现代养鹅关键技术精解

质含量多在 40% 以下（高者可达 60%，低者不到 30%），粗纤维含量高，盐分含量也高。品质优良的鱼粉呈黄色，干燥而不结块，脂肪含量不超过 8%，水分含量不高于 15%，含盐量低于 4%。由于鱼粉价格较高，在鹅日粮中用量一般不超过 5%，主要是配合植物性蛋白质饲料使用。饲喂鱼粉时要注意添加比例，防止盐中毒。

2. 肉粉、肉骨粉

肉粉或肉骨粉是以动物屠宰场副产品中除去可食部分之后的残骨、脂肪、内脏、碎肉等为主要原料，经过脱油后再干燥粉碎而得的混合物。屠宰场和肉品加工厂将人不能食用的碎肉、内脏等处理后制成的饲料为肉粉；连骨带肉一起处理加工成的饲料为肉骨粉。含磷量在 4.4% 以上的为肉骨粉，在 4.4% 以下的为肉粉。产品中不应含毛发、蹄、角、皮革、排泄物及胃内容物。因原料来源不同、骨骼所占比例不同，营养物质含量变化很大，粗蛋白质含量在 20%~55%，赖氨酸含量丰富，但蛋氨酸、色氨酸含量较鱼粉低，钙、磷、维生素 B_{12} 含量高，缺乏维生素 A、维生素 D、维生素 E、烟酸等。用量控制在 5% 以下为宜。新鲜肉骨粉应呈黄色，有香味，水分含量小于 10%，发黑而有味的肉骨粉不应使用，以免引起鹅瘫痪、瞎眼、生长停滞甚至死亡。肉骨粉不耐久藏，应避免使用脂肪已氧化酸败的变质肉骨粉；应注意监控肉骨粉的卫生指标（如是否原料来源于患病动物，尤其是疯牛病患牛以及沙门氏菌和其他有害微生物的污染等）。

3. 血粉

血粉是畜禽鲜血经脱水加工而成的一种产品，是屠宰场的主要副产品之一，是一种来源广、产量大的蛋白质饲料。血粉的蛋白质含量很高（80%~90%），赖氨酸含量丰富（7%~8%），比鱼粉高近 1 倍，色氨酸、组氨酸和苏氨酸含量也高，但蛋氨酸含量偏低，异亮氨酸缺乏。血粉味苦，适口性差，日粮中用量不宜过高，一般占 1%~3%。血粉是属于高能高蛋白质，但氨基酸不平衡的蛋白质饲料，宜与其他蛋白质饲料配合使用。

4. 蚕蛹粉

蚕蛹粉是缫丝过程中剩留的蚕蛹经加工干燥粉碎后的产品，含有较高的脂肪，易酸败变质，影响肉、蛋品质。脱脂蚕蛹含蛋白质60%～68%，含蛋氨酸、赖氨酸和核黄素较高，一般在鹅日粮中可占5%左右。

5. 羽毛粉

羽毛粉是将家禽的羽毛经高压加热处理，加水分解后干燥、粉碎所得的产品。羽毛粉含粗蛋白质80%以上，但蛋白质品质差，很大比例是角蛋白。蛋白质中赖氨酸、蛋氨酸、色氨酸含量很低，甘氨酸、丝氨酸、异亮氨酸、胱氨酸含量高。矿质元素含量低，粗脂肪和维生素含量都低。羽毛粉适口性差，消化率低，而且氨基酸组成不平衡，故其饲用价值不高，应控制用量，一般在日粮中添加量不超过3%。

6. 单细胞蛋白质饲料

单细胞蛋白质饲料主要包括一些微生物和单细胞藻类，如各种酵母、蓝藻、小球藻类等。单细胞蛋白质饲料蛋白质含量较高，品质较好；维生素含量较丰富，特别是酵母，是B族维生素最好的来源之一；矿质元素含量不平衡，钙少磷多；核酸含量较高，细菌类含20%，酵母类含6%～12%，藻类3.8%。日粮中添加单细胞蛋白质饲料，可以改善饲料蛋白质品质、补充B族维生素和提高饲料的利用效率。目前，在饲料中应用较多的是饲料酵母。饲料酵母含粗蛋白质40%～50%，赖氨酸含量偏低，B族维生素含量丰富，但带苦味，适口性差，在日粮中所占比例一般不超过5%。

四、矿物质饲料

鹅的生长发育、机体代谢都需要钙、磷、钠等多种矿质元素，常规饲料中的矿物质含量往往不能满足鹅的营养需要，所以在鹅的日粮中需要加入专门的矿物质饲料来补充。一般常用的矿物质饲料有食盐、钙、磷饲料和微量元素矿物质饲料。

（一）食盐

食盐是鹅必需的矿物质饲料，能同时补充钠和氯，不仅具有刺激唾液分泌、促进消化的作用，还能改善饲料味道，增进食欲，维

持机体细胞正常的渗透压。在日粮中添加量一般为 $0.25\% \sim$
0.50%。

鹅对食盐敏感，当饲料中食盐含量偏高或混合不匀时，可引起鹅食盐中毒。饲料中若有鱼粉，应将鱼粉中的含盐量计算在内。

（二）钙、磷饲料

1. 钙源饲料

常用的钙源饲料有石灰石粉、贝壳粉和蛋壳粉，还有工业碳酸钙、磷酸钙及其他钙源饲料。

（1）石灰石粉　基本成分为碳酸钙，含钙量不低于 35%，是补充钙质廉价的矿物质饲料，但要注意镁的含量不得过量。禽类石灰石粉的用量一般控制在 $0.5\% \sim 3.0\%$。过高容易影响有机养分的消化吸收，使泌尿系统发生炎症与结石。最好与骨粉按 $1:1$ 的比例配合使用。如果石灰石粉添加太多，还会导致饲料中钙的含量增高，影响其他物质的吸收利用，特别是二价离子，如 Cu^{2+}、Fe^{2+}、Mn^{2+} 等，有时会导致上述物质缺乏。

（2）贝壳粉　由软体动物的外壳加工而成，主要成分为碳酸钙，含钙量为 $34\% \sim 38\%$。

（3）蛋壳粉　由蛋壳经灭菌、干燥、粉碎而成，钙含量在 $30\% \sim 37\%$。蛋壳在晒干粉碎前应经高压消毒，清除传染病原。

（4）工业碳酸钙　俗名双飞粉，为工业用材料，也可用作饲料的钙源和添加剂预混料的稀释剂，含钙量可达 40%。

2. 磷源饲料

只提供磷源的矿物质饲料主要有磷酸及其磷酸盐，如磷酸二氢钠和磷酸氢二钠各含磷 25% 和 21%，同时提供 19% 和 32% 的钠。其他一些磷源饲料也含有一定量的钙，称为钙磷平衡饲料。

（1）骨粉　是由动物杂骨经热压、脱脂、脱胶后干燥、粉碎制成的，其基本成分是磷酸钙。钙磷比为 $2:1$，是钙磷平衡的矿物质饲料。骨粉中含钙 $30\% \sim 35\%$，含磷 $13\% \sim 15\%$。骨粉在日粮中用量为 $1\% \sim 2\%$。要防止使用掺假的骨粉，以免给生产带来损失。

未经脱脂、脱胶和灭菌的骨粉易酸败变质，并有传播疾病的危险，应特别注意。

（2）磷酸钙盐　是补充磷和钙的矿物质饲料。常用的是磷酸氢钙和磷酸二氢钙，动物对其中的钙、磷吸收利用率也较高。使用磷酸盐矿物质饲料时要注意其中氟含量不得超过 0.2%，否则会引起鹅发生氟中毒。

有的产品含磷不足，而氟含量超标，在购买磷酸钙盐时要注意质量是否符合标准。

（三）微量元素矿物质饲料

微量元素矿物质饲料虽属于矿物质饲料，但在生产上常以微量元素添加剂预混料的形式添加到日粮中，主要用于补充鹅生长发育和产蛋所需的各种微量元素。鹅对微量元素的需要量极微，不能直接加到饲料中，否则混合不均可能导致部分鹅食入过多，从而导致中毒；部分鹅也可能食入不足，从而影响其健康和生产性能。在添加前，必须把微量元素化合物按照一定的比例和加工工艺配制成预混料，再添加到饲粮中。

五、饲料添加剂

饲料添加剂通常可分为两类：一类是营养性饲料添加剂，如氨基酸、维生素和微量元素添加剂；另一类是非营养性饲料添加剂，如抗生素、益生素、酶制剂、激素、驱虫保健剂、抗氧化剂、防霉剂、调味剂和微生态制剂等。

（一）营养性饲料添加剂

1. 氨基酸添加剂

特种动物饲粮通常以植物性饲料为主，最易缺乏的氨基酸是蛋氨酸，而这种氨基酸是特禽生长所必需的。计算表明，1 吨大豆饼添加 7 千克蛋氨酸，按其生物学价值可相当于 1 吨鱼粉。玉米和大豆饼相比，其蛋白质组成中缺乏赖氨酸，如果用 97 千克玉米添加 3 千克赖氨酸，并适当补加磷和胆碱，就相当于 100 千克大豆饼的生物学价值。

现在工业生产的氨基酸产品价值适当，在缺乏动物性蛋白质饲料的饲粮中酌情添加蛋氨酸和赖氨酸添加剂，既有效又很经济。

2. 维生素添加剂

在鹅的养殖过程中，如果青饲料用量较少，或不用青饲料，配合饲料中青干草粉用量更微。为了满足动物维生素的需要，就必须补充维生素添加剂。

常用的维生素添加剂是人工合成的维生素盐类或多种维生素的混合物，通常在多种维生素添加剂（简称"多维"）中最多只含有1/10的维生素，其余9/10是磨细的玉米粉或麸皮等载体。因此，在使用"多维"时，必须知道各种维生素的实际含量，然后按动物的需要量确定添加量。

脂溶性维生素容易氧化，贮存期间或在配合饲料中常因接触空气的面积增大而使氧化加速，制成微型胶囊后则比较稳定，这是经常使用的一种形式。同时，各种维生素添加剂均应保存于干燥、阴凉和避光处。

3. 微量元素添加剂

在鹅的养殖过程中应添加的微量元素有铁、铜、钴、锌、锰、碘和硒等。饲粮中如果维生素 B_{12} 的含量充足，则钴不需要添加。生产实践中，是将饲粮中可能缺乏而必须添加的各种微量元素制成复合微量元素添加剂，以满足动物对微量元素的需要。饲料中微量元素含量的变动幅度大，它们在动物体内利用率的变化也很大，因此，饲粮中各种微量元素的添加量一般不考虑饲料中的含量，而是按动物的营养需要与所采用的盐类中微量元素含量直接计算得到。饲料中微量元素含量则作为保险系数。

（二）非营养性添加剂饲料

1. 促进生长与保健添加剂

促进生长与保健添加剂指用于促进动物生长、提高增重速率、改善饲料利用率、驱虫保健等的一类非营养性饲料添加剂。它包括抗生素、合成类抗菌药物及驱虫保健药物、微生态制剂等。

（1）抗生素　抗生素除用于防治疾病外，也可作为生长促进剂使用，特别是在卫生条件和管理条件不良的情况下，效果更好。实验证明，鹅在育雏阶段或处于逆境时，饲料中加入低剂量的抗生素，可提高鹅的生产水平，提高饲料报酬，促进健康，常用的有土霉素、金霉素、杆菌肽锌、多黏菌素、恩拉霉素、泰乐菌素、维吉尼霉素、北里霉素等。

（2）合成类抗菌药物及驱虫保健药物　磺胺类如磺胺噻唑（ST）、磺胺嘧啶（SD）、磺胺脒（SG）等常用于疾病治疗和保健；驱虫保健剂有越霉素 A、氨丙啉、氯苯胍、莫能霉素钠、盐霉素钠、克球粉等；一些抗菌促生长药物如喹乙醇、砷制剂等。若在日粮中添加这类药物应经常更换药物种类，否则会产生耐药性。

（3）微生态制剂　也称益生素，是在微生态理论指导下，采用有益的微生物，经培养、发酵、干燥等特殊工艺制成的对人和动物有益的生物制剂或活菌制剂。它是用于调节动物机体微生态平衡的具有直接通过增强动物对肠内有害微生物的抑制作用或通过增强非特异性免疫功能来预防疾病，从而促进动物生长或提高饲料转化率的一类药物或饲料添加剂。目前国内外研制微生态制剂应用的微生物主要为乳酸杆菌类和需氧芽孢杆菌类，且发展趋势是复合菌制剂。庞晖、许丽等试验表明，饲料中添加益生菌，能够竞争性排斥有害菌群，减少肠道内的沙门氏菌和曲杆菌的定植，改善肠道内环境。乳酸菌在动物体内通过生物拮抗降低 pH 值，阻止和抑制致病菌的侵入和定植。并且有效抑制了大肠杆菌和沙门氏菌的数量，对维持肠道内微生态平衡发挥了积极作用，提高了饲料利用价值，促进了鹅的生长。

2. 饲料品质改善添加剂

（1）抗氧化剂　用以防止饲料中脂肪氧化变质，保持维生素的活性。常用的抗氧化剂有乙氧基喹啉（又称乙氧喹、山道喹）、BHA（丁基羟基茴香醚）、BHT（二丁基羟基甲苯），一般在配合饲料中的添加量为 150 克/吨。

（2）防霉剂　在高温高湿季节，饲料容易霉变，这不仅影响适口性，降低饲料的营养价值，还会引起动物中毒，因此在贮存的饲料中应添加防霉剂。目前常用的防霉剂有丙酸、丙酸钠和丙酸钙。

添加剂种类很多，应根据鹅不同生长发育阶段、不同生产目的、饲料组成、饲养水平与饲养方式及环境条件，灵活选用。添加剂应与载体或稀释剂配合制成预混料再添加到饲粮中。

第三节　鹅的饲养标准

一、鹅的饲养标准内容

鹅的饲养标准主要包括能量、蛋白质、必需氨基酸、矿物质及维生素等指标。每项营养指标都有特殊的营养作用，缺少、不足或超量均可能对鹅产生不良影响。维生素的需要量是按最低需要量制定的。鹅在发挥最佳生产性能和遗传潜力时的维生素需要量要远远高于最低需要量。生产实际中，考虑到鹅的种类、生产水平、饲养方式与饲料原料差异及加工贮存过程中的损失，维生素的添加量往往在适宜需要量的基础上，再加上一个保险系数（安全系数），以确保鹅获得定额的维生素并在体内有足够贮存，此添加量一般称为"供给量"。

二、我国参照的饲养标准

按中国饲料情况和养鹅生产实践，有关学者推荐了我国鹅饲养标准（表4-1、表4-2）。

表 4-1　鹅的饲养标准

营养成分	0~3 周龄	4~8 周龄	8 周龄至上市	维持饲养期	产蛋期
代谢能/（兆焦/千克）	11.53	11.08	11.91	10.38	11.53
粗蛋白质/%	20.00	16.50	14.00	13.00	17.50
赖氨酸/%	1.00	0.85	0.70	0.50	0.60
精氨酸/%	1.15	0.98	0.84	0.57	0.66
蛋氨酸/%	0.43	0.40	0.31	0.24	0.28
蛋氨酸＋胱氨酸/%	0.70	0.80	0.60	0.45	0.50

营养成分	0～3 周龄	4～8 周龄	8 周龄至上市	维持饲养期	产蛋期
色氨酸/%	0.21	0.17	0.15	0.12	0.13
丝氨酸/%	0.42	0.35	0.31	0.13	0.15
亮氨酸/%	1.49	1.16	1.09	0.69	0.80
异亮氨酸/%	0.80	0.62	0.58	0.48	0.55
苯丙氨酸/%	0.75	0.60	0.55	0.36	0.41
苏氨酸/%	0.73	0.65	0.53	0.48	0.55
缬氨酸/%	0.89	0.70	0.65	0.53	0.62
甘氨酸/%	0.10	0.90	0.77	0.70	0.62
钙/%	1.00	0.90	0.90	1.20	3.20
有效磷/%	0.45	0.40	0.40	0.45	0.50
粗纤维/%	4.00	5.00	6.00	7.00	5.00
粗脂肪/%	5.00	5.00	5.00	4.00	5.00
维生素 A/(国际单位/千克)	15000	15000	15000	15000	15000
维生素 D_3/(国际单位/千克)	3000	3000	3000	3000	3000
胆碱/(毫克/千克)	1400	1400	1400	1200	1400
核黄素/(毫克/千克)	5.00	4.00	4.00	4.00	5.50
泛酸/(毫克/千克)	11.00	10.00	10.00	10.00	12.00
维生素 B_{12}/(毫克/千克)	12.00	10.00	10.00	10.00	12.00
叶酸/(毫克/千克)	0.50	0.40	0.40	0.40	0.50
生物素/(毫克/千克)	0.20	0.10	0.10	0.15	0.20
烟酸/(毫克/千克)	70.00	60.00	60.00	50.00	75.00
维生素 K/(毫克/千克)	1.50	1.50	1.50	1.50	1.50
维生素 E/(毫克/千克)	20.00	20.00	20.00	20.00	40.00
维生素 B_1/(毫克/千克)	2.20	2.20	2.20	2.20	2.20
吡哆醇/(毫克/千克)	3.00	3.00	3.00	3.00	3.00
锰/(毫克/千克)	100.00	100.00	100.00	100.00	100.00
铁/(毫克/千克)	96.00	96.00	96.00	96.00	96.00
铜/(毫克/千克)	8.00	8.00	8.00	5.00	5.00
锌/(毫克/千克)	80.00	80.00	80.00	80.00	80.00
硒/(毫克/千克)	0.30	0.30	0.30	0.30	0.30
钴/(毫克/千克)	1.00	1.00	1.00	1.00	1.00
钠/(毫克/千克)	1.80	1.80	1.80	1.80	1.80
钾/(毫克/千克)	2.40	2.40	2.40	2.40	2.40
碘/(毫克/千克)	0.42	0.42	0.42	0.30	0.30

现代养鹅关键技术精解

表 4-2　我国鹅的营养需要量

营养成分	0～3 周龄	4～6 周龄	7～12 周龄	种鹅
代谢能/(兆焦/千克)	10.87～11.70	11.29～12.12	11.29～12.12	9.2～10.45
粗蛋白质/%	15.8～17.0	11.6～12.5	10.2～11.0	13.0～14.8
赖氨酸/%	0.89～0.95	0.56～0.60	0.47～0.50	0.58～0.66
蛋氨酸/%	0.40～0.42	0.29～0.31	0.25～0.27	0.23～0.26
含硫氨基酸/%	0.79～0.85	0.56～0.60	0.48～0.52	0.42～0.47
色氨酸/%	0.17～0.18	0.13～0.14	0.12～0.13	0.13～0.15
苏氨酸/%	0.58～0.62	0.46～0.49	0.43～0.46	0.40～0.45
钙/%	0.75～0.80	0.75～0.80	0.65～0.70	2.60～3.00
总磷/%	0.67～0.70	0.62～0.65	0.57～0.60	0.56～0.60
有效磷/%	0.42～0.45	0.37～0.40	0.32～0.35	0.32～0.36
钠/%	0.14～0.15	0.14～0.15	0.14～0.15	0.12～0.14
氯/%	0.13～0.14	0.13～0.14	0.13～0.14	0.12～0.14

三、鹅的饲养标准的应用

① 根据本地区生产水平、经济条件，因地制宜，灵活运用。

② 在应用饲养标准时必须观察实际饲养效果、鹅群生长状况，不断总结经验，适当调整日粮，使标准更接近实际。

③ 饲养标准不是永恒不变的，它是鹅对营养物质需要量的近似值，随着科学的进步和生产水平的提高，对现行标准应进行不断的修订、充实和完善。

第四节　鹅的日粮配合

日粮配合需根据饲养标准结合具体的饲养条件、品种、年龄等进行饲料的科学配合。设计饲料配方时，既要考虑鹅的营养需要及生理特点，又要合理地利用各种饲料资源，这样才能设计出最低成本，并能获得最佳饲养效果和经济效益的饲料配方。

第四章　鹅的营养需要与日粮配方

一、鹅日粮配合原则

（一）保证饲料的安全性

配合鹅的日粮时，应把安全性放在首位，慎重选料和合理用料。慎重选料就是注意掌握饲料质量和等级，最好在配料前先对各种饲料进行检测。凡是霉败变质、被毒素污染的饲料都不准使用。饲料本身含有毒物质者，如棉籽饼、菜籽饼等，应控制用量，做到合理用料，防止中毒。要充分估计到有些添加剂可能发生的毒害，应遵守其使用期和停用期规定。

（二）选用合适的饲养标准

目前，国内企业配制肉鹅日粮主要根据传统经验，或参考鸡的饲养标准，误差较大，往往给企业造成巨大的损失，甚至为此付出了惨痛的代价。因此，应深入研究鹅的营养需要，制定或选择适宜的鹅饲养标准。实践中，首先应根据鹅的品种类型、饲养方式、生产性能等参考国内外鹅的饲养标准制定符合本品种的饲养标准，作为饲料配方的营养含量的依据。配制配合饲料时应首先保证能量、蛋白质及限制性氨基酸、钙、有效磷、地区性缺乏的微量元素与重要维生素的供给量，并根据鹅生长阶段、季节、饲养管理方式等条件的变化，对饲养标准做适当的增减调整。

（三）符合鹅的生理特性

配合日粮时，饲料原料的选择既要满足鹅的需要，又要与鹅的消化生理特点相适应，包括饲料的适口性、容重和粗纤维含量等。如鹅为食草家禽，能够利用一定的粗饲料，故必须保持日粮中有一定的粗纤维，一般粗纤维在日粮中占5%～8%。粗纤维含量低时，会引起鹅消化不良、啄羽等。日粮中粗纤维含量也不宜过高，一般不宜超过10%，否则会降低饲料的消化率和营养价值。

（四）因地制宜，选择配方原料

配方原料要充分利用当地生产和价格便宜的饲料，最好是在不

现代养鹅关键技术精解

降低或不很降低饲养效率和经济效益的前提下，尽量就地取材，物尽其用，降低生产成本。

（五）选用饲料种类要多样化

这样不但可以促进营养物质的互补和平衡，提高整个日粮的营养价值和利用率，还可以改善饲料的适口性，增加鹅的采食量，保证鹅群稳定增产。

（六）日粮配合要相对稳定

日粮配方可按饲养效果、饲养管理经验、生产季节和养鹅户的生产水平进行适当的调整，但调整的幅度不宜过大，一般控制在10％以下。如果日粮突然变化过大，会引起应激反应，降低鹅的生产性能。生产中确需改变日粮配合时，应逐渐过渡，有一周的过渡期，以免影响鹅的食欲，降低其生产性能。

（七）掌握相应的参数

相应参数包括鹅的营养需要（饲养标准）、所用饲料的营养物质含量（饲料成分及营养价值表）以及饲料原料的价格。

（八）各种饲料组合应大致有个比例

谷物类占 40％～60％，可以由 2～3 种提供能量；糠麸类占10％～30％，可以由 1～2 种提供能量与 B 族维生素；饼粕类占10％～20％，由 1～2 种提供蛋白质；动物性饲料占 3％～10％，由1～2 种补充蛋白质及必需脂肪酸、胱氨酸和赖氨酸；矿物质饲料占 2％～8％，由 2～3 种补充钙和磷等；干草粉占 3％～5％；添加剂占 0.05％～0.25％，按比例补充维生素和抗菌、抗球虫、驱虫药物；食盐占 0.25％～0.50％。青饲料可按日粮的 1/2 喂给。

二、日粮配合的办法

日粮配方设计的方法包括手工配方法和电脑配方法。其中，手工配方法容易掌握，但完成配方的速度慢。日粮配合的理想工具是电脑，电脑可以应用先进的线性规划法，迅速完成配方，而且可以把成本降到最低。电脑配方法现有出售的软件，其运算简单，在此不作详细介绍。下面只介绍以下手工配方法，供小型养鹅场或个体户参考应用。手工配方法主要有试差法和线性规划法等。其中，试差法又称凑数法，该方法是先按饲养标准规定，根据饲料的营养价值先粗略地把所选用的饲料试配合，再计算其中的主要营养指标含量，然后与饲养标准比较，再进行调整计算，直至所配饲粮达到饲养标准规定为止。试差法运算简单、容易掌握，可借助笔算、珠算、电子计算器完成，在实践中应用仍相当普遍，现举例介绍如下：

示例：选择玉米、小麦麸、大豆饼、进口鱼粉、骨粉、工业合成蛋氨酸、碳酸钙、添加剂预混料，设计雏鹅（0～3周龄）的日粮配方。

第一步：列出雏鹅的各种营养物质需要量，以及所用原料的营养成分，见表4-3、表4-4。

表 4-3　雏鹅（0～3周龄）的饲养标准

代谢能/（兆焦/千克）	粗蛋白质/%	赖氨酸/%	蛋氨酸+胱氨酸/%	钙/%	总磷/%	有效磷/%	钠/%	氯/%
10.87～11.70	15.8～17.0	0.89～0.95	0.79	0.75～0.80	0.67～0.70	0.42～0.45	0.14～0.15	0.13～0.14

表 4-4　各种饲料原料营养成分表

饲料名称	代谢能/（兆焦/千克）	粗蛋白质/%	钙/%	磷/%	赖氨酸/%	蛋氨酸+胱氨酸/%
玉米	14.04	8.6	0.04	0.21	0.24	0.32
小麦麸	6.56	14.4	0.18	0.78	0.49	0.28
大豆饼	11.04	43.0	0.32	0.50	2.24	0.75
鱼粉(进口)	12.12	60.6	3.91	2.90	3.90	1.62
骨粉			30.12	13.46		

第二步：初步确定比例，玉米54%，小麦麸13%，大豆饼26.4%，进口鱼粉3.0%，骨粉2.4%，食盐0.3%，添加剂0.5%，工业合成蛋氨酸0.4%。

第三步：反复试算调整，直到符合标准为止，见表4-5。

现代养鹅关键技术精解

第四章 鹅的营养需要与日粮配方

表 4-5 拟定的鹅饲料配方计算结果

饲料类别及名称		配比/%	代谢能/(兆焦/千克)	粗蛋白质/%	钙/%	磷/%	有效磷/%	赖氨酸/%	蛋氨酸+胱氨酸/%	钠/%	氯/%
能量饲料	玉米	54.0	14.04×0.54=7.58	8.6×0.54=4.64	0.04×0.54=0.02	0.21×0.54=0.11	0.21×0.3×0.54=0.03	0.24×0.54=0.13	0.32×0.54=0.17		
	小麦麸	13.0	6.56×0.13=0.85	14.4×0.13=1.87	0.18×0.13=0.02	0.78×0.13=0.10	0.78×0.13×0.3=0.03	0.49×0.13=0.06	0.28×0.13=0.04		
蛋白质饲料	大豆饼	26.4	11.04×0.264=2.91	43.0×0.264=11.35	0.32×0.264=0.08	0.50×0.264=0.13	0.50×0.264×0.3=0.04	2.24×0.264=0.59	0.75×0.264=0.20		
	鱼粉	3.0	12.12×0.03=0.36	60.5×0.03=1.82	3.91×0.03=0.12	2.9×0.03=0.09	2.9×0.03=0.09	3.9×0.03=0.12	1.62×0.03=0.05		
矿物质饲料	骨粉	2.4			30.12×0.024=0.72	13.46×0.024=0.32	13.46×0.024=0.32				
	食盐	0.3								39×0.003=0.12	60×0.003=0.18
添加剂饲料	预混料	0.5									
	蛋氨酸	0.4							98×0.004=0.39		
合计		100	11.70	19.68	0.96	0.75	0.51	0.90	0.85	0.12	0.18
饲料标准			11.70	17.0	0.80	0.70	0.45	0.95	0.85	0.15	0.14
浮动数			0	+2.68	+0.16	+0.05	+0.06	-0.05	0	-0.03	+0.04

三、典型的饲料配方

典型的鹅饲料配方见表4-6～表4-9。

表4-6　鹅的饲料配方（一）　　单位：%

饲料	0～3周龄	4周龄至上市
玉米	48.75	46.0
小麦粗粉	5	10
小麦次粉	5	10
碎大麦	10	20
脱水青饲料	3	1
肉粉	2	2
鱼粉	2	—
干乳	2	—
大豆粕	20	8.75
石粉	0.5	0.5
磷酸氢钙	0.5	0.5
碘化食盐	0.5	0.5
微量元素预混料	0.25	0.25
维生素预混料	0.5	0.5

表4-7　鹅的饲料配方（二）　　单位：%

饲料	雏鹅(0～4周龄)	生长鹅(4～8周龄)	生长鹅(8周龄至上市)	育成鹅(维持)
玉米	39.96	37.96	43.46	60
高粱	15	25	25	—
大豆粕	29.5	25	16.5	19
鱼粉	2.5	—	—	—
肉骨粉	3		1	
糖蜜	3	1	3	3
麸皮	5	5	5.4	10
米糠	—	—	—	4.58
玉米麸质粉	—	2.5	2.5	—

饲料	雏鹅(0~4周龄)	生长鹅(4~8周龄)	生长鹅 (8周龄至上市)	育成鹅(维持)
油脂	0.3	—	—	—
食盐	0.3	0.3	0.3	0.3
磷酸氢钙	0.1	1.5	1.4	1.5
石灰石粉	0.74	1.2	0.9	1.1
蛋氨酸	0.1	0.04	0.04	0.02
预混料	0.5	0.5	0.5	0.5

表 4-8　鹅的饲料配方（三）　　　　单位：%

饲料	0~10日龄	11~30日龄	31~60日龄	60日龄以上
玉米	61	41	11	11
麸皮	10	25	40	45
草粉	5	5	20	25
大豆饼	15	15	15	15
鱼粉	2	3	4	
肉骨粉	3	7	6	—
贝壳粉	2	2	2	2
砂粒	1	1	1	1
食盐	1	1	1	1
预混料	另加	另加	另加	另加

表 4-9　后备鹅（9~26周龄）的饲料配方　　　　单位：%

饲料	配方1	配方2
玉米	59.0	50.0
小麦麸	30.0	22.2
米糠	—	10.0
大豆饼	8.0	15.0
骨粉	3.0	2.8

第五章 鹅的繁殖技术

第一节 鹅的选种与选配

一、选种

种鹅肩负着繁育优质后代、确保饲养效果的重任，所以对种鹅的选择应该慎之又慎。种鹅的外貌、体形结构和生理特征反映出各部位生长发育和健康状况，可作为生产性能优劣的参考依据，这是鹅群繁育工作中通常采用的简单易行、快速的选种方法。这种方法特别适合于生产场，因为在我国很多生产场的种鹅一般不进行个体生产性能记录。

（一）选种季节

每年的春季是选留种鹅最为理想的季节。其原因：一是在我国多数鹅种的性成熟期是在 7 月龄左右，在春季留种，种鹅正好在下半年的 7～9 月（农历）开产，届时市场上出售的鹅苗少，雏鹅价格较高；二是在春季气温逐渐升高，青草萌发，可为雏鹅的生长发育提供良好的环境条件和丰富的饲料来源，有利于提高雏鹅的成活率，使其体质健壮。种鹅的育成期正值夏季，有小麦、油菜茬地和收后的水稻田可以放牧，既利于种鹅的生长发育，又降低饲料成本。由于我国不同地区的气候差异较大，选留种鹅的具体时间略有差异。大部分地区在每年的 12 月份至次年 2 月份留种较适宜。北

现代养鹅关键技术精解

方地区留种的最佳时间应在 4 月左右，而南方的广西、广东等地在 3～4 月留种较为适宜。

（二）种鹅选择的基本要求

选留种鹅时首先要按品种（品系）标准进行鉴定，首先要外貌符合品种特征，其次要考虑生产用途。通过检查淘汰操作不当或标记不清的鹅，然后淘汰不合格的鹅，这些鹅类型包括：体形小者；不健康者，如泄殖腔周围羽毛肮脏不顺、消瘦等；畸形者，如喙弯曲扭转或不正常，眼睛发育不良、瞳孔分裂，颈部弯曲，弓背、脊椎弯曲，无尾，龙骨弯曲、过短、畸形、隆起，弓形腿、腿弯曲或畸形，趾弯曲、掌部肿胀或细菌感染，羽毛覆盖明显不好；以及其他发育不正常或明显不如同群其他个体者。

（三）选种步骤

种用鹅一般应经过 4 次选择，目的是把体形大、生长发育良好、符合品种特征的鹅留作种用，以培育出产蛋量高或交配受精能力强的种鹅。根据鹅的生长发育情况和外貌特征选择种鹅是最简便易行的方法。种鹅的选择可分以下几个阶段进行：

（1）第一阶段　雏鹅质量的好坏，直接影响到雏鹅的生长发育和成活率，为保证有良好的饲养效果，进雏鹅时必须进行严格的选择。应选择出壳时间正常、健壮的雏鹅，提早或推迟出壳者均属不正常的现象，不予选择，雏鹅的选择最好在出雏后 12～24 小时为宜，这时雏鹅的绒毛已干燥，能站立活动。若过早进行选择，往往由于绒毛未干、脐部收缩不全而影响选择的准确性。市面上目前多从由 2～3 岁的母鹅所产的蛋孵化而来的雏鹅中选择准时出壳、发育匀称、绒毛光亮和腹部柔软、无硬脐的健雏作为种鹅。

① 健雏的标准：体重大小符合品种要求，群体整齐，脐部收缩良好，绒毛洁净而富有光泽，脐部被绒毛覆盖，腹部柔软，抓在手中挣扎有力，感触有弹性等。

② 弱雏的标准：体重过大或过小，脐部突出，脐带有血痕，腹部较大，卵黄吸收不良，腹部有硬块，绒毛蓬松无光泽，两眼无神，站立不稳，挣扎无力等。

为了使雏鹅的生长发育整齐，便于管理，应强弱分开饲养。在购买鹅苗时，必须询问清楚，如果种蛋来自未经小鹅瘟疫苗免疫过的母鹅群，必须在雏鹅出壳后24～48小时内注射小鹅瘟高免血清。

（2）第二阶段　在鹅70日龄左右时，将生长发育快、体重大、健康状况良好、羽色等外貌特征符合品种要求的留作种鹅，选留数应比计划的留种数多出10%～20%，以便为产蛋前进行的第三次选择提供具有一定数量的候选鹅群。

（3）第三阶段　在鹅130日龄至开产前进行第三次选留，选留的公鹅要求体形大，体质健壮，躯体各部位发育匀称；大头阔脸，眼大且明亮有神；喙长而钝，紧合有力；颈粗长；胸部宽且深；背直而宽；体形呈长方形，与地面近于水平，尾稍上翘；脚粗壮有力，胫长，两脚间距宽，蹼厚大，站立时轩昂挺直，鸣声响亮，雄性特征显著。此外，常有部分公鹅的阴茎发育不良或有缺陷，这会严重影响配种。因此，选留种公鹅还要检查生殖器官的发育状况，根据螺旋状交配器的长短、粗细、软硬程度及纤毛样组织颜色的深浅判定公鹅交配器发育是否正常，选留交配器长而粗、发育正常、伸缩自如，性欲旺盛，精液品质优良的公鹅作种用。选留的母鹅要求头部清秀，颈细长，眼大而明亮；胸饱满，腹深，体形长而圆，臀部宽且丰满，肛门大而圆润，两耻骨间距宽，末端柔软且较薄，耻骨与胸骨末端的间距宽阔；两脚结实，两脚间距宽，蹼大而厚；羽毛紧密，两翼贴身；皮肤有弹性；胫、蹼和喙的色泽鲜明；行动灵活而敏捷，觅食力强，肥瘦适中。

（4）第四阶段　在第一产蛋期过后进行。选择产蛋多、产蛋高峰期持续时间长、蛋个大、体形大、适时开产的母鹅留作种鹅。

体形外貌与生产性能有密切关系，但毕竟不是生产性能的直接指标。为更准确地评定种鹅的生产水平，育种场必须做好主要经济性状的观测和记录工作，并根据这些资料及遗传力进行更为有效的选种，若条件许可，最好进行综合评定。

二、选配

选配就是有目的、有计划地人为决定公、母鹅的交配，选配的任务是尽量选择亲和力好的公、母鹅，保证产生优良的后代。选配还可以避免鹅群因混交乱配造成品质退化。目前，种鹅的选配多采用同质选配和异质选配两种。同质选配选择生产性能或其他经济性状相同的优良公、母种鹅交配，以增加亲代和后代的相似性，巩固和加强优良性状，如鹅的纯种繁育多用同质选配。异质选配是选择具有不同生产性能的优良公、母鹅交配，这种选配可以增加后代基因型的比例，降低后代与亲代的相似性，能使后代获得亲代双方的优良特性，属于鹅的品种间杂交。

第二节　鹅的繁殖技术

一、配种年龄

中国鹅性成熟较早，其适龄配种期一般控制在公鹅 12 月龄、母鹅 8 月龄左右即可。对特别早熟的小型品种，配种年龄可适当提前。

二、配种比例

公母鹅配种比例适当与否对种蛋的受精率影响很大，在生产实践中，一般先按 1 :（6～7）选留，待开产后根据母鹅性能、种蛋受精率的高低进行调整，一般公母鹅配种比例以 1 : 5 为宜，可使种鹅受精率达 85％以上。公鹅过多，不仅浪费饲料，还会互相争斗、争配，影响受精率；公鹅过少，也会影响受精效果。

由于体重、体形、选育情况等方面的差异，不同的鹅种其公母配比要求也存在差异，乌鬃鹅的交配能力强，公母鹅配种比例为 1 :（8～10），种蛋的平均受精率为 87％。狮头鹅由于体形大，其公母鹅配种比例为 1 :（5～6）。尽管昌图豁鹅属于小型鹅种，但是其公母鹅配种比例为 1 :（4～5）。

在生产实践中，公母鹅配种比例的大小要根据种蛋受精率的高低进行调整。小型品种鹅的公母鹅配种比例为 1 :（6～7），而大型品种鹅为 1 :（4～5）。大型公鹅要少配，小型公鹅可多配；青年公鹅和老年公鹅要少配，体质强壮的公鹅可多配；水源条件好，春、夏季节可以多配；水源条件差，秋、冬季节可以少配。

三、配种时间

配种时间应根据公、母鹅的生理情况安排。就母鹅而言，母鹅大部分在清晨至上午 8 时左右产蛋，在产蛋之后配种，受精率高。公鹅早晨和傍晚的性欲最旺盛，优良种公鹅上午可交配3～5次，所以上午是最佳配种时间，可在下午 4 时左右复配。在配种期间每天上午应多次让鹅下水，尽量使母鹅获得复配机会。鹅群嬉水时，不让其过度集中与分散，任其自由分配，然后梳理羽毛休息，以提高种蛋的受精率。特别在棚养条件下，种鹅繁殖季节要充分利用早晨开棚放水和傍晚收牧放水的有利时机，每天至少放水配种 4 次，以提高受精率。

四、配种地点

公、母鹅虽然既可以在水面又可以在陆地进行自然交配，但在水面上双方更加活泼，更容易交配受精。

五、配种方法

种鹅能否产生优良的后代不仅仅取决于种鹅本身的品质和遗传性能，也取决于正确的配种方式。

农村往往采取大群配种，即按一定的公母比例，母鹅群中放入一定数量的公鹅进行配种。此种方法管理方便，但往往有个别凶恶的公鹅会霸占大部分母鹅，导致种蛋的受精率降低。这种公鹅应及时淘汰，以利提高种蛋的受精率。专业育种场常采用小群配种，即用一只公鹅和几只母鹅组成一群，配种方法有：

（一）自然交配

将选择好的公、母鹅按比例进行饲养，让其自然交配，一般受精率是比较高的。在水上交配的受精率比在陆地上的高，所以种鹅应在水源比较丰富的地方，如浅河、池塘或水池等地饲养。

（二）人工辅助配种

在孵化繁殖季节，为了使每只母鹅都能与公鹅交配，提高种蛋的受精率，可实行人工辅助配种。其方法是：在水面或地面上捉住母鹅的两腿和两翅膀，轻轻摇动引诱公鹅接近。当公鹅踏上母鹅背时，一只手托住母鹅，另一只手把母鹅尾羽向上提起，诱引公鹅接近配种。人工辅助配种时，最好是间隔5～6天给母鹅配种1次。1只公鹅1天可配3～5只母鹅。

（三）人工授精

鹅的人工授精工作起步相对较晚，但这项技术随着养鹅业的集约化生产而逐渐受到重视。应用人工授精技术能克服不同品种、公母体重悬殊、择偶性等所造成的交配困难，也可提高优秀种公鹅的利用率，减少公鹅饲养量，节省成本，相对于自然交配，还能克服水源的限制，保持较高受精率，在鹅的杂交改良和生产繁殖中具有积极的作用。

用人工按摩的方法，获得公鹅精液，然后借助输精器，将精液输送到母鹅的阴道内，让其受精。这种方法可提高公鹅的利用率和种蛋的受精率。采用人工授精方法，能提高良种公鹅的利用率，减少公鹅的饲养量，是改良鹅群的有效措施之一。

1. 采精和输精用具

鹅的采精和输精用具，我国目前尚无统一规格和批量生产。有人曾用羊的人工授精器具，略作修改后用于鹅的采精和输精，效果很好。采精时用羊的假阴道，将它锯短（约长13厘米），套上假阴道内胎，灌进温水并充气，一端装羊用集精瓶。这种改进的假阴道由于温度、弹性比较适合，还有一定的润滑性（内壁涂凡士林），公鹅射精完全，采精效果较好。输精也采用羊的玻璃输精器，可以直接用，也可以锯短后前端套无毒塑料管，用后可以更换，避免感染。现在，鹅采精大都不用假阴道，直接采用玻璃集精杯。输精用毫升注射器。

2. 精液的稀释和保存

新鲜精液在体外存活的时间较短，如在常温下保存30分钟以上，会影响受精能力。稀释液不仅能将精液稀释，减少用精量，而且对精子起保护作用，既延长保存时间又不影响受精能力，为人工授精技术的推广开辟了广阔的前景。家禽常用精液稀释液的成分适用于鹅，见表 5-1。有的研究者建议，在精液的稀释保存液中添加抗菌剂，可以防止细菌繁殖。

表 5-1　常用家禽精液稀释液的成分

成分	Lake 液	pH7.1 的 Lake 缓冲液	pH6.8 的 Lake 缓冲液	BPSE 液	Brown 液	BJJX（中国农科院）
葡萄糖		0.60	0.60		0.5000	1.4
果糖	1.00			0.50		
棉籽糖					3.8644	
肌醇					0.2200	
谷氨酸钠（H_2O）	1.920	1.520	1.320	0.867	0.2340	
氯化镁（$6H_2O$）	0.068			0.034	0.0130	
醋酸镁（$4H_2O$）		0.080	0.080			
醋酸钠（$3H_2O$）	0.857			0.430		
柠檬酸钾	0.128	0.128	0.128	0.064		
柠檬酸钠（$2H_2O$）					0.2310	1.4
柠檬酸					0.0390	
氯化钙					0.0100	
磷酸二氢钾				0.065		0.36
磷酸氢二钾（$3H_2O$）				1.270		
1 摩尔/升 NaOH		5.8 毫升	9.0 毫升			
BES		3.050				
MES			2.440			
TES				0.195	2.2350	

注：1. 表中所列成分的单位除标明毫升者外，其余均为克，其数值均为加蒸馏水配制成 100 毫升稀释液的用量。

2. BES，即 N,N-二(2-羟乙基)-2-二氨基乙烷磺酸；MES，即 2-(N-吗啉) 乙烷磺酸；TES，即 N-三(羟甲基)甲基-2-氨基乙烷磺酸。

3. 每毫升稀释液加青霉素 1000 国际单位、链霉素 1000 微克。

精液稀释保存的操作：将稀释液的温度升到 20～25℃；把采得的鲜精液用带刻度的玻璃吸管吸入试管中（注意不能吸入污物）；而后另用吸管吸入与精液等量或加倍（根据稀释倍数而定）的稀释

现代养鹅关键技术精解

液，徐徐地充分混匀。如现稀释现用，此时即可输精；如需保存一段时间，则将混匀的精液倒入量瓶中，将量瓶放入小铁筒中，再转存于 0～5℃ 的冰箱中，或放入存有 1/3 冰块的保温瓶中，盖上洁净的纱布，静置备用。使用保存过的稀释精液时，只需轻轻地混匀即可输精。

3. 采精方法

常用的采精方法有按摩法和电刺激法两种，普遍采用的是按摩法。

（1）按摩法　鹅的按摩方法与鸭差不多，只是引起性兴奋的部位不同，鹅在尾根部。采精时需两人合作。助手握住公鹅的两脚，坐于采精员右前方，将公鹅放在自己的膝上，后部向外，头部夹于左臂下。采精员左手掌心向下紧贴公鹅的背腰部，并向尾部方向不断按摩，同时用右手大拇指和其他四指握住泄殖腔环按摩揉捏直到泄殖腔周围肌肉充血膨胀，感觉外突时，再改变按摩手法，用左手大拇指和食指紧贴泄殖腔两侧，在泄殖腔上部轻轻挤压，右手的大拇指与食指紧贴于泄殖腔左右两侧，两手交互有节奏地挤捏，阴茎即会勃起伸出。射精沟闭锁完全，精液沿着射精沟从阴茎的顶端快速射出，此时用集精杯接住精液。熟练的采精员可单人操作。经过调教的公鹅，每次采精过程只需要半分钟。

用按摩法采精，公鹅需要经过一定时间的训练调教，建立起条件反射后，就可顺利进行。训练调教的时间因品种和个体不同有很大差异。一般经 3～5 天的训练，就有精液排出；经 1 周的调教，大多可建立起条件反射；但总有一小部分鹅，即使经较长时间的调教，仍采不出精液，这些个体不宜作种用。

采精宜在上午 8 时左右进行，因公鹅经过一夜休息，早晨性欲旺盛，容易采精，并能采到质量较高的精液。公鹅的采精次数，一般 1 天只采 1 次，连续采 2 天或 3 天后，休息 1 天。

采精时常会导致公鹅排粪，污染精液。引起公鹅排粪的原因，一是按摩的手势不正确，手指揉捏泄殖腔时压迫了直肠；另一个原因是公鹅采精前吃得太饱。采精宜在公鹅空腹时进行，操作时集精杯不要过早靠近泄殖腔，以防公鹅偶尔排粪污染集精杯。

（2）电刺激法　采用专用的电刺激采精仪，用弱电流刺激公鹅射精。方法是先将公鹅固定于采精台上，打开采精仪开关，把正电极探针（尖针）置于公鹅荐骨部的皮肤上，负电极探针（短轴杆）插入泄殖腔内，用30～80伏、40～80毫安的电流（一般开始时给予较弱的电流，慢慢加强），每隔2～3秒刺激1次。每次刺激持续3～5秒钟，重复4～5次，当公鹅阴茎勃起时，用手揉捏泄殖腔，即可使阴茎伸出射精。

公鹅每次射精量0.1～1毫升，精液为乳白色不透明的液体。精子密度，不同个体间差异很大。稠密的每毫升含精子数6亿个以上，中等的每毫升含精子数5亿个左右，稀的每毫升含精子数在4亿个以下。在200～400倍的显微镜下检查精液，精子密度高，呈直线前进运动的质量好，受精能力强；精子圆周运动或摆动，是活力低的表现，无受精能力。活力高、密度大的好精液，放置时用肉眼观察，也可见有旋涡翻滚的动态。

4. 输精

助手将母鹅固定在授精台上，泄殖腔向外朝上，输精员用左手挤压泄殖腔的下缘，迫使泄殖腔张开，产蛋期内的母鹅，泄殖腔宽3厘米，阴道口极易翻出。再用右手将吸有精液的输精器从阴道口插入（如阴道没有翻出，可向泄殖腔的左方徐徐插入，感到推进无阻挡时，表明输精器已准确进入阴道部），一般深入5～6厘米时，左手放松，右手将精液输入。输完1只后，输精吸管要用消毒药棉擦拭管尖，以防污染。

输精时间以上午为宜，一般每隔5天输精1次，每次输入精子数在5000万个左右。

5. 影响受精率的因素

采用人工授精技术，一般受精率较高，而且平稳，但有时会产生极不理想的效果，这是因为受精率的高低受到以下诸多因素的影响：

（1）精液品质不合格　如精液浓度低，没有足够的有效精子数，精子活力不高，死精和畸形精子多，精液被污染而死亡。因此，采精后要对精液定期检测，每次都要用肉眼仔细观察（色泽、

现代养鹅关键技术精解

精液量、浓度)。采精和输精的器具必须清洁,以保证精液的质量。

(2) 母鹅生殖器官有疾病 有的母鹅生理上有缺陷,有的母鹅输卵管有炎症,此时输精大多不能受精。

(3) 输精技术不过硬 如输精时输精器没有插入阴道内,输精间隔时间过长,输精量没有掌握好,没有在最佳的时间内输精,精液保存的时间太长等。

(4) 恶劣气候的影响 最冷最热的天气,公鹅的精子质量降低,母鹅产蛋率下降,采出的精液在常温下保存影响活力,在这种情况下受精率一定低。

(四) 醒抱技术

就巢行为是鹅的重要繁殖习性,一般的鹅种在繁殖季节内都要表现出几次就巢行为。就巢时间每次可持续 20 多天。由于就巢次数多、持续时间长直接影响到种鹅的产蛋性能,所以及时终止就巢行为 (即醒抱) 是提高种鹅繁殖力的主要措施。鹅的醒抱措施主要有:①利用激素进行处理;②利用有关激素抗体进行处理;③利用神经递质类物质进行调控;④基因疫苗免疫;⑤物理方法处理。目前来看,物理方法处理最为简便易行、经济实惠;其他处理方法则成本较高,且操作烦琐。

六、反季节繁殖技术

鹅具有明显的季节性繁殖特点,一般冬、春季节为繁殖季节,夏、秋季节为休产期。同时,鹅虽经过人类的长期选育,但鹅的就巢性仍保持至今,鹅繁殖活动的季节性和强烈的就巢性导致产蛋时间短、产蛋少,进而造成鹅苗和肉鹅供应呈现明显的季节性变化。鹅反季节繁殖,就是通过人为的技术措施,调整种鹅繁殖产蛋时期,使种鹅在非繁殖季节繁殖产蛋,其优点:一是可实现鹅苗和商品肉鹅全年均衡生产,满足消费市场的需求;二是能避开繁殖高峰期鹅苗供大于求而导致价格下跌的问题;三是冬季气温较低易造成育雏存活率低,而夏季气温高有利于提高育雏成活率;四是在一般休产期的 5～8 月水草旺盛时繁殖能充分利用青粗饲料,降低饲养成本;五是在一般非繁殖季节由于鹅苗和商品肉鹅供应量较少,市场价格较高，经济效益好于正常繁殖季节，能提高养鹅的经济效益。

（一）鹅季节性繁殖特点

鹅一般表现为从每年的 9 月进入繁殖产蛋期，至次年的 5 月进入休产期，全年产蛋高峰在 12 月至次年 1～2 月。不同的鹅种繁殖开始和休产的时间稍有差异，广东地区的马岗鹅、乌鬃鹅、阳江鹅和狮头鹅每年 7～8 月进入繁殖产蛋期，至次年 3～4 月进入休产期，全年产蛋高峰发生于 12 月至次年 1 月，在 9 个月的繁殖期内表现出 4～5 个产蛋就巢周期。四川白鹅和兴国灰鹅每年 9 月进入繁殖产蛋期，至次年的 5 月进入休产期，休产期为每年的 5～8 月。鹅的这种季节性繁殖是由于从长光照周期转变到短光照周期的刺激所引起的，世界上大部分鹅种繁殖季节开始于秋、冬季节日照较短之时。同时，由于鹅强烈的就巢行为，通常鹅产蛋 15 枚左右就自然就巢，这就明显减少了鹅的产蛋时间和产蛋量。一般高产品种鹅年产蛋 80～120 枚，如豁眼鹅、黑龙江籽鹅、农安籽鹅、天府肉鹅等；中产品种鹅年产蛋 60～80 枚，如太湖鹅、雁鹅、扬州鹅、四川白鹅、麻阳白鹅、意大利鹅、莱茵鹅等；低产品种鹅年产蛋 25～50 枚，如马岗鹅、狮头鹅、皖西白鹅、浙东白鹅、武冈鹅、酃县白鹅、阳江鹅、清远鹅、溆浦鹅、永康灰鹅、长乐鹅、伊犁鹅、朗德鹅、匈牙利鹅、图卢兹鹅、热尔鹅等。鹅繁殖活动的季节性和强烈的就巢性，导致市场鹅苗及肉鹅的供应呈现明显的季节性变化，造成市场价格波动较大，影响农户养鹅的积极性，也影响到养鹅业生产的产业化发展。

（二）鹅反季节繁殖生产技术措施

1. 适时留种

种鹅的开产日龄与鹅品种密切相关，不同的品种其开产日龄有所不同，留用种鹅的时间要根据鹅各自开产日龄而定。如开产日龄为 200～210 天的鹅，选留 9 月左右的鹅苗作种鹅，其开产时间刚好在第 2 年的 4～5 月，因其开产时适逢环境温度升高，光照时数增加和光照强度增强，按照自然传统养鹅法，鹅开产后很快就换羽

现代养鹅关键技术精解

停产。选留 9 月份的鹅苗留种，可通过强制换羽、人工控制光照和饲料营养等综合技术措施实施反季节繁殖。四川白鹅开产日龄200～210 天，常规为每年的 1～2 月留种，9 月至次年的 4 月为繁殖产蛋期，5～8 月为休产期，而反季节繁殖采取选留 9 月份的鹅苗，使其在 4 月开产，通过一些技术措施，使种鹅在非繁殖季节保持较高的产蛋率（表 5-2）。

表 5-2　不同品种种鹅的开产日龄与反季节繁殖留种时间

品种	开产日龄/天	留种时间/月份	品种	开产日龄/天	留种时间/月份
浙东白鹅	170	10～11	农安籽鹅	160～180	10～11
皖西白鹅	180	10	武冈鹅	180	10
溆浦鹅	210～280	6～8	郫县白鹅	160～200	10
四川白鹅	200～210	9	麻阳白鹅	180～210	9～10
太湖鹅	160	11	天府肉鹅	200～210	9
豁眼鹅	210～240	8～9	莱茵鹅	210～240	8～9
马岗鹅	140～150	12	雁鹅	240～270	7～8
狮头鹅	180～210	9～10	阳江鹅	160～180	10～11
清远鹅（乌鬃鹅）	140	12	永康灰鹅	150	12
扬州鹅	185～210	9～10	长乐鹅	210	9
朗德鹅	240	8	伊犁鹅	270～300	6～7
黑龙江籽鹅	180	10			

注：同一鹅种在不同地区的开产日龄和留种时间存在差异。

2. 强制换羽

强制换羽就是人为给鹅施加一些应激因素（光照、营养等）引起鹅生理机能变化，使鹅在短期内换羽，改变繁殖产蛋时期，达到反季节繁殖的目的。

在自然条件下，鹅要经过休产期和完成换羽才能重新开始下一个产蛋时期，但自然换羽速度慢而且不整齐，造成种鹅开产日期先后距离拉大，也不能与鹅反季节繁殖同步。人工强制换羽能使种鹅同步进入繁殖产蛋期，并将产蛋高峰集中在比较理想的时期内，有利于调控繁殖时期，开展反季节繁殖。

人工强制换羽是反季节繁殖前期处理的关键点，一般可分为三步：第一步，整群、停光、停料。强制换羽前 2 天可进行整群，整群的主要目的是淘汰伤残鹅和不符合种用标准的鹅。使用自然光照，根据鹅的体况停止给料 3～4 天，停料期间使体重降低 5％左右，但要保证充足饮水。从第 4～5 天开始饲喂育成鹅饲料并每天供给青饲料，喂六七成饱，喂 5 天左右。第二步，拔毛。在停料和光照处理适当时，鹅群会有大量的小毛绒掉下，并且尾部和翅膀的主翼羽开始松动，此时开始试着拔毛，如果拔下来的毛不带血，就可逐只一根一根地拔掉，暂时不适合拔的鹅第 2 天再拔，通常 2～3 次可拔完。第三步，恢复。鹅拔羽后适应性较差，3 天内不能让鹅群下水，以防拔毛后的伤口感染。由于拔毛后鹅体无毛覆盖，放牧时要防止太阳暴晒，以免引起紫外线灼伤。拔完毛后饲喂育成鹅料加青草，饲喂方法与育成期限制饲养方法相同。从停料到交翅大约需要 40～50 天，交翅后换成初产蛋鹅料，用 2～3 周时间将喂料量增加至饱食量。当产蛋率达 30％以上时，使用产蛋高峰期饲料。进行以上三个步骤操作时，会因鹅的品种、生活环境、生长阶段、饲料营养和饲养管理等不同而有所差异。

3. 控制光照

在生产实际中可根据光照长短控制鹅繁殖活动的原理来逆转鹅的繁殖季节，实现反季节繁殖。采取的具体方法有：

（1）鹅舍的改建　与常规的鹅舍相比，用于进行反季节繁殖的鹅舍需要能够进行完全避光。通常屋顶可用油毛毡衬里，外覆杉树皮；屋壁 1 米以下留空，以放置通风卷帘，或者每隔 5 米做成 0.5～1.0 米的实墙，用于固定卷帘；底部 30 厘米做成通风口，内外相通，向外延伸，于上覆盖水泥盖板控制光线。舍内每 18 平方米面积采用 40 瓦灯泡吊高 2 米，灯泡外带灯罩，并经常擦拭灯泡，以保持干净，确保光线的效果。

（2）补光和散光　由于人工光源强度要远低于自然光照，并且秋冬季光照和春夏季光照差异较大，在生产中要根据具体情况来决定人工补光或避光的时间和强度。对于 2 龄和 2 龄以上的老鹅，在 1 月份后自然光照加上人工光照，使鹅在一天内接受的总光照时数达到 18～20 小时，用长光照持续处理 1.5～2 个月，再将光照时数缩短至每天 11 小时，经过 1 个月左右的短光照处理后可以使鹅在

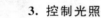

5月开产，如将短光照一直维持到12月，可保持较高的产蛋量，实现反季节繁殖。此时再把光照延长到每天18小时，又可以再次诱导种鹅进入非繁殖季节，实施下一轮的反季节繁殖操作。对于处于第1个产蛋季的鹅在进行长光照的同时还应开始限料。通过这些措施诱导鹅休产后，于2月底或3月初开始缩短光照，每天下午4时将鹅驱赶入避光的鹅舍，次日早8时将鹅从鹅舍放出，每天对鹅进行8小时光照，持续5周。然后每周增加1～2小时的光照，诱导鹅开产，直至每天使鹅进行11.5～12.0小时的光照，此时鹅将会进入产蛋期。产蛋期将持续30周，到12月底、次年1月初再进行长光照诱导休产。这样就可以使鹅的产蛋季节处于5～11月，与鹅的正常产蛋季节相反。如马岗鹅在4月底自然光照变长进入非繁殖季节时，将光照缩短，在每天日落之前提前将鹅关在遮蔽太阳光的鹅舍里，使鹅一天所接触的光照不超过11小时，从而使鹅提前于夏季的非繁殖季节开产。应注意在延长和缩短光照的转换过程中最好采取逐渐变化的过程，以防止光照变化对鹅群产生应激。在延长光照促使鹅群休产时并不是光照越长越好，自然光照加人工光照一般控制在18～19小时。在缩短光照促使鹅群开产时光照时间过短会降低鹅产蛋性能，光照时间要控制在11～13小时。

（3）调节温度　虽说光照是重要的调控因子，但适宜的环境温度也十分重要。鹅反季节繁殖正值夏季高温时期，自然环境温度对繁殖不利，除人工调控光照外，可采取水帘降温、排风扇通风散热降温、适时对鹅舍和运动场遮阳等措施来降低环境温度。

4. 饲料营养与清洁的水源

在鹅饲养过程中应根据鹅不同时期的营养需要适时调整饲料配方组成和饲喂量，这在反季节繁殖中尤为重要。为了满足产蛋种鹅的营养需要，应增加精料饲喂量，除满足代谢能和蛋白质的营养需要外，还应注意添加矿物质、氨基酸和维生素。精料补充料日喂3次，每只每日喂量0.15～0.20千克，晚上9时左右喂1次料效果更好。鹅是草食家禽，要经常供给20%～25%的优质青绿饲料。在舍内和运动场上设置料盆，并添加干净的贝壳粒让鹅自由采食，以满足种鹅对矿物质的需要。应注意换羽后新羽生长时要适当增加饲喂量，特别是应提高饲料中蛋白质的含量，并适量补充维生素，这有利于新羽的生长，并且为后面的开产做准备。在夏季产蛋料中还应注意加入抗热应激物质，以缓解热应激的不良影响。反季节繁殖在12月或次年1月开始长光照后改用育成期饲料，降低饲料营养水平，尽量多使用青粗饲料，促进母鹅停产换羽。

鹅喜欢在水中嬉戏、洗浴、游泳和配种，而且饮水和降温都需要水，水一定要保持卫生干净，最好是深井水（地下水），这类水不仅清洁卫生，而且水温低，夏季降温效果好。要充分利用周边的水源落差保证水的流动性。

反季节繁殖种鹅其他方面的饲养管理，与正常繁殖季节的种鹅相同。

我国地域辽阔，不同地区的日照时间、环境温度等自然生态环境条件存在明显的差异，不同地区在实施鹅反季节繁殖生产调控时，要根据不同地区的具体情况，因地制宜探索出切实可行和有效的种鹅反季节繁殖生产技术和方法，实现全年均衡生产，提高养鹅的经济效益，促进农民增收，实现养鹅业的可持续发展。

第三节　种蛋的孵化技术

一、种蛋的准备

（一）蛋的选择

1. 遗传素质好

这是种蛋的首要条件。由于这是内在质量，外观不易判断，所以种蛋必须从合格的种鹅场引进。首先，种鹅要性能优良、健康无病；其次，种鹅的饲养管理正常，日粮的营养物质全面，以保证胚胎发育时期的营养需求。

2. 种蛋的新鲜程度

种蛋要新鲜，贮存期越短越好。种蛋的保存时间与气温、存放环境有密切关系。由于鹅产蛋率低，筹集种蛋困难，贮存期有时不得不稍延长，一般春、秋季保存期不要超过5～7天，春末夏初气温升高后，种蛋保存期不要超过 3～5 天。

3. 大小和形状符合标准

种蛋的大小决定了孵化所采用的适宜温度，尤其是采用变温孵化。蛋重要符合品种标准，过大则孵化率降低，过小则孵出的雏鹅弱小。过长、过圆或其他的畸形蛋不仅孵化率低，还往往孵出畸形雏鹅。四川白鹅和皖西白鹅种蛋重量一般在 140 克左右为宜，蛋形指数要求在 1.36～1.46。

4. 蛋壳质量好

种蛋蛋壳要求壳质致密均匀，厚薄适当，表面平整，没有一丝裂纹，敲击时响声正常。有的蛋壳特别细密厚实，敲击时发出似金属的响声，俗称"钢皮蛋"，必须剔除，因为这种蛋孵化时受热缓慢，气体不易交换，水分蒸发也慢，雏鹅啄壳困难，孵化率极低。"沙壳蛋"的蛋壳表面钙沉积不均匀，壳薄而粗糙，水分蒸发快，容易破碎，这种蛋决不可作种蛋。

5. 壳面清洁无污染，壳色符合标准

不清洁的蛋，壳面常被粪便污染，妨碍气体交换，微生物极易侵入蛋内，引起种蛋腐败变质，污染孵化器，使死胎增加，孵化率降低。已经污染的种蛋，必须经过清洗和消毒，才能入孵。不同品种的种蛋，都有固定的标准要求。

选择种蛋的常用方法有看、摸、听、嗅等，通过感觉器官来判断。看，看蛋壳的结构、形状和颜色是否正常，大小是否标准，蛋壳表面是否清洁等。摸，是用手去摸蛋壳的表面是否粗糙，用手感觉蛋的轻重等。听，是将蛋互相轻轻碰敲，细听声音，如有破裂或金属声，应剔除。嗅，是用鼻子嗅蛋，有臭味者剔除。如采用上述感官法仍不能准确判断，可借助仪器——照蛋灯或验蛋台，通过光线观察蛋壳、气室、蛋黄等情况，看有无散黄、血丝、裂纹、霉点等，如有应予以剔除；此外，气室很大的蛋，一般是贮存较久的陈蛋，也要剔除。

种蛋要求源于卫生防疫条件好、没有鹅传染病的非疫区的打过预防针、饲料符合营养标准、公母比例适当的健康鹅群。种蛋受精率应在 85% 以上。蛋重要符合选用品种的标准（小型鹅蛋重 120～

135 克，中型鹅蛋重 135～150 克，大型鹅蛋重 150～210 克），蛋形以椭圆为好，蛋形指数在 1.4～1.5 为宜。蛋壳质量要求结构致密均匀，厚度适中，过厚的"钢皮蛋"、表面粗糙的"沙壳蛋"都不宜作种蛋用。蛋壳清洁，壳面上无粪便或其他污物污染。

（二）种蛋的保存

种蛋保存条件不好，保存方法不当，对孵化效果影响极大，保存种蛋最适宜的温度为 10～15℃，如保存的时间短（5 天左右），可用 15℃；如保存时间长（超过 5 天），可略降低些，以 10～11℃ 为宜。贮蛋室温度高于 22℃ 时，胚胎开始缓慢发育，但由于环境温度不太理想，会导致胚胎衰老和死亡。如贮蛋室温度低于 0℃，胚胎会受冻而降低孵化率。

保存种蛋的环境湿度，对孵化率也有一定影响。较理想的相对湿度以 70%～80% 为好，这种湿度与鹅蛋的含水率比较接近，蛋内水分不会大量蒸发。

在保存期内，还要定期翻蛋，每天起码翻 1 次，使蛋位转动角度达 90°以上，以防蛋黄与蛋壳粘连（俗称"钉壳"）。保存时间较长时，这一点更为重要。

不论采用哪种方法，保存期越长，孵化率越低，故最好用新鲜蛋入孵。如有特殊需要必须较长期保存时，可采用充氮法保存。将种蛋置于塑料袋或其他容器中，填充氮气，然后密封，使种蛋处于与外界隔绝的环境里，减少蛋内水分蒸发，抑制细菌繁殖，保存期可以适当延长。

原则上种蛋存放时间越短越好，一般应在 7～10 天。保存蛋的最佳温度为 13～16℃，不得超过 24℃（胚胎发育的临界温度）。湿度以相对湿度 75%～85% 为宜。保存期超过 7 天时，种蛋每天要翻动 1～2 次，每次翻动角度为 45°，蛋库应通风良好，无特别气味，避免阳光直射。

（三）种蛋消毒

1. 种蛋入库消毒

每天早上收集好种蛋应立即消毒入蛋库保存。消毒用福尔马林

（40％甲醛溶液）熏蒸法：将蛋置于可以密封的容器内，按每立方米体积用福尔马林 42 毫升、高锰酸钾 21 克的药量，消毒时在蛋架的下方置一瓷碗，先放入高锰酸钾再倒入福尔马林，迅速关好门，密闭熏蒸 20～30 分钟，然后取出种蛋送贮蛋室贮存。熏蒸时，室温最好控制在 24～27℃，相对湿度 75％～80％，消毒效果更理想，可杀灭种蛋表面细菌的 95％～98.5％。蛋的表面沾有粪便或泥土时，必须先清洗，否则影响消毒效果。

2. 种蛋入孵前消毒

一般采用溶液浸泡或喷雾消毒，消毒液种类很多，一般用 0.1％新洁尔灭溶液（5％原液＋50 倍水），液温 40℃浸泡 10 分钟，沥干后入孵化机，蛋面较脏的种蛋可用 0.02％高锰酸钾溶液洗刷，沥干后入孵。蛋面较干净的种蛋也可用 50％百毒杀 3 毫升加 10 升水对蛋喷雾消毒，蛋面干后入孵。也可在孵化机内熏蒸消毒，按每立方米福尔马林 28 毫升加高锰酸钾 14 克熏蒸 20～30 分钟。浸泡溶液的温度应略高于蛋温，这一点在夏季尤其重要。如果消毒液的温度低于蛋温，当种蛋浸入时由于受冷而使内容物收缩，形成负压，会使蛋表面的微生物通过气孔进入蛋内，影响孵化效果。

（四）种蛋的装运

这是良种引进中不可缺少的环节。启运前，必须将种蛋包装妥善，盛器要坚实，能承受较大的压力而不变形，还要有通气孔，一般用纸箱或塑料制的蛋箱盛放。装蛋时，蛋与蛋之间上下左右都要隔开，不留空隙，以免松动时碰破。通常用纸屑或木屑、谷壳填充空隙；装蛋时，蛋要竖放，钝端在上，每箱（筐）都要装满。整齐地排放在车（船）上，盖好防雨设备，冬季还要防风保温。运输时不可剧烈颠簸，以免引起蛋壳或蛋黄膜破裂，损坏种蛋。

经过长途运输的种蛋，到达目的地后，要及时开箱，取出种蛋，剔除破蛋，尽快消毒装盘入孵，千万不可贮放。

二、胚胎的发育

鹅卵细胞在输卵管的喇叭部受精后，开始胚胎的早期生长发育。当受精蛋产出体外时，由于外界气温较低，胚胎暂时处于休眠状态，发育停止。停止发育的受精蛋，在一定时间限度内，在适宜的孵化条件下，就会恢复发育。鹅的孵化期为30～31天，见表5-3。

表5-3　鹅胚胎发育及照蛋特征

胚龄/日	发育特征
1～2	胚盘重新发育，器官原基出现。照蛋时蛋黄表面有一颗颜色稍深、四周稍亮的圆点，俗称"鱼眼珠"或"白光珠"
3～3.5	卵黄囊血管区心脏开始跳动。照蛋时可见卵黄囊血管区形状像樱桃，俗称"樱桃珠"
4.5～5	头尾分明，内脏器官开始形成，照蛋时可见胚胎及伸展的卵黄囊血管，形似一只蚊子，俗称"蚊虫珠"。卵黄囊颜色稍深，下部似月牙状，俗称"月牙"
5.5～6	头部明显增大，脚、翼、喙的雏形可见。卵黄囊血管包围蛋黄达1/3。照蛋时，卵黄不易随着转动，俗称"钉壳"。胚胎和卵黄血管形状像一只小蜘蛛，俗称"小蜘蛛"
7	胚胎头弯向胸部，四肢开始发育。照蛋时可明显看到胚胎黑色的眼点，俗称"起珠""单珠""起眼"
8	躯干部增大，胚胎开始活动。照蛋时可见头部及增大的躯干部形似"电话筒"，俗称"双珠"
9	出现明显的鸟类特征。照蛋时，胚胎活动尚不强，似沉在羊水中，俗称"沉"。正面已布满扩大的卵黄和血管
10	四肢成形，趾间有蹼。照蛋可见胚胎在羊水中浮动，俗称"浮"；卵黄扩大到背面，蛋转动时两边蛋黄不易晃动，俗称"边口发硬"
11～12	眼裂呈椭圆形，脚趾上现爪，羽毛突起明显。照蛋时转动蛋，两边卵黄容易晃动，俗称"晃得动"。接着背面尿囊血管迅速伸展，越出卵黄，俗称"发边"
13～15	头部偏向气室，喙具有一定形状，全身躯干被以羽毛。照蛋时，整个蛋除气室外都布满了血管，俗称"合拢""长足"
16	头部和翅上生出羽毛，腺胃可区别出来。照蛋时，血管开始加粗，血管颜色开始加深
17	嘴上可分出鼻孔，全身覆以绒毛，肾脏开始工作。照蛋时，血管继续加粗，颜色逐渐加深，左右两边卵黄在大头端连接
18	头部在翼下，胚胎大量吞食稀释的蛋白，尿囊中有白絮状排泄物出现，气室逐渐增大。照蛋时，小头发亮部分随胚胎日龄增加逐渐缩小
19～21	头转向气室，眼睛已被眼睑覆盖，逐渐与长轴平行。照蛋时，小头发亮部分逐渐缩小，蛋内黑影部分相应增大
22～23	鼻孔已形成。照蛋时，以小头对准光源，看不到发亮的部分，俗称"关门"或"封门"
24～26	喙开始朝气室端，眼睛睁开。卵黄已有少量进入腹中。照蛋时可以看到气室朝一方倾斜，俗称"斜口""转身"
27～28	两腿弯曲朝向头部，颈部及翅突入气室内，准备啄壳。照蛋时，可见气室中有黑影闪动，俗称"闪毛"
28～30	喙进入气室，开始啄壳见嘌，听到雏鹅的叫声。少量雏鹅出壳。初是胚胎部穿破壳膜，伸入气室，称为"起嘴"，接着开始啄壳，称"见嘌""啄壳"
30.5～31	出壳

现代养鹅关键技术精解

102

三、鹅的孵化技术

（一）天然孵化

鹅的天然孵化就是利用母鹅的就巢性孵化出小鹅的方法，是一种适应小生产和产品经济的孵化方法，具有设备简单、费用低廉、管理方便、效果好的特点，因此在广大农村依然有不少地方使用。

1. 孵蛋母鹅的选择

要选择就巢性强的母鹅，最好是产蛋1年以上已有孵化习惯的母鹅。若用没有孵化习惯的母鹅，应先用假蛋或无用的鹅蛋让其试孵，待母鹅安静孵化后才能使用。

2. 孵化前的准备

（1）种蛋的选择　按种蛋的要求选出合格种蛋，并将选好的种蛋进行编号，注明日期或批次。

（2）孵巢的准备　孵巢一般用竹片或稻草编成，直径约45厘米，也可用旧的箩筐或竹篮代替，高度适宜，巢内用干净柔软的垫草做成锅形，每巢能孵蛋10～20枚。

（3）消毒入孵　种蛋用0.02%高锰酸钾液进行浸泡消毒，也可用福尔马林对种蛋和孵巢进行熏蒸消毒。入孵时，为使母鹅安静孵化，最好选择晚上将孵蛋母鹅放入孵巢内。

3. 孵化期的管理

（1）母鹅就巢性能的鉴定　孵蛋母鹅入孵后的前23天，要注意观察母鹅孵蛋的表现。凡是站立不安、经常进出孵巢或啄打其他就巢母鹅的应及时剔除，换进抱性强的母鹅。

（2）翻蛋　在孵化过程中就巢母鹅虽然自己会翻蛋，但不均匀，为了提高孵化率和出雏整齐率，必须人工辅助翻蛋。一般每天2次，每次间隔12小时，翻蛋时，将巢中心的蛋放在巢四周，把四周的蛋移入中心。

（3）照蛋　整个孵化过程中共照蛋三次：第一次照蛋在鹅胚7日龄时进行，主要检查蛋的受精率、早期的胚胎发育和死亡情况，及时查出无精蛋、死胚蛋、破裂蛋；第二次照蛋在鹅胚16日龄时进行，主要查出死胎蛋；第三次照蛋在鹅胚24日龄时进行，主要了解孵化后期胚胎发育情况，查出死胎。

（4）孵鹅的饲养管理　孵化室内应保持安静，避免任何骚扰，防止鼠、兽为害。为保证孵鹅健康，一般隔日上午让母鹅离巢采食、饮水和运动，时间约为1小时。让母鹅离巢后先采食精料，之后到水中吃青饲料、嬉水、沐浴，然后回运动场休息、理毛，待羽毛干透后再放回巢内。

（5）人工助产　胚胎发育到27日龄的时候，要注意雏鹅的出雏，及时将已出壳的雏鹅提出，以免被母鹅踩死。如果雏鹅啄壳较久而未能出壳，应进行人工助产，即将鹅蛋大头的蛋壳撬开，把雏鹅头轻轻拉至壳外，待头部的绒毛干后，雏鹅便能自己挣扎出壳；若不能，可将其拉出壳外。助产时如有出血现象，应立即停止，等待一段时间再处理。最后处理死胚，打扫、清除和消毒孵巢。

（二）孵化机孵化

1. 孵化条件

鹅蛋孵化条件有温度、湿度、通风、翻蛋和晾蛋。

（1）温度和湿度　温度是种蛋孵化的首要条件，过高和过低都会影响胚胎的发育，甚至造成死亡。高温对胚胎致死界限较窄，危险性较大，当胚蛋温度达42℃时，3～4小时可使胚胎死亡；低温致死界限较宽，危险性相对较小，当温度低至30℃时，经过30小时，鹅胚才会死亡。温度较长时间偏高或偏低，虽然不会引起死亡，但影响孵化出雏率和雏鹅的健康。由于鹅蛋的脂肪含量和热量水平比鸡蛋、鸭蛋高，所以鹅蛋孵化要求的温度比鸡蛋、鸭蛋低些。正常孵化鹅蛋的适宜温度范围是36～37.2℃。由于孵化初期照蛋开门和室温较低，所以孵化时实际温度高于理论温度。一般恒温37.6～37.8℃。

（2）通风换气　孵化机进气门前期打开1/5左右，中期打开1/3左右，后期打开1/2以上。

（3）翻蛋　应2～3小时翻蛋1次，角度尽量大些，以45°～50°为宜。

（4）晾蛋　14～16胚龄后开始每天晾蛋2次，原则是上午、下午各晾1次，天热时改在早、晚两头晾蛋为好，晾蛋时间每次

30～50 分钟，晾蛋蛋温标准以人体温 36.5℃即可。一般用眼皮试温，把蛋放在眼皮上，各个部位的蛋多试几个。晾好后用 30℃温水喷洒蛋面约 2 次，再送回孵化机。

2. 入孵操作

（1）孵化前准备　制订孵化计划，如几天入孵 1 次，把费时费力的操作如码盘上蛋、照蛋、出雏时间错开，不要放在同一天进行。检修孵化机，准备相应机器配件。

（2）种蛋入孵　种蛋入孵前在 25℃条件下预热 4 小时左右，消毒。种蛋码盘应横向卧放在盘上，蛋盘编号并注明日期。入孵时间最好在下午 4 点以后，以保证大批出雏在白天，这样工作起来比较方便。

（3）日常管理

① 随时检查温度，温度表要经过校对，发现不正常要及时更换。

② 检查湿度，机内水盘上如有浮毛要及时捞出，水盘中加水应加热水，有利于维持机内湿度。

③ 观察机器运转情况，摸机轴部位是否发热烫手，机轴定期加油。

④ 种蛋孵化应进行 3 次照蛋，一照是在第 7～8 天，二照是在第 15～16 天，三照是在第 27～28 天。但在实际孵化生产中只进行一照，目的是检查出白血蛋。二照、三照一般进行抽测，二照看蛋小头尿囊是否合拢（封门），三照看胚胎发育是否有闪毛、影子晃动，以便调整孵化温度、湿度。

⑤ 胚龄 28 天左右将蛋移入出雏机内，适当降温、增湿，停止翻蛋。

⑥ 胚龄 30 天时开始大批出雏，大约每 4 小时打开一次出雏机门拣出一次雏鹅，并取出空蛋壳，防止空壳扣到其他胚蛋上影响出雏。后期对出雏有困难的胚蛋适当进行助产，即在啄壳处打小孔，随啄壳情况逐渐扩大，但一定不能弄破尿囊引起出血。出雏完后，清洗机器内蛋盘、地面，清理物品。

⑦ 停电紧急处理，胚龄小的应闭门减少开门、停止照蛋等，但要适当开门通风，拉蛋架车前后活动代替翻蛋；胚龄大的应开门

散热、扇风。

（三）孵化效果检查

尽管孵化过程中有严格的温、湿度电脑控制，但由于天气、室温、照蛋开机门时间长短、水盘加水温度等原因，也可能会出现小问题。可通过孵化效果检查，进行适当调整。检查方法主要是照蛋，还有蛋重变化、出雏时间和死胚蛋剖检。

1. 照蛋

一照时如有 70% 以上胚蛋达不到发育标准，死胚蛋较少，说明孵化温度偏低；如有 70% 以上胚蛋发育太快，少数正常，死胚蛋超过 5%，说明孵化温度偏高；如胚蛋发育正常，而弱精蛋和死精蛋较多，死精蛋中散黄粘壳的多，则不是孵化问题，而是种蛋保存或运输问题；如胚蛋发育正常，白蛋和死胚蛋较多，则可能是种鹅公母比例不当，或饲料营养不全等原因。

二照时如蛋的小头尿囊血管有 70% 以上没合拢，而死胚蛋又不多，说明是孵化 7～15 胚龄阶段孵化机内温度偏低；如尿囊 70% 以上合拢，死胚蛋增多，且少数未合拢胚蛋尿囊血管末端有不同程度充血或破裂，则是孵化 7～15 胚龄期间温度偏高；如胚胎发育参差不齐，差距较大，死胚正常或偏多，部分胚蛋出现尿囊血管末端充血，说明孵化机内温差大或翻蛋次数少，角度不够或因停电造成的；如胚胎发育快慢不一，血管又不充血，则可能是种蛋保存时间长，不新鲜所致。

三照时如胚蛋 27 天就开始啄蛋壳，死胎蛋超过 7%，说明是孵化第 15 天后有较长时间温度偏高；如气室小、边缘整齐，又无黑影闪动现象，说明是孵化第 15 天后温度偏低，湿度偏大；如胚胎发育正常，死胚蛋超过 10% 则是多种原因造成的。

2. 蛋重变化

随着胚龄的增加、胚胎代谢的加强和水分的蒸发，蛋重逐渐减轻。

3. 出雏时间

正常出雏时间是 30.5 天，出壳持续时间（从开始出壳到全部出壳为止）约 40 小时，如死胚蛋超过 15%，二照时胚胎发育正常，出壳时间提前，弱雏中有明显的胶毛现象，说明二照后温度太高；如果死胚蛋集中在某一胚龄，说明某天温度太高；如出雏时间推迟，雏鹅体软、肚大，死胎比例明显增加，二照时发育正常，说明二照后温度偏低；出壳后蛋壳内残留物（废弃尿囊、胎囊、内壳膜、浆膜）如有红色血样物，说明温度不够。

4. 死胎蛋检查

煮熟剥皮，如有部分蛋壳被蛋清（门）粘连，说明尿囊没合拢，是孵化前 18 天以前出的问题；如果整个蛋壳都能剥离，则是孵化后期的问题；如果死胎浑身白、蛋白吸收不好，则是孵化 20 天前温度偏高；如果啄壳处淤血，是出壳的温度偏高，有时雏鹅脐有黑色血块，有的喙已伸出壳外，卵黄外流。

四、初生雏的分级

每一批雏鹅孵化，总有一些弱雏和畸形雏。在出雏结束、发运之前，要进行 1 次严格的挑选和分级。畸形雏坚决淘汰，弱雏单独处理，不可留作种用。强、弱雏的鉴别，见表 5-4。

表 5-4　强雏和弱雏的鉴别

项目	强雏	弱雏
出壳时间	30～31 天内	提早或最后出壳
绒毛	绒毛整洁,长短合适,色泽鲜亮	蓬乱污秽,缺乏光泽,有时绒毛短缺
体重	体重正常符合标准,大小均匀	过大或过小,大小不一致
脐部	干燥,愈合良好,其上覆盖绒毛	愈合不好,脐孔大,触摸有硬块
腹部	大小适中,柔软	特别膨大
精神	活泼,反应灵敏,腿干结实	痴呆,闭目,反应迟钝,站立不稳
触感	抓在手中饱满,挣扎有力	瘦弱、松软,无力挣扎

五、雏鹅的雌雄鉴别

1. 外形鉴别法

通过对初生雏鹅外貌特征进行细致的观察从而进行挑选。雄性雏鹅一般体格较大，身躯较长，头较大，颈比较长，喙角长而阔，眼大多三角形，翼角无绒毛，腹部稍平贴，站立姿势较直；雌性雏鹅体格较小，身体较短圆，头比较小，颈较短，喙角短而窄，眼圆形居多，翼角有绒毛，腹部多下垂，站立略倾斜。通过外形鉴别法对雏鹅进行挑选准确性不强，并且由于不同品种之间差异较大，没有多年养殖经验的养殖户不建议使用。

2. 翻肛鉴别法

一般是用左手将雏鹅头朝外，腹部向上、背部向下固定，使其呈仰卧姿势，肛门朝上斜向于鉴别人员。左手中指与无名指夹住雏鹅两脚的基部，食指贴靠在雏鹅的背部，拇指置于泄殖腔右侧，头和颈部呈自然搭垂状态，然后将右手的拇指与食指置于泄殖腔左侧，左手拇指、右手拇指和食指等三指轻轻翻开泄殖腔。如果在泄殖腔下方见到螺旋状芝麻大小的突起即为雄性雏鹅，若没有螺旋状突起，而是呈"八"字状皱襞则为雌性雏鹅。翻肛鉴别法鉴别较准确，但是速度缓慢，并且应该在雏鹅绒毛干后立即进行，否则对雏鹅损伤较大，一旦造成损伤，很难恢复，不能留种。

3. 捏肛鉴别法

用左手固定雏鹅，左手拇指紧贴雏鹅背部，其余四指托住腹部，让其背向上、腹部朝下，肛门朝向鉴别人员，然后右手的拇指与食指在泄殖腔外部两侧轻轻揉捏。如果感觉手指间有芝麻籽大小的较硬物，即为雄性，若无此感觉则为雌性。初学者可多触摸几次，注意用力要轻，不要来回揉搓，以免损伤泄殖腔组织。可先用翻肛鉴别法鉴别，确定后用捏肛法鉴别，提高手部的敏感性，以便于提高准确率。捏肛鉴别法操作快，鉴别率高，但是需要具有丰富经验者操作，熟练的操作者每分钟可鉴别 25～30 只雏鹅，而且对雏鹅不会造成损伤。

4. 顶肛鉴别法

将雏鹅固定住，然后用拇指和食指挤压掉胎粪，仰卧固定，把肛门轻轻拨开，再稍加压力外翻，使其内部外露，如见有螺旋状芝麻大小的阴茎突起即为雄性雏鹅，否则为雌性雏鹅。顶肛鉴别法比捏肛鉴别法还要快捷，难度也更大，应该在掌握捏肛鉴别法之后再逐渐学习掌握顶肛鉴别法。

现代养鹅关键技术精解

5. 雏鹅行为鉴别法

若在母鹅面前试行追赶雏鹅，雄雏鹅低头伸颈发出惊恐鸣声，雌雏鹅高昂着头，不断发出叫声。雄雏鹅的鸣声高、尖、清晰；雌雏鹅的叫声低、粗、浑浊。

6. 羽毛鉴别法

有色的鹅，如灰鹅，雄雏鹅的羽色总是比雌雏鹅的稍淡些。

六、影响鹅蛋孵化率的因素及其对策

鹅蛋个体大，蛋壳厚，升温慢，散热难，破壳难，所以鹅蛋孵化历来是养鹅生产的瓶颈。母鹅抱窝的鹅蛋自然孵化率可达90%左右，有报道称机械孵化率最高的可达85%～88%。如果掌握了鹅蛋的发育特点和规律，掌握了鹅蛋孵化的一套方法，可使种蛋孵化率提高，健雏率、雏鹅成活率也相应提高。

（一）影响鹅蛋孵化率的主要因素

要提高鹅蛋孵化率，首先必须了解其影响因素，主要有如下两方面：

1. 种蛋品质

（1）种蛋的受精率　种蛋的受精率直接影响孵化率。种鹅生产有明显的季节性，一般8～9月开始产蛋，早期较少，然后逐渐增多，11月至翌年1月份为生产高峰，此期间受精率最高，2月份后逐渐减少，受精率也随之下降，呈现出一个峰形曲线，产蛋率、受精率、孵化率呈正相关。

（2）种蛋的清洁度　如果种蛋受到污染，胚胎易感染病菌，孵化时就会发生死精或死胎，即使能出壳，也是病弱雏，无饲养价值。所以，及时收集种蛋，保持新鲜清洁卫生，做好种蛋消毒工作，对孵化十分重要。

（3）种蛋品质　种蛋不符合要求，如过大、过小、畸形、双黄、沙壳都不能入孵。由于雏鹅价格高，有时入孵一些不合格蛋，都在孵化过程中死亡了。因此，必须挑选合格种蛋入孵。

2. 孵化条件

（1）温度　温度是影响鹅蛋孵化率的首要关键性因素。一方面，孵化早期需吸收大量热能，若加温不足，会使胚胎发育迟缓，推迟出雏；另一方面，当孵化到中后期（16天后）又会释放出大量的热能，因蛋壳较厚散热困难，若温度过高则胚胎发育加快，提前出雏，甚至"烧蛋"。两种偏差都会导致出雏不整齐，无明显出雏高峰，形成大量弱雏，使孵化率下降。

（2）湿度　湿度也是影响鹅蛋孵化率的重要因素。胚蛋对湿度的要求是前低后高。水分不足会发生粘壳，出雏困难，雏鹅脱水干瘪；反之，如水分过多则导致头肿、腹水，民间称之为"大肾鹅"，难以存活。只有控制湿度适宜，才能使胚胎发育良好，出雏顺利，绒毛漂亮，眼睛明亮有神，健雏率高。

（3）翻蛋　按时翻蛋，调整胚胎角度，也是影响鹅蛋孵化率不容忽视的因素。在孵化过程中，除注意供温和控湿外，还需要按时翻蛋，以有利于胚胎各系统器官的均衡发育，防止胚胎与蛋壳粘连。

（4）通风　鹅蛋孵化过程中需要氧气比其他禽蛋更多。采用土办法制作孵化机，开门手工翻蛋，看似落后，但孵化效果很好。原因就在于开门翻蛋时空气流动大，可消除机内异味，保持空气清新，氧气充足。全自动孵化机或机械自动翻蛋的孵化率很难达此理想状态，其原因可能主要是长时间密闭孵化，空气流通不良，供氧不足，空气污浊，危害了胚胎发育。

（二）提高鹅蛋孵化率的技术措施

1. 加强种鹅的饲养管理，提高种蛋受精率

（1）优质全价的饲料　饲料是种鹅生产的物质基础。制定饲料配方必须以鹅的饲养标准为依据，满足鹅的维持需要和生产需要。鹅是草食动物，有发达的盲肠，能消化一定的粗纤维，日粮中要保证有足够的新鲜牧草，一般可占日粮的30%～35%。注意添加适量的矿物质和维生素，特别是钙、磷、烟酸和生育酚；限量供给能量饲料，母鹅每天150克，公鹅每天200克左右，保证种鹅体况适中，生产力旺盛。

（2）适宜的公母鹅比例　公母鹅比例要合理，如公鹅过多会发生争斗，造成不必要的损伤；过少则影响配种受精。合理的公母鹅比例是：自然交配为1∶5，人工授精为1∶20左右。

（3）洁净的水源　鹅是水禽，生活和生产离不开水。水源充沛、清洁卫生有利于鹅群戏水、交配，提高受精率。

（4）疫病防治　按时免疫接种，防治传染病，同时做好普通病和常发病的防治工作，保证鹅群的整体健康，这是发展种鹅生产的前提。需着重预防的有：小鹅瘟、禽流感、副黏病毒病、鸭瘟等。母鹅产蛋期间易发生大肠杆菌病，产畸形蛋，或蛋黄腐烂于输卵管中，俗称"蛋子瘟"，导致母鹅死残淘汰，必须着重预防。

2. 做好种蛋的收集管理

（1）及时收集种蛋　母鹅一般是上午7～10时产蛋，种蛋产出后要及时收集，以免存留窝中时间过长被粪便污染。如有轻微污染可及时用柔软干布轻轻擦拭，切忌用水洗，因为新鲜蛋表面有一层胶护膜，水洗会使之破坏而失去封闭蛋壳气孔的保护作用，病原菌易侵入。

（2）合理存放种蛋　种蛋尽可能在短时间内入孵。如无冷藏设备，冬、春季气温较低时15天内，初秋和夏末气温高时7天内入孵较好。种蛋存放时不能堆叠或挤压，应单层大头向上排蛋，室内保持清洁通风，应使用空调降低室温，可延长保存时间。

（3）注意消毒种蛋　种蛋存放前先在密闭空间（如孵化机箱内）熏蒸消毒，每立方米用福尔马林30毫升加高锰酸钾15克熏蒸30分钟，入孵前再熏蒸1次。这样可减少胚蛋感染，从而减少死精或死胚。

3. 创造良好的孵化条件

（1）温度　全机同批的可采用变温孵化，入孵72小时内温度要求38.5℃，第4天开始缓减，每天下降0.2℃，降至37.5～37.7℃时即维持恒温孵化。同一孵化机内如有不同批次的蛋需采用恒温孵化，新老蛋交替放置，利于新蛋吸收老蛋释放出来的热量，充分利用能量，降低能源消耗，机内温度维持在37.6～37.8℃，直到上摊床。

（2）湿度　变温孵化时，湿度要求1～16日龄65%～70%，17～28日龄70%～75%，28日龄后75%～85%。恒温孵化机内相对湿度维持在 70%～75% 即可。16 日龄的胚蛋产热量已较大，所以 16 日龄以后就要注意喷水，随着胚龄的增长喷水的次数和用量也随之增加，水温与蛋温接近，38℃左右。喷水非常重要，可以散热降温、增加湿度并促进蛋变脆，容易破壳出雏。

（3）翻蛋　新蛋入孵 12 小时内不宜翻蛋，12～48 小时每隔 4 小时翻 1 次，以后每 2 小时翻 1 次，每次翻转 45°角，制作孵化机时即在轴承确定所需角度，由此来回翻复。

（4）摊床　鹅蛋的孵化期是 31 天，啄壳 24 小时后出雏，正常情况下 28.5 天开始啄壳，29.5 天开始出雏，30.5 天达到出雏高峰，31 天结束。胚蛋后期产热较多，要注意控制蛋温，可用眼皮测温，感觉烫时把蛋散开并喷温水，感觉凉表示蛋温不足，可把蛋垒起来，保持热能。啄壳后让其自然出雏，人工助产的雏鹅一般难以存活。还应注意以下两个要点：①种蛋不要过早上摊床，让胚胎在机内充分发育，27～28 日龄上摊床效果较好；②出雏室温度要稍高，38～40℃，才有利于破壳出雏。

鹅蛋孵化是一项艰巨而又细致的工作，认识其特点，掌握其方法，还要有强烈的责任心，并通过不断的实践摸索，才能把别人的经验变为自己的知识，在鹅蛋孵化中取得理想成绩。

第四节　影响鹅繁殖率的因素及提高方式

现代养鹅关键技术精解

鹅作为一种节粮型的草食家禽，养鹅的经济效益在某种程度上（比如小规模饲养）或在某些情况下（比如肉仔鹅的育肥）是较高的。但由于各种原因，养鹅业的发展速度慢，尤其是规模养鹅效益比较差，甚至亏损，损伤了群众养鹅的积极性。究其原因，除了社会性因素外，繁殖性能低下是制约养鹅生产发展的重要因素。

鹅是家禽中产蛋量最低的。我国地方良种鹅的产蛋量差异比较大，低的每年产 20 枚左右，中等的约 40 枚，产蛋性能最好的鹅种是豁眼鹅和籽鹅，它们的年产蛋量为 80～110 枚，高产个体能够达到 150 枚。我国目前引进较多的朗德鹅和莱茵鹅的年产蛋量为 45 枚左右。

一、鹅繁殖力低下的原因

1. 鹅的性成熟迟

鹅虽然具有育成期生长快、单位时间内绝对增重快的优势，但由于鹅原产于寒带、长期低温驯化而发育缓慢，受遗传因素影响，其性器官发育和性腺活动滞后于身体发育。与鸡、鸭相比，鹅的性成熟比较迟。性成熟迟造成当年达到性成熟的种鹅产蛋期缩短，也造成次年达到性成熟的鹅育成期过长。

多数畜禽体成熟与性成熟基本同步或略晚，而鹅的性器官发育不但呈单侧性，而且其发育完全与性腺激活要晚到出生至体成熟时间的一半，造成第一年产蛋（配种）的持续时间仅4～6个月。根据品种和气候条件，鹅性成熟一般在30～50周龄之间，出雏时期对性成熟也有一定影响。当图卢兹鹅出雏期由2月变为7月时，开产年龄由52周减到42周，也就是分别在3月和5月开产。出雏晚的鹅（10月至次年1月）极其早熟，可在5～6月，即25～30周龄开产。出雏后最初的4个月或5个月的光照期变化对鹅性成熟年龄影响不大，随着年龄的增大，对光照期越来越敏感：20～40周龄的鹅，若置于越来越长的光照下，可使其性早熟；若置于越来越短的光照下，则性晚熟。由此可见，可控制出雏时间，克服鹅性晚熟的缺陷。

2. 产蛋期短，休产期长

我国大部分的地方鹅种都有季节性繁殖特性，繁殖期通常为11月至次年5月，1年内有半年的时间为非繁殖季节。在非繁殖季节内，不仅母鹅不产蛋，公鹅的精液产生量也很少。

我国广东鹅与北方鹅品种的繁殖季节基本相反：广东鹅在每年的6月下旬开产，到次年4月上旬休产（狮头鹅则为8月下旬到次年4月下旬）；而北方鹅为每年1月开产，8月基本休产。由此可见，休产期长是造成鹅产蛋率低的一个重要因素。

3. 环境因素的影响大

鹅属水禽，对湿度、温度变化都很敏感，尤其对光照时间、强度更加敏感。从产蛋前1个月至整个产蛋期结束，相对湿度要求在

60%~80%，最适宜的温度为 10~25℃。温度过高或过低都会引起产蛋量降低。在各种环境因子中，光照对鹅的繁殖力有很大影响。特别是在繁殖季节，鹅对光照要求较高，如光照不足或过高，会导致鹅繁殖性能降低。不同品种的鹅对光照要求不同，从而造成不同品种鹅的繁殖季节性差异。南方鹅为短光照性（繁殖季节为 6 月底至次年 4 月）；北方的鹅多数为长光照性（繁殖季节为 11 月至次年 6 月）。在我国，广东鹅与北方鹅依自然光照的季节性变化而表现各自的繁殖周期。当光照时间由长变短或短光照季节，有利于广东鹅的繁殖；光照由短变长或长光照季节，则有利于北方鹅的繁殖。故认为，广东鹅是"短光照品种"，北方鹅是"长光照品种"。

4. 就巢性强

鹅的就巢持续时间比较长，而且在就巢停止后到重新开始产蛋之间的恢复期也很长。据报道，四季鹅的就巢期为 30.25 天，恢复期为 65 天。

在一个繁殖季节内，母鹅出现就巢的次数也有很大差异。就巢出现的次数决定了鹅的年产蛋量，凡是在繁殖季节内出现就巢次数多的种鹅，产蛋量都较少。

5. 雄性不育率高

据报道，通过对 354 只公鹅的测定，雄性不育率达到 34.74%；而苏联测定的结果，雄性不育的鹅占 39.1%；江苏家禽研究所测定的结果是交配器官有病鹅、发育差的公鹅占 2/3；王安琪等对 106 只固始鹅公鹅的检查结果表明，不合格的种公鹅所占比例达 43.4%。

6. 公鹅配种能力差

与其他家禽相比，公鹅的配种能力也相对较低，在采用地面散养、自然交配的生产方式下，鹅的公母配比为 1:（4~5），显著低于鸡和鸭。在仔鹅生产中多数采用体形较大、生长较快的品种作父本，使用产蛋量较高而体形相对较小的品种作母本。

7. 恋伴和厌伴习性

在同一个群体内长期相处的鹅会出现厌伴行为。对于刚调入群体内的新个体，公鹅还会出现冷漠的表现，不与之交配。有的公鹅会对相邻种群的母鹅产生很高的兴趣，种鹅场可以考虑定期将相邻鹅群内的公鹅进行交换，或将同群的公、母鹅在夜间分开，通过增进配种欲望提高种蛋受精率。在一个种群内，公鹅会对个别母鹅产生恋伴表现。恋伴和厌伴等习性会使种群内一部分母鹅不能得到正常的交配，势必影响到其所产蛋的受精率。

二、提高种鹅繁殖力的措施

1. 加强品种或种群的选育

要在能符合该品种特性的早春雏鹅中选留种鹅。种母鹅要选择那些第二性征明显，体质健壮，配种旺盛，受精率高，产蛋量、蛋重、受精率和配种成绩及后代生长速度等指标都好的后裔。更重要的是，种公鹅要选择生殖器官健全、阴茎粗壮有力、淋巴体颜色白和精液品质优良者，淘汰那些交配器短于 3 厘米、射精量少于 0.2 毫升、精子活力低于 4~5 级、精子密度低于 150 万~200 万个/毫升的劣种。

通过选育，尤其是对母鹅就巢性状的选择，能够有效提高种鹅的产蛋量。如皖西白鹅种群中无就巢习性的个体，年产蛋量能够达到 45 枚，比有就巢习性的鹅高 50% 左右；豁眼鹅经选育后，优秀种群的年产蛋量能够达到 135 枚，比未严格选育的高 30%~50%。

2. 开展杂交繁育技术

目前，我国鹅业生产的主要目的是提供仔鹅，要求仔鹅有较快的生长速度，种鹅有较高的繁殖力。因此，可以考虑用大中型鹅作父本，用产蛋率高的品种鹅作母本，进行杂交利用。目前，有使用皖西白鹅或朗德鹅作父本、太湖鹅、豁眼鹅或四川白鹅作母本进行二元杂交的，后代仔鹅的生长速度表现出了明显的杂交优势；也有使用四川白鹅或皖西白鹅作第一父本与豁眼鹅杂交的，杂交后代公鹅育肥，母鹅与朗德公鹅进行三元杂交。

3. 及时处理就巢母鹅

目前饲养的大多数鹅种有就巢的习性，因此，及时采取措施，使其及早醒抱是提高母鹅产蛋量的有效措施。发现母鹅有就巢行为后，立即使用醒抱药物处理，通常在 3~5 天内就能够停止鹅的就巢行为。在处理就巢母鹅方面，需要及早发现，及早用药。

4. 提高配种的成功率

（1）加强后备公鹅的选留　在公鹅达到性成熟的时候要逐只进行挑选，要求被选留的个体要健壮，结合按摩采精技术观察公鹅交配器官的发育情况和精液的质与量。

（2）改进种鹅饲养方法　一些种鹅养殖场（户）尝试小群配种方式，在提高种蛋受精率方面取得了良好成效。一般每群有 3～5 只公鹅，14～22 只母鹅，较少出现恋伴和厌伴习性，也容易发现配种能力差的公鹅。

（3）保证种鹅的洗浴条件　种鹅洗浴的水池要定期换水，保持良好的水质；在气候条件适宜的情况下，每天在 9 时和 16 时前后保证鹅群各有 1 小时左右的洗浴时间。

5. 保证种鹅足够的营养供给

不同的生长期对日粮营养水平的要求不同，特别是蛋白质水平。给母鹅合适的日粮营养水平，是提高母鹅产蛋量的一项主要措施。育成期（30～90 日龄）日粮适宜的粗蛋白质水平为 15％，产蛋期应增至 18％；停产期以放牧为主，将精料改为粗料。不同日粮营养水平对鹅产蛋有一定的影响。在配制日粮时还应注意氨基酸的全价性，其中赖氨酸、精氨酸、亮氨酸、缬氨酸和甘氨酸等对性繁殖机能具有重要的作用。另外，喂料时要定时定量，并供给充足的饮水。

繁殖期间的母鹅往往是连续产几枚或 10 多枚蛋后休产几天或开始就巢，之后开始产蛋。充足的营养供应是保证种鹅产蛋量的重要条件。使用产蛋期种鹅配合饲料（也可以使用蛋种鸡饲料），每只鹅每天需要的饲料量约为其蛋重的 2 倍，并保证青绿饲料的充足供给。有资料报道，营养供给充足的鹅群就巢发生率相对较低。在配合饲料中，使用 10％左右的小麦代替等量的玉米能够提高母鹅的产蛋量。

6. 保持种鹅舍内良好的垫草状况

鹅舍内垫草潮湿会使蛋壳表面黏附许多粪便及其他污物，对种蛋造成污染，影响种蛋的孵化效果。鹅舍内要设置产蛋窝，其中的

现代养鹅关键技术精解

116

垫草必须定期更换，保持干燥、干净和柔软，以吸引鹅在窝内产蛋。

7. 加强卫生防疫

只有健康才能高产。因此，加强卫生防疫工作，经常性地进行环境消毒，及时接种疫苗和隔离病鹅是保持鹅群健康的前提。尤其要注意大肠杆菌病的防治，因其免疫接种效果不稳定，母鹅感染该病后腹部膨大，基本不产蛋；公鹅感染后外生殖器容易发生溃疡和变形，失去配种能力。

8. 控制光照

采用人工光照，不仅可促进母鹅冬春季多产蛋，而且有可能改变鹅的繁殖季节性，进行反季节生产。试验从 2 月份开始对 505 只太湖成年母鹅每天补充光照 1～2.5 小时，仅 4 个月，产蛋量就增加了 10％。同年 12 月和次年 10 月进行人工补充光照，也取得了可喜成绩。

光照管理可以打破鹅品种原有的生物节奏，缩短休产期，并且可进行反季节繁殖。但是，经多年的研究发现，用不同的光照时数对不同品种的鹅进行试验，常得到相互矛盾的结果，这也许是由于鹅的繁殖季节性差异所引起。在我国，南北方鹅之间即存在这种明显的繁殖季节性差异。在广东鹅的非繁殖季节内，每天光照 9.5 小时，4 周后公鹅的阴茎状态、性反射、精液品质、可采率等，均明显优于自然光照的对照组；母鹅则在控制光照 3 周后开产，并能在整个非繁殖季节内正常产蛋。控制光照组平均每只母鹅产蛋 12.85 枚。当恢复自然光照后，试验组鹅每天光照时数由短变长，约 7 周后，公鹅阴茎萎缩，可采精率下降直至为零，约 2 个月后又逐渐好转；母鹅在恢复自然光照约 3 周后也停止产蛋，再经 11 周的停产期后才又重新开产，而对照组此时也正常繁殖。试验组平均每只鹅全年产蛋 33.57 枚，比对照组的 25.06 枚多 8.51 枚，提高了 34％。或者在早春给予人工光照增加每天总光照时数，可以使鹅提前停产进入非繁殖季节，也使下一轮繁殖季节提前开始，这样也可使广东鹅能在非繁殖季节内进行反季节繁殖，同时可以避免遮光法进行反季节鹅苗生产遇到的热应激问题。

第六章　鹅的饲养管理

我国养鹅业发展迅速，规模化、集约化和产业化程度不断提高，依靠传统的经验已经不能适应养鹅业的发展，需要进一步利用养鹅新技术，推广科学的鹅的饲养管理技术，才能获得稳定的收益和长足的发展。

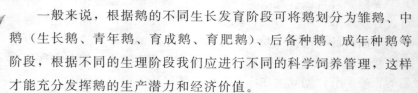

一般来说，根据鹅的不同生长发育阶段可将鹅划分为雏鹅、中鹅（生长鹅、青年鹅、育成鹅、育肥鹅）、后备种鹅、成年种鹅等阶段，根据不同的生理阶段我们应进行不同的科学饲养管理，这样才能充分发挥鹅的生产潜力和经济价值。

第一节　雏鹅的饲养管理

雏鹅是指孵化出壳后到 4 周龄或 1 个月内的鹅，此时鹅的身体各器官并未发育完全，因此整个身体的机能比较差，不易适应外界的环境。雏鹅的饲养管理好坏不仅直接影响到雏鹅成活率和生长发育状况，而且会直接影响鹅以后的商品价值或种用价值。在养鹅生产中，只有高度重视雏鹅的饲养管理，才能提高雏鹅的成活率。保证鹅群均匀整齐，发育良好，体质健壮，为种鹅繁殖和肉鹅生产打下良好的基础。

一、育雏的饲养管理准备

(一) 雏鹅的特点

1. 体温调节机能较差

刚出壳的雏鹅，全身覆盖着稀薄的绒羽，机体的体温调节机制还没有发育完全，对环境温度的变化调节能力不强。随着羽毛的生长和脱换，加之雏鹅的体温调节机能逐渐增强，对外界环境温度的适应能力也逐渐增强，从而能够较好地适应外界温度的变化。因此，育雏开始时，应提供较高的育雏温度，5～7 天以后，根据季节、气温的变化确定脱温的时间。

2. 生长速度极为迅速

雏鹅的新陈代谢机能非常旺盛，早期生长速度很快。中型鹅种四川白鹅在放牧饲养条件下，2 周龄体重是初生重的 4.5 倍，6 周龄 20 倍，8 周龄为 32 倍；大型肉鹅朗德鹅 2 周龄体重为初生重的 5 倍，6 周龄为 27 倍，8 周龄为 39 倍，生长速度更为迅速。

3. 消化道容积小，消化吸收能力差

家禽的消化道本来就比较短，由于发育的原因，雏鹅的消化道就更短。雏鹅早期生长速度很快，新陈代谢强烈，因而单位体重所需要的新鲜空气和呼出的二氧化碳、水蒸气较多。

4. 抵抗力差

雏鹅体质较弱而娇嫩，抵抗能力差，加上密集饲养，很容易感染各种疾病。一旦发病，损失严重。

根据雏鹅生长发育的规律及生理特点，在育雏的过程中要采取相应的饲养管理措施，创造良好的饲养管理条件，提高雏鹅的成活率。

(二) 温度和湿度的控制

刚出生的雏鹅自身生理机能发育不完善，对于外界环境的适应性还比较弱。雏鹅绒毛稀而短，体温调节能力差、抗寒能力弱，因此，应对雏鹅加强保温工作，为其提供适宜生长发育的环境。如果雏鹅室温度较低，严重时可能会造成大量雏鹅被压伤、踩死；而温

度过高时，雏鹅表现为张口呼吸，精神不振，食欲减退，所以适宜的温度是雏鹅健康生长发育的必要条件。对于不同日龄的雏鹅，应将育雏温度控制在合理的区间。育雏温度为：1～5 日龄 27～28℃，6～10 日龄 25～26℃，11～15 日龄 22～24℃，16 日龄后可控制在18～20℃。雏鹅室湿度的合理控制也有利于减少雏鹅的发病率，干燥清爽的环境最为适宜，湿度应该控制在 60%～65%。雏鹅育雏适宜的温湿度见表 6-1。

表 6-1　鹅的适宜育雏温度和湿度

日龄	温度/℃	相对湿度/%
1～5	27～28	61～65
6～10	25～26	60～65
11～15	22～24	65～71
16～20	18～20	65～70

（三）通风条件的控制

适当的通风是保证鹅舍空气质量的必要条件，但是通风和保温互相矛盾，所以应尽量协调温度与通风的矛盾：在该通风的时候适当通风，以减少室内的异味；在需要保温的时候，减少通风次数，稳定室内的温度。

（四）光照调节

光照条件的好坏对于雏鹅的健康有着重要的影响，接受适当的阳光照射能够促进雏鹅的健康成长。在天气许可的情况下，雏鹅在5～10 日龄时，可逐渐增加室外活动时间，接受光照，增强雏鹅的体质。

（五）适宜的饲养密度

雏鹅的饲养密度与雏鹅的运动、室内空气的新鲜与否以及室内温度有密切的关系。实践证明，密度过大，雏鹅生长发育受阻，甚至出现啄羽等恶癖；密度过小，则降低育雏室的利用率。随着雏鹅的生长，体重的增加，体格增大，在饲养过程中应不断调整雏鹅的饲养密度。雏鹅育雏密度参考表 6-2。

类型	1 周龄	2 周龄	3 周龄	4 周龄
中、小型鹅种	15～20	10～15	6～10	5～6
大型鹅种	12～15	8～10	5～8	4～5

表 6-2　育雏适宜的饲养密度参考　　单位：只/米²

二、育雏前的准备

为了获得比较理想的育雏效果，必须认真做好育雏前的各项准备工作。

（一）选舍建网

育雏舍宜建在地势干燥、安静、通风、温暖和采光条件较好的地方，舍内网床下面设有半倾斜水泥地面，有利于冲洗和清扫粪便。每间育雏舍面积约 60 平方米，不宜过大，以饲养 500 只为宜，便于保温和饲养管理。

选好育雏舍后，可根据舍内空间，合理建好育雏网床。网床的网架最好用角铁焊成，坚固耐用，网架高 70 厘米，长度和宽度分别为 5.5 米和 1.5 米。网床用铁网制成，周围用同样的高约 45 厘米的铁网制成围栏。每张网床再用铁网分成 5～6 小格，每小格可饲养雏鹅 15～20 只，不宜过多，以防雏鹅互相挤压致残致死，影响育雏率。每间育雏舍可放置 5 张这样的育雏网床，网床中间互留一定通道，便于饲养员进行管理。

（二）保温设备的准备

准备好育雏用的保温设备，包括竹筐、保温伞、红外线灯泡、纸箱、饲料、垫料（稻草、锯末或刨花）以及食盘、水槽等。保温是育雏最关键的措施，保温效果的好坏直接关系到育雏工作的成败，因此必须高度重视保温设备的准备工作。笔者认为，采用红外线灯保温既易管理，效果也很好。每张网床上方安装 3 枚 250 瓦的红外线灯，高度离网床约 60 厘米，网床上方再用 2 片长布条将红外线灯和整张网床罩住，网床四周的围栏的外侧也用麻袋或布条围住，用于保温。育雏的第 1～5 天，网床上方铺上一层麻袋，雏鹅在麻袋上进行育雏。育雏期间麻袋要经常更换、清洗，保持麻袋干燥，这一点很重要。

（三）饲料、饲养用具的准备

雏鹅料、疫苗、药品、料槽、饮水器、水桶、温度计、注射器及照明设施等物品用具在进雏前要准备充足。

（四）打扫消毒

1. 做好充分的准备工作

育雏前对育雏室进行全面检查，如门窗、墙壁、地板等是否完好，如有破损，要及时进行修补；室内要灭鼠，并堵塞鼠洞；保温条件是否完好。育雏用具如竹筐、塑料布、竹围、料槽（盘）、饮水器等，在育雏前应洗干净，晒干备用。

2. 对育雏室彻底清扫

对育雏室内外进行彻底清扫，包括育雏用具在内，都要进行消毒。墙壁可用10％～20％生石灰水喷洒消毒，喷洒后应关闭门窗1小时以上，然后打开，使空气流通。育雏用具可用碱水洗刷后，用清水冲洗干净。育雏室出入处应设消毒池，进入育雏室的人员随时进行消毒，严防病菌带入。

3. 做好消毒工作

雏鹅进舍1周前应做好育雏舍所有用具的清洁消毒工作。饲养用具可用百毒杀、滴康等常规消毒药物进行清洗消毒；育雏舍用福尔马林和高锰酸钾进行熏蒸消毒，每立方米空间用量为福尔马林30毫升、高锰酸钾15克，熏蒸24小时后打开门窗排出残余气体，准备进雏。

（五）预温

进雏前4～6小时打开红外线灯进行预温，使育雏舍的温度达到28～30℃。

三、雏鹅的饲养

（一）雏鹅的饲料

雏鹅的饲料包括精料、青料、矿物质、维生素和添加剂。刚出壳的雏鹅，消化功能差，要喂一些易消化、富含蛋白质的饲料。一般多用小米和碎米，经过浸泡或稍蒸煮后喂给。为了爽口不粘嘴，蒸煮过的饲料，最好用水淘过以后再喂。当然，一开始就喂混合饲料更好。鹅是食草水禽，最好用菜叶切成细丝喂给。青绿多汁饲料约占饲料的 $60\%\sim70\%$。缺乏青料时，要在精料中补充 0.01% 的复合维生素。

（二）雏鹅的饲养方法

饲养雏鹅首先要适时"三开"。所谓"三开"就是开水、开食和开青，第一次饮水叫"开水"，第一次喂食叫"开食"，第一次喂青叫"开青"。"三开"时间的早晚和好坏对雏鹅以后的生长发育有很大影响。出壳 $1\sim3$ 天内，一定要使雏鹅学会饮水和吃食。雏鹅出壳或运回后，开食越早越好，一般在雏鹅毛干后能站立时。蛋黄吸收良好的雏鹅，约在出壳后 $12\sim16$ 小时内就有啄食行为，这时便可调教采食，及时"三开"。"三开"过晚，往往有一部分雏鹅不会采食、饮水而死亡，即使蛋黄吸收不良的大肚皮雏鹅，也应在24 小时内"三开"，这样做可促进蛋黄吸收和胎便排出体外。

"三开"的方法是：开食前，应先让雏鹅开水（俗称"潮口"），先把盛有清洁饮水的水盆放在围栏的角落，把一部分雏鹅的嘴多次按入水盆中让其饮水。只要有个别雏鹅到饮水处饮水，其他雏鹅就会跟着饮水。然后，把切成细丝状的青菜放在手上晃动，并均匀地撒在草席或塑料布上。也可将少许菜叶撒在雏鹅身上，或将半熟的小米或碎玉米掺入水后，把切碎的青菜丝均匀地撒在草席或塑料布上，用手轻轻扣打草席或塑料布，引诱和训练雏鹅采食。$2\sim3$ 天后逐步改用饲料槽喂给饲料。大群饲养时，也可将切碎的青菜放在饲料盆中让雏鹅自由采食，每天的采食次数和喂料量也应逐步增加。参照以下日龄进行喂养：

① $4\sim10$ 日龄，每天可喂 $6\sim8$ 次，其中晚上喂 $2\sim3$ 次，每次喂青饲料时，可加入适量的米饭粒。米饭粒不能黏糊，喂前用清水浸泡，然后在草席上摊开，稍晾干后再喂，以免粘喙。如喂混合饲料，日粮配合比例为青料 $60\%\sim70\%$，配合饲料 $30\%\sim40\%$。

② $11\sim20$ 日龄的雏鹅，应以喂青绿料为主，并由喂饭粒过渡

到碎米。如喂配合饲料，日粮配合比例为青饲料 80%～90%，配合精料 10%～20%。每天喂 6 次，其中晚上 2 次。如天气晴暖，可以开始训练放牧。放牧前不喂料，促使雏鹅在放牧地多采食青草。

③ 21～30 日龄，日粮内可适当加入煮至开的谷料（又称"开口谷"）并逐渐加喂湿谷。放牧时间可适当延长。舍内饲养时，日粮配合比例为青饲料 90%～92%，配合精料 8%～10%。每天喂 5 次，其中晚上 1～2 次。此期为转入以放牧青饲料为主的中鹅阶段打好基础。

（三）雏鹅饲养注意事项

① 雏鹅用的饲料，特别是青绿饲料，必须新鲜、清洁。

② 喂饲要做到定时定量，先青后精，少放勤添。每次喂完料后即将饲料槽拿开，让小鹅安静休息。15 日龄内的鹅每次喂八成饱为宜，病弱雏要分开饲养。

③ 要有足够的清洁饮水。每次喂料时，要更换新鲜饮水。

④ 饲料变换要逐渐进行。一般由熟至生，由软至硬，由舍饲到放牧要逐渐过渡。

⑤ 日粮中应给予骨粉 1%～2.5%，贝壳粉 1%，食盐 0.25%～0.3%。

四、雏鹅的分群管理

由于受到各种因素的影响，不同的雏鹅在大小和强弱等方面出现了较大的差异，若仍以同样的标准饲养雏鹅，不利于其生长发育。大而强的雏鹅抢夺了大量的饲料，小而弱的雏鹅会越来越弱小。因此，对强弱差异较大的雏鹅，应该按照大小强弱实行分群饲养。

五、雏鹅早期死亡的环境原因分析

在养鹅生产中，在育雏期间，0～4 周龄的雏鹅死亡率较高，其中因管理不到位、环境条件恶劣和应激所造成的死亡，占雏鹅死亡总数的 55% 以上，给养鹅业造成很大的经济损失。雏鹅体小、

现代养鹅关键技术精解

体温调节机能不全，身上的绒毛稀薄，对外界环境变化适应能力差。雏鹅生长发育快，而雏鹅的胃肠容量小，消化能力弱，同时生活力、抗病能力弱，容易患病。

北方多是早春育雏，昼夜温差大，应根据雏鹅的生理特点认真提供适宜的环境条件，加强饲养管理，满足雏鹅对环境的需求，使其健康生长发育。雏鹅早期死亡的环境原因有以下几点：

（一）育雏舍内温度高低不均

雏鹅在 0～7 日龄，尤其是在 3 日龄的雏鹅，因低温造成的损失及伤亡最多。雏鹅在 26℃ 以下的低温环境中互相拥挤、扎堆，扎入堆中的雏鹅往往容易窒息死亡。如人工拨拉开，人走后又扎堆，反复几次后，使感冒增多，多次后会出现叼毛或形成僵鹅。若育雏舍温度高，雏鹅体内的热量和水分散失受到影响，此时雏鹅表现精神沉郁、食欲减退，发生烦躁，生长发育缓慢，易患呼吸道疾病，死亡率升高。一般育雏舍的温度 1～5 日龄，应保持在 27～28℃，6～10 日龄为 25～26℃，11 日龄以后为 20～24℃，一般保持舍温在 20℃ 左右即可，白天和夜间的温差不能超过 1.5℃，要保持温度的恒定。

（二）育雏舍内湿度过高或过低

有人认为鹅是水禽，错误地认为育雏阶段湿度高比低好，忽视了控制湿度的措施。在高温 30℃ 以上高湿和低温 24℃ 以下高湿的环境中，使雏鹅在舍内相对湿度在 80% 以上，雏鹅表现精神不振，食欲减退，不愿意活动，腹泻，绒毛蓬乱，呼吸困难，表现叼毛。严重时，整个头部、背部的绒毛全部被叼光，失去生活能力，抗病力减弱，很容易发病死亡，不死者也成为僵鹅，失去饲养价值。在高温和高湿的环境中，有利于病原微生物和寄生虫的滋生，饲料和垫料容易发霉变质，特别是发生霉菌毒素中毒，雏鹅也会因为高温和高湿的环境引起热射病，雏鹅的发病率和死亡率也增高。

低温和高湿的环境中，潮湿的空气比干燥空气的导热力高 10 倍，热容量大 2 倍，雏鹅的体热散失增加，往往由于引起感冒、肠炎等疾病，使其互相拥挤、扎堆造成大批死亡。相对湿度在 75%

以上的育雏环境，对雏鹅的正常生长发育是有害的，必须高度重视并予以解决。形成高湿环境的主要原因是通风不好，育雏前排潮措施不力，关键是管理不当。

如果雏鹅在相对湿度40%以下的干燥环境中，不能及时供给饮水，1天多就会脱水，使黏膜干裂，引起呼吸道疾病，长期干燥会抑制绒毛生长。雏鹅饲养环境的相对湿度应在55%～70%为好。

（三）饲料与饮水不足

刚出壳的雏鹅，若24小时不给饮水，就会迅速出现精神不振，两翅下垂，眼球下陷，嗜睡，足部皮肤皱缩等现象，3天出现呆滞，第4～5天出现死亡。在加水时易出现抢水而淹死及打湿羽毛造成啄羽。对雏鹅来说，应及时供给清洁、温度和室温相同的温开水，而且一经开始饮水，就不能停水。造成缺水的主要原因为：不适时供水，开水过晚，供水不足，不连续给水，饮水器过少或饮水器放置的地方过冷或过热，或放在过于黑暗的地方，雏鹅无法接近和饮水。

现代养鹅关键技术精解

雏鹅1～3日龄，体内有剩余的卵黄提供营养，对饲料要求不严。当在3日龄以后，在温度、湿度、光照适宜，通风良好，清洁卫生的环境中，雏鹅的新陈代谢机能日益旺盛，生长发育很快，而且胃肠的容积很小，消化能力弱，所以要求饲料品质好，容易消化。在饲喂时要求合理分群，料槽或料盘大小、高低要适宜，摆放位置要适当，布局要均匀。在饲喂时，要少给勤添，使雏鹅都能吃饱、吃得好，以满足对营养的需要。

（四）通风不良，有害气体增多

育雏舍要经常通风，交换气体，把新鲜空气换进来。育雏期，雏鹅的新陈代谢旺盛，排出的二氧化碳、氨气、硫化氢等有害气体增多，如二氧化碳含量超过0.51毫克/米^3，氨气超过21毫克/米^3，硫化氢超过0.46毫克/米^3，雏鹅就会肺部充血、呼吸加快、口腔黏液增多、精神不振，食欲减退，羽毛松乱无光泽。若有害气体的含量继续增加，则出现肺部水肿，眼角膜浑浊，眼睑水肿，睁不开眼睛，流泪，流鼻涕，进而出现呼吸困难，食欲废绝，呆立和昏睡，继而出现动作失调等神经症状，向后仰头、抽风、两肢麻痹、瘫痪死亡。如不及时采取通风换气措施，会造成大批死亡。

二氧化碳超标中毒的主要原因是：舍温过高，封闭过严，通风不良，雏鹅饲养密度过大，长时间无人检查，特别是夜间无人看管。硫化氢中毒的原因是：育雏舍潮湿，通风不良，潮湿污秽的垫料和粪便等有机物不及时打扫和清除，长时间堆积，从而分解发酵，产生大量的氨气和硫化氢。出现上述情况时，应立即采取通风换气、排潮措施，及时调整饲养密度。农村早春育雏，如需要通风应在上午 10 时到下午 1 时，打开通风孔，通风 30～40 分钟，如果天气冷，可提前提高舍温 1～2℃，保证风不直接吹到雏鹅身上，以防雏鹅受凉或感冒。

（五）滥用药物引起中毒

在育雏期，滥用药物引起中毒事件常有发生，主要是缺乏兽药使用知识，不按规定和说明用药，多用、滥用、随意加大剂量等。从育雏开始就盲目、不规范地连续用药，如乙酰甲喹、泰乐菌素、青霉素、头孢菌素、氨基糖苷类药物、四环素类药物、氟哌酸、环丙沙星、磺胺嘧啶、制霉菌素、克霉唑等，这些药物如长期使用，或过量使用，在饲料或饮水中搅拌不均，都会引起中毒。

育雏环境只要经常保持清洁、卫生，育雏舍干燥，温、湿度适宜，光照、饲养密度适中，大小、强弱合理分群饲养，做到通风换气、定期消毒，喂给雏鹅新鲜、清洁、干净的饲料和饮水，雏鹅就能健康成长，不易发生普通病和寄生虫病。至于小鹅瘟、鹅副黏病毒病、雏鹅新型病毒性肠炎、禽流感（鹅）等传染病，采用药物也治不了，唯有按规定的免疫程序对种鹅和雏鹅定期进行免疫，才能避免雏鹅发病，确保雏鹅的安全。

（六）挤压与意外伤害

在育雏期的雏鹅，挤压与意外伤害的主要原因是，育雏舍的保温条件差，管理粗放，舍温突然下降或温差特别大，饲养密度过大又不进行大小、强弱分群，不定时喂料和饮水，造成雏鹅饥渴难忍，突然喂料、饮水、受到外界惊吓等情况，会引起雏鹅的惊慌挤压、扎堆和伤亡。在农村早春育雏，由于缺乏青绿饲料、延长在舍内的时间、饮水打湿羽毛等原因造成雏鹅啄羽，使雏鹅的抗病力减弱，容易发生疾病死亡，幸存者也变成僵鹅，3 周龄以下的雏鹅，鼠、蛇、黄鼠狼对其的伤害很大，不仅直接咬死、咬伤、吓死雏鹅，还会传播疾病，危害其他畜禽，必须要严加防范，其重点是堵塞育雏舍的鼠洞，时时注意关闭门窗，严防老鼠、蛇、黄鼠狼等进入雏舍，一旦发现，必须消灭。

第二节　中鹅的饲养管理

中鹅是指 28 日龄或 30 日龄起至 70 日龄左右的鹅，也称生长鹅、仔鹅、育成鹅或青年鹅，留作种用的称为后备种鹅，用作商品育肥的称为肉仔鹅。此阶段是鹅骨骼、肌肉和羽毛生长最快的时期，其觅食能力增强，营养物质需要逐渐增加，对饲料的消化吸收能力不断提高，骨骼、肌肉和羽毛迅速生长，对外界环境的适应性和抵抗力不断提高。为适应这些特点，需加强仔鹅的饲养管理，满足其生长发育所需的各种营养物质，为转入育肥期或为选留后备种鹅打下良好基础。

一、中鹅的特点

（一）早期生长迅速

一般肉用仔鹅 9～10 周龄体重达 3 千克以上即可上市出售。因此，肉用仔鹅生产具有投资少、收益快、获利多的优点。

（二）最能利用青绿饲料

无论以舍饲、圈养或放牧方式饲养，鹅的生产成本费用都较低。特别是我国南方地区气候温和，雨量充足，青绿饲料可全年供应，为放牧养鹅提供了良好条件。

（三）生产具有明显的季节性

虽然采用光照控制可以使鹅的全年产蛋有两个周期，但主要繁殖季节仍为冬、春季节。光照控制必须在密闭种鹅舍中进行，广泛采用尚有一定困难。当前或在相当长一段时间内，我国南方放牧饲养生产肉用仔鹅仍占有很大比重，其上市旺期在每年5月份才开始。每年上半年是肉用仔鸭上市的淡季，却正是肉用仔鹅产销的旺季，这就为肉用仔鹅生产及加工产品提供了极为有利的销售条件。

二、中鹅的饲养方式

肉用仔鹅饲养方式大体有舍饲、放牧、舍饲与放牧结合等3种方式。舍饲和放牧两种饲养方式各有优点。舍饲多为地面平养或网上平养，这种方式适合于规模化批量生产，但设备、饲料、人工等费用相对增高，如饲养管理水平达不到要求，不及放牧仔鹅增重效果好。放牧方式可灵活采用，并充分利用天然牧地以节省成本，不但有助于鹅的生长发育，更重要的是节省饲料，降低饲养成本，经济效益好。一般放牧鹅9周龄体重可达到3千克以上，同时，放牧鹅的胸腿肉率高于舍饲鹅，而皮脂率则相反。但放牧饲养规模有限。从我国当前养鹅业的社会经济条件和技术水平来看，采用放牧补饲方式，小群多批次生产肉用仔鹅更为可行。

（一）放牧饲养

1. 放牧场地的选择

放牧场地要有足够数量的鹅喜欢采食、营养丰富的牧草。鹅喜食的草类很多，一般只要无毒、无刺激、无特殊气味的草都可供鹅采食，例如看麦娘（又名牛茅草、齐齐草）、罔草（扁稗草）、狗尾草（谷秀子）、酢浆草、蟋蟀草（牛筋草）、藜（灰菜）、羊蹄草（牛舌头草）、酸模等。鹅爱吃的水生植物有：金鱼藻（竹节草）、荇菜、稗（稗子、稗草）、菹草（虾藻、札草）、野生茭白等。放牧场地要求开阔、平坦，附近应有供鹅饮水或游泳的湖泊、小河或池塘，以及供鹅遮阴休息的树林或人工凉棚等。

放牧场地最好远离公路，防止鹅群因汽车鸣笛等嘈杂声音受到惊吓。同时，要注意避开喷施过农药的农田。

2. 放牧时间

放牧时间长短应根据鹅的日龄大小而定。放牧初期要控制时

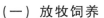

间，每天上、下午各放牧一次，每次活动时间不要太长，中午要回棚休息 2 小时。如在放牧中发现仔鹅有怕冷的现象，应停止放牧。以后随日龄增大，逐渐延长放牧时间，直至整个上、下午都在放牧。鹅的采食高峰是在早晨和傍晚，早晨露水多，除小鹅时期不宜早放外，待腹部羽毛长成后，早晨尽量早放，傍晚天黑前是又一个采食高峰，所以应尽可能将茂盛的草地留在傍晚时放牧。

3. 放牧鹅群的大小

放牧鹅群的大小根据管理人员的经验与放牧场地情况而定，一般以 250～300 只为宜，由两人放牧管理。若放牧场地开阔，水面较大，对整个鹅群可以一目了然，每群亦可扩大到 500～1000 只，放牧人员则需要增至 3～4 人。如果放牧人员经验丰富，群体还可扩大。不同年龄、不同品种的鹅要分群管理，以免在放牧中大欺小、强凌弱，影响个体发育和鹅群均匀度。

4. 鹅群调教

鹅的合群性较强、胆小，对周围环境的变化十分敏感。放牧前应根据鹅的行为习性进行调教，先将各个小群的鹅并在一起吃食，让它们互相认识、互相亲近，几天后再继续扩大群体，加强合群性。在出牧、归牧、下水、休息时，放牧人员给以相应的信号，使鹅群建立起相应的条件反射，养成良好的生活规律，使之在遇到意外情况时也不会惊叫走散。开始放牧时，在周围环境不复杂的地方放牧，让鹅群慢慢熟悉放牧路线。然后进行放牧速度的训练，按照"空腹快、饱腹慢、草少快、草多慢"的原则进行调教。

5. 观察采食与补饲

如放牧场地条件好，仔鹅采食的食物能够满足生长发育的营养需要，可以不补饲或少补。放牧场地条件较差，或者当日最后一个"饱"未达到十成饱，或者肩、腿、背、腹正在脱落旧毛、长出新羽时，营养满足不了生长发育的需要，就应该做好补饲。补饲时加喂青饲料和精饲料，每天补饲量应视草情、鹅情而定，以满足需要为佳。补饲时间通常安排在中午或傍晚。刚由雏鹅转为中鹅时，可继续适当补饲，但应随时间的延长，逐步减少补饲量。白天补料可

现代养鹅关键技术精解

在牧地上进行，这可减少鹅群往返而避免劳累。为了使鹅群在牧地上多吃青草，白天补料时不喂青料，只给精料。

喂料时，要认真观察中鹅的采食动作和食管的充容度。凡食欲不振者，表现为采食时抬头，东张西望，嘴甲含着料，不愿下咽，有的嘴角吊几片菜叶，头不停地甩或动作迟缓，或站在旁边不动，有此情形者疑为有病，必须立即将其提出，进行检查并隔离饲养。

6. 放牧时注意事项

不宜随意更换放牧人员。放牧前要仔细观察鹅群，把病弱和精神不振的鹅留下，出牧时点清鹅数。放牧要逐步锻炼，路线由近渐远，慢慢增加，途中尽量选择平坦路线，要有走有歇，不可蛮赶。每天放牧距离要大致相等，以免累伤鹅群。放牧时要注意观察鹅群动态，待大部分鹅吃饱后，让鹅下水活动，活动一段时间后再赶到岸上休息。青年鹅胆小、敏感，要防止其他动物、有颜色的物品、喇叭声等突然出现引起惊群。平时要注意天气变化，避免鹅群受到烈日暴晒和风吹雨淋，阴雨天应停止放牧。收牧时，要让鹅群洗好澡，清点鹅数后返回育雏舍。

(二) 舍饲饲养

中鹅的全舍饲采用专用鹅舍，要喂给全价配合饲料，还要在日粮中加喂30%～50%的青绿饲料，舍饲中鹅应常备饮水，让鹅随需随饮。全舍饲的中鹅日粮代谢能11.297兆焦、粗蛋白质18%、粗纤维5%、钙1.6%、磷0.9%、赖氨酸1%、蛋氨酸＋胱氨酸0.77%、食盐0.4%。全舍饲鹅生长速度快，但饲养成本高。舍饲时要注意水塘水的清洁，勤换鹅舍垫草，勤清扫运动场。饲料和饮水槽盆数量充足，防止体弱的个体吃不到料，影响生长，拉大体重差异。舍饲的每群育成鹅数量以100～200只为宜，小规模可控制在每群50～100只。鹅的消化速度快，为促进生长，饲喂次数一定要多，一般日喂3～4次，夜间1次。如青、精饲料分喂，青饲料饲喂次数还可增加。有条件的应尽量扩大运动场面积，运动场内必须堆放沙砾，以防消化不良。

三、中鹅的饲养管理要点

（一）适时脱温

适时脱温可以增强雏鹅的体质。过早脱温时，雏鹅容易受凉而影响发育；保温时间太长，则雏鹅体质弱，抗病力差，容易得病。可以结合放牧与放水的活动，逐步外出放牧，并可以开始逐步脱温。但在夜间，尤其在凌晨 2～3 时，气温较低，仍应注意保温。

（二）做好卫生防疫工作

中鹅的初期，机体抗病力还较弱，又面临着舍饲为主向放牧为主的生活改变，使鹅承受较大的环境应激，容易诱发一些疾病。在这一转折时期，最好在饲料中添加一些抗生素和多维等抗应激和保健药品。每天要清洗饲料槽、饮水盆，随时搞好舍内外、场区的清洁卫生。定期更换垫草，并对鹅舍及周边环境进行消毒。鹅棚舍要搞好防鼠、防兽害的设施。

舍内饲养的鹅群，饲养密度较高，采食充分，排泄量大，舍内容易污浊。应适当通风，每天清洁舍内和运动场上的粪便和污染物，保持清洁卫生。每周消毒 1～2 次。

放牧的鹅群在放牧前应注射小鹅瘟血清、禽流感疫苗、鸭瘟疫苗、禽霍乱疫苗。在放牧中，如发现邻区或上游放牧的鹅群或分散养鹅户发生传染病，应立即转移鹅群到安全地点放牧，以防传染疫病。不要到工业排放污水的沟渠放牧。喷洒过农药、施过化肥的草地、果园、农田，应经过 10～15 天后再放牧，以防鹅中毒。

（三）减少应激

保持基本固定的饲养管理制度，饲养人员、饲料和牧草、喂料、清洁消毒等要基本固定，使鹅群建立良好的条件反射；避免意外的噪声、光照、陌生的动物和人等干扰和粗暴的饲养管理，减少对鹅群的不良刺激和应激反应的发生。

（四）做好转群和出栏工作

中鹅只是后备种鹅和肉用仔鹅的一个过渡阶段。通过认真的放牧和饲养管理工作，中鹅可以有比较好的生长发育，一般长至70~80日龄时，就可以达到理想的体重和膘情，如果作为商品鹅生产，就可以将一部分达到标准的中鹅适时出栏，余下的进行短期育肥。如果作为种用，此期的中鹅羽毛生长已丰满，主翼羽在背部要交翅，在开始脱羽毛时应进行选种工作。一般是把品种特征典型、体质结实、生长发育快、羽绒发育好的个体留作种用。

第三节　育肥仔鹅的饲养管理

中鹅经过放牧饲养，达到 60 日龄后，再经过 10~15 天的育肥便可达到上市要求，这种处于育肥阶段（12 周龄以下）的商品仔鹅叫作育肥仔鹅。

一、育肥仔鹅的特点

此时的鹅消化道的容量已与成年鹅大体相同，虽可以上市，但没有达到最佳体重，膘度不够，肉质不佳，肉色发黄。因此，要经过短期育肥，以达到改善肉质、增加肥度的目的。

二、育肥鹅的选择

选择作育肥的鹅只不分品种、性别，要选精神活泼，羽毛光亮，两眼有神，叫声洪亮，机警敏捷，善于觅食，挣扎有力，肛门清洁，健壮无病的 60 日龄以上的中鹅作育肥鹅。适于育肥的优良鹅品种有四川白鹅、狮头鹅、皖西白鹅、溆浦鹅、莱茵鹅等，这些是主要的肉用型杂交仔鹅品种。它们生长速度快，75~90 日龄的育肥体重达 7.5 千克，成年公、母鹅体重均在 10 千克以上，最重达 15 千克。新从市场买回的肉鹅，还须在清洁水源处放养 2~3 天，喂 500 毫克/升的高锰酸钾溶液进行肠胃消毒，确认无病健康的，再按鹅只大小和体重的不同，进行分群、分级饲养。

三、分群饲养

为了使育肥鹅群生长整齐、同步增膘，必须将大群分为若干小群。分群原则是，将体形大小相近、采食能力相似的混群，分成强群、中等群和弱群三等，在饲养管理中根据各群实际情况，采取相应的技术措施，缩小群体之间的差异，使全群达到最高生产性能，一次性出栏。

四、育肥鹅的圈舍

鹅舍可因陋就简，就地取材，不投资或少投资。圈舍要求光线较暗，干燥清洁，环境清静。既可用养猪的圈舍，又可用小竹条或竹片搭成棚栏喂养。棚栏的大小可根据养鹅数量来确定，以每平方米养4～6只计算。鹅床（即鹅栏底部）离地面40～60厘米，便于鹅粪排落在棚架下。栏高80厘米，竹条间的空隙5～7厘米，能使鹅头伸出啄食、饮水即可。将鹅置于竹棚内，棚栏竹条外面挂设饲槽、水槽，让鹅自由啄食饮水。如利用猪圈育肥鹅，圈底要垫谷糠或草木灰，隔日换1次。无论用猪圈或棚栏育肥鹅，都要在育鹅前3～5天用5%鲜石灰水，2%草碱水或1%漂白粉水交叉消毒1～2次，以扑灭病原微生物。

五、育肥鹅的育肥方法

肉用仔鹅育肥的方法主要包括放牧加补饲育肥法、填饲育肥法、自由采食育肥法等。肉用仔鹅的育肥阶段，要根据当地的自然条件和饲养习惯，选择成本低且育肥效果好的方式。

（一）放牧加补饲育肥法

放牧加补饲是最经济的育肥方法。根据育肥季节的不同，放牧野草地、麦茬地、稻田地，采食草籽和收割时遗留在田里的麦粒谷穗，边放牧边休息，定时饮水。如果白天吃得很饱，晚上或夜间可不必补饲精料。若育肥的季节赶到秋前（籽粒没成熟）或秋后（放茬子季节已过），放牧时鹅只能吃青草或秋野草的，那么晚上和夜间必须补饲精料，能吃多少喂多少，吃饱的鹅有厌食动作，摆脖子下咽，头不停地往下点。补饲必须用全价配合饲料或压制成颗粒料，可减少饲料浪费。补饲的鹅必须饮足水，尤其是夜间不能停水。

现代养鹅关键技术精解

（二）填饲育肥法

填饲育肥法俗称"填鹅"，即在短期内强制性地让鹅采食大量的富含碳水化合物的饲料，促进育肥。此法育肥增重速度最快，只要经过 10 天左右就可达到鹅体脂肪迅速增多、肉嫩味美的效果。填饲期以 3 周为宜，育肥期能增重 50%～80%。可按玉米、碎米、甘薯面 60%，米糠、麸皮 30%，豆饼（粕）粉 8%，生长素 1%，食盐 1% 配成全价混合饲料，加水拌成糊状，用特制的填饲机填饲。

（三）自由采食育肥法

自由采食育肥法有围栏栅上育肥和栏饲育肥两种方式，均用竹竿或木条隔成小区，料槽和水槽设在围栏外，鹅伸出头来自由采食和饮水。

1. 围栏栅上育肥

距地面 60～70 厘米高处搭起栅架，栅条间距 3～4 厘米，也可在栅条上铺塑料网，网眼大小为 1.5 厘米×1.5 厘米至 3 厘米×3 厘米之间。鹅粪可通过栅条间隙漏到地面上，便于清粪但不致卡伤鹅脚。这样，栅面上可保持干燥、清洁的环境，有利于鹅的育肥。为了限制鹅的活动，栅架上用竹木枝条编成栅栏，分别隔成若干个小栏，每小栏以 10 平方米为宜，每平方米养育肥鹅 3～5 只。栅栏竹木条之间的距离以鹅头能伸出觅食和饮水为宜，栅栏外挂有食槽和水槽，鹅在两竹木条间伸出头来觅食、饮水。饲料配方：玉米 35%、小麦 20%、米糠 20%、油枯 10%、麦麸 10%、贝壳粉 5%。日喂 3 次，每次喂量以供吃饱为止，最后一次在晚间 10 时饲喂，每次喂食后再喂些青饲料，并整天供给清洁饮水。

2. 栏饲育肥

用竹料或木料做围栏，按鹅的大小、强弱分群，将鹅围栏饲养，栏高 60～70 厘米，以减少鹅的运动，每平方米可饲养 4～6 只。饲槽和饮水器放在栏外，围栏留缝隙让鹅头能伸出栏外采食饮水。饲料要求多样化，精、青配合，精料可采用：玉米 40%、稻谷 15%、麦麸 19%、米糠 10%、菜枯 11%、鱼粉 3.3%、骨粉

1%、食盐 0.3%，矿质元素添加剂 0.4%，混匀喂服。饲料要粉碎，最好制成颗粒料，并供足饮水。每天喂 5～6 次，喂量可不限，任鹅自由采食、饮水，充分吃饱喝足。同时，保证鹅体清洁、圈舍干燥，每周全舍清扫一次。在圈栏饲养中特别要求鹅舍安静，不放牧，限制活动，但隔日可让鹅水浴一次，每次 10 分钟，以清洁鹅体。出栏时实行全进全出制，彻底清洗、消毒圈舍后再育肥下一批肉鹅。

六、防疫卫生

在育肥全过程中，要坚持"预防为主"的方针。每日要细致观察鹅群的精神状态、食欲变化、粪便颜色，一旦发现病鹅，立即处理掉，并进行场地消毒，和对鹅群喂四环素或土霉素预防。在 10 千克饲料中加入 5 克四环素或土霉素，连喂 2～3 天。也可用金银花藤、穿心莲煎水拌饲料或加入饮水中饮用。如发生禽霍乱则用青霉素肌内注射，每日注射 2～3 次，每只鹅每次注射 10 万～15 万单位。

七、最佳出栏期

选择最佳出栏期能够提高肉鹅养殖的经济效益。经育肥的仔鹅，体躯呈方形，羽毛丰满、整齐光亮，后腹下垂，胸肌丰满，颈粗圆形，粪便发黑、细而结实。一般认为，在正常的饲养管理条件下，中、小型鹅 70～90 日龄，活重 3.0～4.0 千克，大型鹅品种 80 日龄，活重达 4.0～5.0 千克，就应及时出栏上市。利用优良品种配套杂交生产的商品鹅，60 日龄可达 3.5～4.5 千克，90 日龄出栏时平均体重可达 5.0 千克，其生长速度快，且羽绒含量高（30%左右），缩短了饲养周期，提高了效益。

实践中，可根据翼下体躯两侧的皮下脂肪，把育肥膘情分为 3 个等级：①上等肥度鹅，皮下摸到较大、结实而富有弹性的脂肪块，鹅体皮下脂肪增厚，尾椎部丰满，胸肌饱满，羽根呈透明状；②中等肥度鹅，皮下摸到板栗大小的稀松小团块；③下等肥度鹅，皮下脂肪增厚，皮肤可以滑动。当育肥鹅达到上等肥度时，即可上市出售。肥度都达中等以上，体重和肥度整齐均匀，说明育肥成绩优秀。

第四节　后备种鹅的饲养管理

后备种鹅是指中鹅（70～80日龄）阶段以后到产蛋配种之前准备种用的鹅，一般要经过120天左右的饲养期。后备种鹅饲养管理的目的是提高种用价值，为产蛋或配种做准备。

一、后备种鹅的特点

1. 消化道发达，耐粗饲

在后备期，鹅的消化道极其发达，食道膨大部较宽大，富有弹性，一次可采食大量的青粗饲料。肌胃肌肉厚实、收缩有力，且有发达的盲肠，比其他家禽消化饲料中粗纤维的能力高45％～50％，是理想的节粮型家禽。由于其代谢旺盛，对青粗饲料的消化能力强，因此，在种鹅的育成期应利用其放牧能力强的特性，以放牧为主，锻炼种鹅的体质，降低饲料成本。

2. 骨骼发育的主要阶段

在后备种鹅培育的前期，鹅的骨骼尚未得到充分的发育，生长发育仍然比较快，是鹅骨骼发育的主要阶段。

后备种鹅如果补饲日粮的蛋白质含量较高，会加速鹅的发育，导致体重过大过肥，并促其早熟，致使种鹅骨骼发育纤细，体形较小，提早产蛋，往往产几个蛋后又停产换羽。

二、后备种鹅的选留

中鹅期结束后，要进行一次选种，从中选出符合品种外貌特征、体重达标、身体健壮的个体，作为后备鹅。后备鹅的选择，参考前面鹅的选种方法。留种时要考虑血缘，按家系留种时公、母鹅要错开家系，避免近亲交配；个体选留要参考祖先成绩或同胞成绩进行选留。后备鹅留种之前，应计划好育雏时间、留种时间与生产季节相吻合，以避免因繁殖空闲期过长造成饲养成本增大。如在东北地区，一般在 7 月下旬开始育雏比较适宜，第 2 年 4 月开始产蛋，5～6 月份达到繁殖高峰时正是大量需要种蛋孵化的季节，这样可以减少种鹅休产期的饲养时间。

三、后备种鹅的饲养方式

后备种鹅的饲养方式主要有舍饲、圈养、放牧、放牧与舍饲相结合等。各种饲养方式并不是一成不变的，应根据各地不同饲养条件灵活选用，或选用多种方式相结合的方法进行。

四、后备种鹅的饲养管理要点

后备种鹅饲养管理的重点是对种鹅进行限制性饲养，其主要目的是控制体重，做到适时性成熟，防止体重过大过肥，使其具有适合产蛋的体况；训练其耐粗饲能力，育成有较强体质和良好生产性能的种鹅；延长种鹅的有效利用期，节省饲料，降低成本。根据后备种鹅的生理特点，可将其分为生长、控料饲养与恢复饲养三个阶段。限制饲养应根据每个阶段的特点，采取相应的饲养管理措施，以提高鹅的种用价值。

（一）生长阶段

后备种鹅的生长阶段指在 70 日龄前后选留下来以后至 120 日龄这一时期，在此期间，后备种鹅仍处于生长发育和换羽时期。后备种鹅在 80 日龄左右开始第二次换羽，一般母鹅换羽日龄稍早于公鹅，换羽需经 30～40 天才能完成。生长阶段的后备种鹅需要较多的营养，不宜过度降低饲料营养水平，应视放牧条件而适当地补饲，使鹅机体发育完全而又顺利进入控料阶段。如太湖鹅每日仍需补饲 150 克左右的精料。一般在第二次换羽结束后，约 120 日龄时，才逐步转入粗饲料阶段。

（二）控料饲养阶段

此阶段一般从 120 日龄开始至开产前 50～60 天结束。鹅经第二次换羽后，如供给足够的饲料，约经 50～60 天即可开始产蛋，但因其机体发育不全，所产的蛋不能达到种蛋标准。此时采取控料饲养，可使后备种鹅延迟产蛋时间，从而提高鹅的繁殖性能，提高孵化成绩。

控料饲养阶段要视放牧条件、天气状况和鹅的体质灵活掌握饲料配合和每日给食的次数，使后备种鹅的体质保持在正常状态，并能把饲料用量下降到最低水平。目前，种鹅的控制饲养方法主要有两种：一种是减少日粮的饲喂量；另一种是控制饲料质量，降低日粮营养水平。在控料期应逐步降低饲料的营养水平，每日的喂料次数由 3 次改为 2 次，尽量延长放牧时间，逐步减少每次给料的喂料量。控料饲养阶段的母鹅日平均饲料用量一般可比生长阶段减少 50%～60%。饲料中可添加较多的填充粗料（如米糠、曲酒糟、啤酒糟等），目的是锻炼鹅的消化能力，扩大其消化道容量。后备种鹅经控料阶段前期的饲养锻炼，放牧采食青草的能力增强，在草质良好的牧地，可不喂或少喂精料，在放牧条件较差的情况下每日喂料 2 次，喂料时间在中午和晚上 9 时左右。日粮营养水平为：代谢能 10.0～10.5 兆焦/千克，粗蛋白质 12%～14%。

后备公鹅第二次换羽后也开始有性行为，为了使公鹅充分性成熟，应与后备母鹅隔离控料饲养，后备公鹅与母鹅分群给料，但可与母鹅同群放牧。在整个控料饲养阶段中为了保持公鹅有一定的体重和健康的体质，饲料配合应全期保持在母鹅控料阶段前期的水平，每天给食 2 次以上，但必须防止因饲料营养水平过高而提早换羽。控料阶段无论给食次数多少，给食时间应在放牧前 2 小时或收牧后 2 小时，防止鹅因放牧前饱食而不采食青草，或习惯收牧后即有饲料供食，急于回巢而不大量食草。为保证足够的采食位置，可增加食槽或将饲料倒在运动场水泥地面上饲喂。每只鹅应保证有 20～25 厘米宽的槽位，其目的在于保证采食均匀。在控料饲养阶段必须着重注意以下几点，尽量避免不应有的损失。

（1）定期衡量控料饲养效果 后备期控料饲养效果的有效方法是称取鹅群体重，以检查生长均匀度、体重是否符合指标，以确定或调整饲料供给量，使后备种鹅体重始终按规定的指标增长。制定出每周体重参数，在控料饲养阶段饲每周龄开始的第一天早上空腹称重（抽取比例大群体 5%，小群体 10%，称时公、母分开），求其平均体重，与标准体重比较。如超过标准体重，下周应酌情减料；如不及标准体重，下周应酌情增料。

重点提示：称重抽样要随机抽样，而不应信手捉几只来称，这样容易都捉到较大的或都捉到较小的，从而失去代表性。

（2）每天观察鹅群动态　及时发现不耐受控料饲养的个体，加强饲养和护理。经控制饲养阶段饲养的后备母鹅，体重适当下降，羽毛失去光泽，体质略为虚弱，但应无病态、食欲和消化能力正常。弱鹅的表现是：翅下垂，无力提起，食草时无力，脚无力，放牧时走在鹅群后面，重者卧地不起。

（3）放牧过程中注意安全　放牧场地应选择水草丰富的草滩、湖畔、河滩。放牧前，先调查牧地附近是否喷洒过有毒药物，否则，必须经1～2周以后，或下大雨后才能放牧。5～8月份，气温高，放牧应早出晚归，中午回栏避暑，休息的场地应与水源或河沟相通，让鹅随意饮水。气温高时晚上可把鹅围在与鹅舍相通的运动场过夜，有利通风降温。同时，注意做好防止风雨突然袭击和野兽危害的准备。在南方炎热地区放牧时注意避开骤雨，如躲避不及可将鹅驱入水池中（或河沟），减少暑气威胁。

（4）搞好鹅舍的清洁卫生　每天清洗食槽、水槽，及时更换垫料，保持垫草和舍内干燥。

（三）恢复饲养阶段

经控料饲养的种鹅，应在开产前30天左右进入恢复饲养阶段。在饲养上，由粗变细，逐渐开始增加精料的给量，提高补饲日粮的营养水平，并增加喂料量和饲喂次数，让鹅恢复体力，促进生殖器官发育。日粮蛋白质水平控制在15％～17％为宜。经20天左右的饲养，种鹅的体重可恢复到控料阶段前期的水平。为了使种鹅换羽整齐和缩短换羽的时间，节约饲料，可在种鹅体重恢复后进行人工强制换羽，即人为地拔除主翼羽和副主翼羽。拔羽后应加强饲养管理、适当增加喂料量。在开产前10天，母鹅喜欢贝壳、田螺壳、石灰石等含钙量多的物质，因此除在日粮中提高钙的含量外，还应在运动场或放牧地点放置补饲颗粒贝壳粉的专用饲槽，任其选食，并喂沙砾。另外，光照对鹅的繁殖力有较大的影响，在临近产蛋时

现代养鹅关键技术精解

延长光照时间，可刺激母鹅适时开产，自然光照与人工光照的总时长要求达到 12～14 小时。后备种鹅接近产蛋期时要求全身羽毛紧贴，光泽鲜明，尤其是颈羽显得光滑紧凑，尾羽和背羽整齐、平伸，后腹下垂，耻骨开张达 3 指以上，肛门平整呈菊花状，行动迟缓，食欲旺盛。

公鹅的恢复期可比母鹅早 2 周左右，以使后备种鹅能整齐一致地进入产蛋期，日粮中尽可能多一些富含蛋白质的饲料使公鹅在配种季节有充沛的精力进行配种。后备公鹅在临近配种时，应达到品种的成熟体重要求，外表灵活，精力充沛，性欲旺盛。

第五节　种鹅的饲养管理

一、种鹅的特点

开产至淘汰期内的鹅称为种鹅。其饲养目的是为了获得数量多、质量好的种蛋。种鹅具有食欲强、食量大，尤其是采食青草、贝壳、螺蛳的能力强等特点。因此，在任何阶段都必须保证营养充分且均衡，特别是保证矿物质饲料的供给，以保证种鹅的规律生活和正常产蛋。

母鹅有在固定地点产蛋的习惯，在开产前即应准备好产蛋的窝。公鹅善斗，性欲旺盛，临产蛋前应调整好公母鹅比例。

二、种鹅的饲养管理

饲养种鹅的目的在于提高鹅的产蛋量和种蛋的受精率，使每只种母鹅生产出更多健壮的雏鹅。种鹅的饲养管理一般分为产蛋前期、产蛋期和休产期三个阶段。

（一）产蛋前期的饲养管理

选留高产种鹅，一般在开产前 40 天左右进行，再严格淘汰生长发育不良，体形不正常，体质差，瘦弱或过肥，有病、肉瘤、喙、蹼以及羽毛颜色不符合本品种特征的个体。要检查种公鹅阴茎发育情况，选留阴茎伸出泄殖腔上 3 厘米，勃起度好，精液品质好且量多者；淘汰阴茎不易伸出、短而粗或畸形的个体。种母鹅要选留健壮，食欲旺盛，体态正常，躯体呈现瓦筒形，乐于接受种公鹅配种的个体；淘汰低产鹅。由于鹅繁殖率比较低，且第 1 年产蛋率较低，第 2～3 年较高，第 4 年才下降，所以不要把第 1～2 个产蛋年的母鹅都全部淘汰，应该在每年产蛋期及时把产蛋少、蛋重小、孵化性强、不接受公鹅配种或过肥或过早停产换毛或病弱的母鹅和配种能力低的公鹅淘汰掉。

后备种鹅进入产蛋前期时，体质健壮，生殖器官已得到较好的发育，母鹅体态丰满，羽毛紧扣体躯，并富有光泽，性情温驯，食欲旺盛，采食量增大，行动迟缓，常常表现出衔草做窝的行为，说明临近产蛋期。产蛋前期的饲养管理要点表现在以下几方面：

1. 日粮配合

放牧鹅群既要加强放牧，又要换用种鹅产蛋期日粮适当补饲，并逐渐增加补饲量。舍饲的鹅群还应注意日粮中营养物质的平衡，使种鹅的体质得以迅速恢复，为产蛋积累营养物质。

2. 补充人工光照

（1）光照的作用　光通过视觉刺激脑垂体前叶分泌促性腺激素，促使母鹅卵巢卵泡发育增大，卵巢分泌雌性激素促使输卵管发育；同时使耻骨开张，泄殖腔扩大；光照引起公鹅促性腺激素的分泌，刺激睾丸精细管发育，促使公鹅达到性成熟。因此，光照时间的长短及强弱，以不同的生理途径影响家禽的生长和繁殖，对种鹅的繁殖力有较大的影响。光照分自然光照和人工光照两种。人工光照的应用广泛，可克服日照的季节性，能够创造符合于家禽繁殖生理机能所需要的昼长，人工光照在养鸡、养鸭业上应用广泛，但养鹅生产上还未被广大养鹅户所认识和应用。光照管理恰当，能提高鹅的产蛋量和种蛋的受精率，取得良好的经济效益。

（2）光照的原则　研究表明，光照对鹅的繁殖力有较大的影响，而这种影响十分复杂。在临近产蛋时，延长光照时间，可刺激母鹅适时开产，短光照推迟母鹅的开产时间；在生长期采用短光照（自然光照）然后逐渐延长光照时间，可促使母鹅开产；调控光照

现代养鹅关键技术精解

可以获得非季节性连续产蛋；在休产换羽时突然缩短光照，可加速羽毛的脱换。

（3）种鹅的光照制度　开放式鹅舍的光照受自然光照的影响较大，而自然光照在每年夏至前由短光照逐渐增长，夏至过后光照时间由长变短。光照方案必须根据鹅群生长发育的不同阶段分别制定。

①育雏期　为使雏鹅均匀一致地生长，0～7日龄提供23～24小时的光照时间，8日龄以后则应从24小时光照逐渐过渡到只利用自然光照。

②育成期　只利用自然光照。

③产蛋前期　种鹅临近开产期，用6周的时间逐渐增加每日的人工光照时间，使种鹅的光照时间（自然光照＋人工光照）达到16～17小时，此后一直维持到产蛋结束。

④公母鹅配种比例要适当　为提高种蛋的受精率，除考虑种鹅的营养需要外，还必须注意鹅群的健康状况，提供适宜的公母鹅配种比例。由于鹅的品种不同，公鹅的配种能力也不同。种鹅配种时间一般在早晨和傍晚较多，而且多在水中进行。因此，提供理想的水源对于提高种蛋的受精率具有重要的实际意义。产蛋前期，母鹅在水中往往围在公鹅周围游水，并对公鹅频频点头亲和，表示求偶的行为。因此，要及时调整好公母鹅配种比例，做好配种的各项工作。

⑤饲养管理　合理补充营养。配合饲料时，除增加谷物类、饼类饲料外，还要适当补加沙砾和贝壳。精料补饲是否合适可以通过检查鹅的粪便来判断，如果鹅粪粗大而松散，轻拨就能分成几段，表明鹅饲料中精、青料比例适当；如果鹅粪细小而坚实，则说明鹅饲料精饲料多、青饲料少，要酌情进行调整。此期一般用4周的时间过渡到自由采食，注意补饲量不能增加过快，否则导致较早产蛋，而影响以后的产蛋和受精能力。放牧时可早出晚归，但放牧距离不宜太远，并要有较多的时间让种鹅下水洗浴、戏水，回牧时不能驱赶过急。产蛋前期的种鹅可进行一次驱虫，母鹅要注射小鹅瘟疫苗。

（二）产蛋期的饲养管理

刚刚开产的时候，应将临产母鹅同未临产母鹅分开。临产母鹅羽毛紧凑有光泽，尾羽平直，肛门周围有呈菊花状的羽毛圈；行动较迟缓，腹部饱满松软有弹性。采食量增加，常主动寻求公鹅配种。

1. 日粮配合

由于种鹅连续产蛋的需要，消耗的营养物质特别多，特别是蛋白质、钙、磷等营养物质。所以饲料配制要合理，配制饲料应充分考虑母鹅产蛋所需的营养，尽可能按饲养标准配制。在产蛋高峰期，饲料中添加0.1%蛋氨酸，可以提高种鹅产蛋率。饲料喂量一般每只每天补充精料150～200克，分3次喂给。如果饲料中营养不全面或某些营养元素缺乏，则造成产蛋量的下降，种鹅体况消瘦，最终停产换羽。因此，产蛋期种鹅日粮中蛋白质水平应增加到18%～19%，才有利于提高母鹅的产蛋量。

2. 以舍饲为主，放牧补饲为辅

产蛋期的种鹅采用放牧与补饲相结合的饲养方式比较适合，晚上赶回圈舍过夜。放牧时应选择路近而平坦的草地，路上应慢慢驱赶，上下坡时不可让鹅争先拥挤，以免跌伤。尤其是产蛋期母鹅，行动迟缓，在出入鹅舍、下水时，应呼号或用竹竿稍加阻拦，使其有秩序地出入舍或下水。

母鹅的产蛋时间大多数集中在下半夜至上午10时左右，个别的鹅在下午产蛋。因此，产蛋鹅上午10时以前不能外出放牧，在鹅舍内补饲，产蛋结束后再外出放牧，而且上午放牧的场地应尽量靠近鹅舍，以便部分母鹅回窝产蛋。这样可减少母鹅在野外产蛋而造成种蛋丢失和破损。

放牧前要熟悉当地的草地和水源情况，掌握农药的使用情况。一般春季放牧采食各种青草、水草，夏、秋季主要放牧麦茬地、收割后的稻田，冬季放牧湖滩、沟边、河边。不能让鹅群在污秽的沟水、塘水、河水内饮水、洗浴和交配。种鹅喜欢在早、晚交配，应在早、晚各放水1次，有利于提高种蛋的受精率。

3. 就巢性的控制

我国许多鹅种在产蛋期间都表现出不同程度的就巢性（抱性），

现代养鹅关键技术精解

144

对产蛋性能造成很大的影响。如果发现母鹅有恋巢表现，及时隔离，关在光线充足、通风凉爽的地方，只给饮水不喂料，2～3天后喂一些干草粉、糠麸等粗饲料和少量精料，使其体重不过度下降，待醒抱后能迅速恢复产蛋。也可使用市场上出售的"醒抱灵"等药物，一旦发现母鹅抱窝，立即让其服用此药，有较明显的醒抱效果。

4. 提高种蛋的受精率

种蛋受精率的高低，直接影响到饲养种鹅的经济效益。母鹅的产蛋量本来就低，如果受精率低，经济效益更差。为了提高种蛋受精率，除了加强饲养管理、注意环境卫生、适时配种、配种比例恰当外，还应掌握公鹅本身影响受精率的原因，以采取有效的措施。主要体现在以下几个方面：

① 公鹅性机能缺陷，在某些品种的公鹅较为突出。比如生殖器萎缩，阴茎短小，甚至出现阳痿，精液品质差，交配困难。解决的唯一办法是在产蛋前，公、母鹅组群时，对选留公鹅进行精液品质鉴定，并检查公鹅的阴茎，淘汰有缺陷的公鹅，保证留种公鹅的质量，提高种蛋的受精率。

② 一些公鹅具有选择性的配种习性，这样将减少与其他母鹅配种的机会，某些鹅的择偶性还比较强，从而影响种蛋的受精率，在这种情况下，公、母鹅的组配要尽早，如发现某只公鹅只与某只母鹅或几只母鹅固定配种，应及时将这只公鹅隔离，经1个月左右，才能使公鹅忘记与之固定配种的母鹅，而与其他母鹅交配，有利于提高受精率。

③ 公鹅相互啄斗影响配种，在繁殖季节，公鹅有格斗争雄的行为，往往为争先配种而啄斗致伤，严重影响种蛋的受精率。

④ 公鹅换羽时，阴茎缩小，配种困难，影响种蛋的受精率。

三、种鹅休产期的饲养管理

种鹅的产蛋期一般只有5～6个月。母鹅的产蛋期除品种外，各地区气候不同，产蛋期也不一样，我国南方集中在冬、春两季，北方则集中在2月至6月初。产蛋末期产蛋量明显减少，畸形蛋增多，公鹅的配种能力下降，种蛋受精率降低，大部分母鹅的羽毛干枯，在这种情况下，种鹅进入持续时间较长的休产期。

（一）人工强制换羽

在自然条件下，母鹅从开始脱羽到新羽长齐需较长的时间，换羽有早有迟，其后的产蛋也有先有后，为了缩短换羽的时间，换羽后产蛋比较整齐，可采用人工强制换羽。

人工强制换羽是通过改变种鹅的饲养管理条件，促使其换羽。换羽之前，首先清理、淘汰产蛋性能低、体形较小、有伤残的母鹅以及多余的公鹅，停止人工光照，停料2～3天，只提供少量的青饲料，并保证充足的饮水。第4天开始喂给由青料加糠麸糟渣等组成的青粗饲料，第10天左右试拔主翼羽和副翼羽，如果试拔不费劲，羽根干枯，可逐根拔除。否则应隔3～5天后再拔1次，最后拔掉主尾羽。拔羽后当天鹅群应圈养在运动场内喂料、喂水，不能让鹅群下水，防止细菌污染，引起毛孔发炎。拔羽后一段时间内因其适应性较差，应防止雨淋和烈日暴晒。

（二）休产期的饲养管理

进入休产期的种鹅应以放牧为主，将产蛋期的日粮改为育成期日粮，其目的是消耗母鹅体内的脂肪，提高鹅群耐粗饲的能力，降低饲养成本。

要使鹅群保持旺盛的生产能力，我国部分地区农户多采用自繁自养的方式，在每年休产期间选择和淘汰种鹅，同时每年按比例补充新的后备种鹅，重新组群，淘汰的种鹅作肉鹅育肥出售。一般母鹅群的年龄结构为：1岁鹅占30%，2岁鹅占25%，3岁鹅占20%，4岁鹅占15%，5岁以上的鹅占10%。新组配的鹅群必须按公母比例同时换放公鹅。

种鹅休产期时间较长，没有经济收入，致使养鹅的经济效益低。在种鹅休产期可进行人工活体拔羽绒。休产期一般可拔羽绒2～3次，从而增加可观的经济收入，刺激饲养种鹅的积极性，对提高种鹅质量起到促进作用。

现代养鹅关键技术精解

第七章　生态养鹅新模式

第一节　林间套种牧草养鹅
循环农业模式

　　循环农业是以资源的高效利用及循环利用为核心，以减量化、再利用、再循环为目标，以低消耗、低排放、高效率为基本特征的农业发展模式，相对于"大量生产、大量消费、大量废弃"的传统农业增长模式来说，是一个根本性的变革。

　　近年来，在江苏等地区研究以林间套种牧草养鹅的循环农业模式，结果表明，该农业生产模式耗能低，修复改善农业生态环境的效果显著，适应国家关于"发展生态、健康种（养）殖，提高农产品质量安全水平，改善农业生态环境"的要求。下面详细介绍该农业模式的技术要点、经济效益和生态环境效益等。

一、造林技术

（一）造林品种

　　林木品种一般选择落叶乔木。树种一般选择速生杨树，如毛白杨、意大利杨等；花木林一般选择栾树、北美枫香、紫薇等；果树林一般选择梨树、桃树、银杏等。

（二）田间管理

　　新栽植的树苗应及时浇水使其成活；一般栽植的行距为 8 米，

株距为 2～3 米，纵横成行；在每一行树苗的基部开挖一条小型排水沟，沟宽 30～40 厘米，沟深 30～40 厘米，成片林地四周及中间开挖循环大沟，沟宽 60～80 厘米，沟深 40～50 厘米，确保田间不积水；树木出现病虫害时，应采用高效、低毒化学农药及时防治。

二、牧草种植技术

（一）牧草品种

秋冬林木落叶时节种植的冷季型牧草，宜选用多花黑麦草、冬牧 70 黑麦草等越年生牧草品种；对新栽植的林地，春夏也可种植暖季型牧草，宜选用苏丹草、菊苣等。

（二）播种时间

冷季型牧草在 9～10 月间套种，暖季型牧草在 5 月间套种，多年生牧草在 9～10 月或 4～5 月集中套种。

（三）播种方法

冷季型牧草于 9～10 月耕翻整地后采用直播法陆续播种，多花黑麦草、冬牧 70 黑麦草和紫云英的播种量分别为 37.5 千克/公顷、112.5 千克/公顷和 52.5 千克/公顷；暖季型牧草一般采用直播法，苏丹草通常于 4 月下旬至 5 月上旬在耕翻整地、开好田沟后，采用条播法分期播种，每期相隔 25 天左右，条播行距为 60 厘米左右，播种量分别为 18 千克/公顷和 15 千克/公顷；菊苣通常于 4 月中下旬至 5 月上旬在耕翻整地、开好田沟后，采用撒播法播种，播种量为 5 千克/公顷。

（四）田间管理

为使播种的牧草种子出苗快、出齐苗，田间应保持良好的墒情，干旱时应沟灌泼浇 1 次；基肥施用量为沼液、沼渣等有机肥 2500～3000 千克/公顷，45% 复合肥（N：P_2O_5：K_2O=15：15：15）650 千克/公顷或 25% 复合肥（N：P_2O_5：K_2O=10：8：7）950 千克/公顷；每次刈割牧草后应及时追施速效氮肥，以尿素为佳，施用量为 120～150 千克/公顷；若用沼肥作追肥，要先兑水，一般兑水量为沼液量的 50%。

三、牧草养鹅技术

(一) 刈割利用

牧草在生长到 25~30 厘米时，即可刈割利用，首次刈割时应留茬在 5 厘米以上，第二次后留茬 2~3 厘米，以利牧草的快速再生。

(二) 载畜量及养殖方式

在一般情况下可养鹅 3000~3750 只/公顷；为便于规模养殖，在种植牧草的田头或池塘附近兴建畜禽舍和围栏，并接通畜禽的饮用水源，可以实行围栏圈养。

(三) 套种牧草与养鹅时间的衔接

冷季型牧草在 9~10 月间套种，10~11 月可刈割利用。第 1 批苗鹅放养量应控制在 1400~1700 只/公顷，到 10 月中下旬开始供草饲养，生长 70~80 天后，于次年 1 月中旬出栏上市，此时正是元旦后春节前，市场行情看好；第 2 批苗鹅放养量可适当增加，约 1600~2050 只/公顷，于 3 月中旬供草饲养，生长 70~80 天后，于 5 月下旬出栏上市，此时冷季型牧草到 5 月底正好完成其生命周期。接着可根据林木栽植密度及树龄有选择性地种植暖季型牧草，栽植过密的林地 5 月已枝繁叶茂不适合种植暖季型牧草。林木栽植密度合适的林地提前套种暖季型牧草，继续饲养仔鹅或种蛋鹅，到 9~10 月又开始下一个循环。

(四) 鹅粪及残饲沼气化利用技术

利用鹅粪及残饲生产沼气，沼渣、沼液可作林木、牧草的有机肥。

四、林间套种牧草养鹅循环农业模式的生态效益

林间套种牧草养鹅循环农业模式充分利用意杨林冬季空闲阶段，使种植业和养殖业互利共生、协调发展。

第一，显著提高了土地产出率，实现了牧草、鹅粪等农业自然

资源的沼气化和肥料化利用；第二，降低了生产过程中生产资料、生产要素的投入，从根本上解决了化肥、农药等化石能源过量施用对环境的压力，使农业自然资源得到循环利用，降低了生产成本，提高了生产效益；第三，修复了农田生态环境，使农业生态保持平衡，促进了我国农业高效和可持续发展；第四，对生产安全优质农产品具有重要意义。因此，林间套种牧草养鹅循环农业模式，既能获得良好的社会效益、经济效益，还可获得显著的生态效益，可以在适宜地区广泛推广。

第二节　大棚西瓜-牧草-养鹅生态高效模式

鹅是典型的草食性禽类，以食草为主，在饲养过程中不需要大量用药防病治病，其生产的鹅产品药物残留少；鹅肉营养价值高，是集营养、保健、安全于一身的理想食品，是最有发展前途的食品。西瓜甘甜多汁，消暑解渴，营养丰富，深受人们喜爱，发展前景广阔，是农民致富的重要经济作物之一。大棚栽培西瓜，具有防虫、防雨、防风、保温等作用，上市早，价值高，在全国发展迅速。大棚西瓜-牧草-养鹅生态高效模式，将大棚西瓜与养鹅有机结合起来，既能节约土地，提高单位土地面积上的产能，又能节约能源，促进生态种植、养殖业的发展。

一、生态模式

在近几年，有些地区在积累大棚种草养鹅的经验后，又引进了大棚西瓜-蔬菜栽培模式，经过不断总结摸索，形成了在大棚内早期移栽西瓜、后期种草养鹅、鹅粪培肥土壤的生态种植模式。

二、模式特点

1. 相互促进作用明显

种植西瓜时耕作次数多和施肥量大，使耕作层质地深厚疏松，有利于土壤熟化，改善微生物活动环境，促进了土壤养分转化，培肥了地力，从而能够有效提高牧草的产量和品质；西瓜、牧草轮作，对鹅病的菌源传染起到一定的阻断作用，增加了鹅的防疫效果。种植豆科及禾本科牧草，其根系发达，能积累大量有机质，增加土壤腐殖质含量，形成水稳性团粒结构，紫云英的根瘤，更能提高土壤氮素营养。同时产出的大量鹅粪，发酵后直接作土壤追肥，增加土壤有机质含量，增强保水保肥能力，减少了化肥用量，从而大大降低西瓜病虫害的发生，明显增加了西瓜产量，提高了西瓜的品质，具有节本、高效、可持续的特点。

2. 经济效益显著

经实践证明，这种模式下西瓜可增产 10％左右，养鹅投入少、长得快，大棚牧草供草期延长、产草量大、细嫩可口，生产出两批鹅，特别是第二批鹅，在市场紧缺的春节前上市，经济效益大大提高，仅养鹅的经济效益是大棚蔬菜的 4～5 倍。

三、种植时间安排

1 月中旬西瓜苗床育苗，2 月下旬大田移栽，5 月上旬上市；7 月下旬种植牧草，8 月中旬购进第一批鹅苗，10 月中旬购进第二批鹅苗，10 月底出售第一批成鹅，春节前出售第二批成鹅。

四、栽培要点

（一）大棚西瓜栽培

苗床育苗，采用大棚＋小棚＋地膜模式。品种宜选择抗病力强、耐低温、生长快、品质优的礼品型早熟品种，如宝凤西瓜、早春红玉等。播种前选择晴朗天气晒种 1 天，用 50％多菌灵 500 倍液浸种半小时，用清水洗净后催芽、播种。出苗前保持 30～35℃，出土后白天保持 25℃，夜晚保持不低于 15℃，第 1 片真叶展开后适当升温，定植前 5～7 天适当降温炼苗。水分管理应前促后控，原则上不干不浇。子叶期缺水可采取多次撒细湿土，真叶期缺水可在晴天中午浇与地温相近的水，并注意大棚内通风、见光、降湿。苗期病虫害主要因虫而治：蚜虫用吡虫啉防治；齐苗后若发生猝倒病，用百菌清防治。

（二）大田准备

选择地势平坦、土层深厚、排灌方便的沙滩、沙壤土或壤土。定植前一周要精细整地，做到深、透、净、实、平、足。深是将牧草茬深耕深翻，大约25厘米；透是无明暗土块；净是拾净根茬草；实是上不板结，下不翘空；平是畦平埂直；足是底墒要足，基肥要足。基肥要适当增施生物菌肥和磷钾肥。有枯萎病发生的田块，必须进行土壤消毒，或使用抗枯萎病砧木嫁接的嫁接苗。定植前7～10天将畦整平，用48％氟乐灵乳油1.5升/公顷，喷雾土壤处理，铺上地膜增温。

（三）大田定植

要求地温稳定在15℃以上才能定植。定植前应对种苗药剂除菌，用2.5％适乐时悬浮种衣剂10毫升淋根3～5分钟。定植时先覆盖地膜，在地膜上打好定植穴，脱钵带土定植，营养钵土面略高于畦面，定植穴边缘严密覆土，定植后每株浇多菌灵500倍液作点根水。

（四）大田管理：整枝与坐果

定植后选择适当的时机进行人工授粉，坐果。第二茬结瓜较多时应适当疏果。坐果后15～20天进行翻身，垫果。对于温度，定植初期，白天棚内温度保持在30～35℃，成活后白天温度保持在30℃，夜间温度在15℃左右。坐果前后将温度稍提高，确保顺利坐果及果实初期的膨大，坐果后瓜膨大到商品瓜大小时应适当降低温度，以利于光合产物的积累，提高品质。湿度管理：要及时进行通风换气，空气湿度尽可能保持在50％左右，过高则影响品质。坐果膨瓜期间一定要保持田间湿润，但不积水，采收前10天一定要控制水分，否则灌水易造成裂瓜及影响瓜的品质。

（五）病害防治

采取以农业防治为主，化学防治与生物防治相结合的防治策略。农业防治采用嫁接法，清洁田园，减少病原物，培育壮苗，增施有机肥，加强管理，增强植株抗性等措施。化学防治方法为：防

现代养鹅关键技术精解

152

治叶枯病和炭疽病，在初花期开始喷 50％福美双 800 倍稀释液；防治疫病，于开花初期用 75％百菌清粉剂 600 倍喷雾；防治蔓枯病，用井冈霉素调配多菌灵或百菌清制成高浓度的原液涂抹病蔓部；防治枯萎病，发病时用多菌灵托布津及敌克松 1000 倍液涂茎，对个别枯萎病株及时清理烧掉。

五、大棚牧草栽培

（一）牧草播种

选择 1 年生豆科紫云英牧草和 1 年生禾本科多花黑麦草混播，此鲜草茎叶柔嫩多汁，适口性好，鹅大量食用后不会发生膨胀病。7 月下旬将瓜田及时清茬、除草、整平，结合施入复合肥 600 千克/公顷。紫云英播前用温水（54℃）选种并浸种 24 小时，以提高发芽率。播种量分别为：紫云英 15 千克/公顷、多花黑麦草 22.5 千克/公顷，将紫云英牧草种先拌根瘤菌，再拌细土，最后拌多花黑麦草种和磷肥，条播或撒播，出苗后查苗补种。

（二）温度调控

以上牧草喜温暖湿润，怕高温干旱，生长最适温度为 18～25℃。播后保持土壤湿润，出苗后不得留有积水。10 月下旬日平均气温低于 17℃时，可棚上覆膜，白天温度保持在 25℃，夜晚保持在 12℃生长最快。此期如棚内白天温度高于 30℃，要揭膜开棚通风降温。后期若夜间温度低于 5～7℃，应密封大棚保温。

（三）牧草田间管理

灌溉追肥土壤含水量为 50％～80％时适宜牧草生长。水分过多须开沟排水，防止烂根死苗，灌溉与追肥结合的增产效果最大。2 片叶期追苗肥，用尿素 75 千克/公顷；5～6 叶期追促壮肥，施氮磷钾复合肥 150 千克/公顷；以后在每次刈割前两天撒施氮磷钾复合肥 75 千克/公顷，割后视土壤墒情结合灌溉，追施鹅粪，可促进再生，增产效果显著。

此类牧草病害较少，主要有菌核病、白粉病和黑粉病，可用多菌灵、福美双喷雾；虫害有蚜虫和潜叶蝇，可用溴氰菊酯喷雾防治。每次刈割前一周不得用药。

（四）刈割利用

适宜刈割期为营养生长期，不得迟于抽穗现蕾期。8月下旬长到约 30 厘米时即可刈割，每次留茬约 5～7 厘米。

六、以草养鹅

鹅选择生长发育快、饲养周期短、耐粗饲的品种，如四川白鹅、扬州鹅和狮头鹅等。8月中旬可按 1500～1800 只/公顷购进第一批鹅苗，注射小鹅瘟疫苗，用精料喂养，以后以青饲为主，精料和青料拌匀，少喂勤添。定期选用 0.01% 高锰酸钾等药物饮水防病，做好鹅舍及周围环境的消毒工作。以后草量与食量同步增长。10月底鹅可达 3.5 千克以上，饲草利用率达最高，即可出售成鹅，但在出栏前 15 天左右要补饲精料，使鹅增膘，增加经济效益。第二批鹅苗在 10 月中旬按 1500～2000 只/公顷购进，起初饲草量较小，等第一批鹅出售时饲草量始增，元旦后产草量降低时已基本成鹅，售前可直接放牧，加精料育肥，春节前后市场行情好时出售。

第三节　牧草-鹅-鲜食葡萄循环生态养鹅模式的构建与实践

葡萄多汁味甘、营养价值高，不仅含有葡萄糖和多种对人体有益的矿物质、维生素，还具有缓解疲劳、补气润肺、预防衰老、软化血管等多种功效。葡萄市场需求量大，在日常水果消费中占非常重要的地位，葡萄种植在农村经济发展中发挥着重要作用。推广葡萄园套种牧草、养鹅，实现种养结合的循环农业模式，是实现农村生态、环保、高效种养殖的重要途径之一。

一、模式的作用

（一）有效利用葡萄园空间

规模化葡萄园需要占用大量农业土地，并且葡萄种植具有明显的季节性，尤其是在葡萄收获之后，葡萄架下的空间通常被闲置，土地资源未充分发挥应有的作用。因此，通过在葡萄园内套种矮秆农作物或牧草，实行立体栽培、多种经营，能最大限度地利用土地和空间。

（二）有利于资源的循环利用

在葡萄园内养殖鸡、鸭、鹅等家禽，所产生的粪便是优质肥料，可用于提高土壤肥力，促进葡萄生长。

（三）生态效益明显

许多葡萄园采用直接散养的方式，让鸡、鸭、鹅等在园内自由活动。家禽可以采食大量的害虫和野草，达到少用甚至不用农药就能够有效减轻葡萄病虫草害的目的。但是，家禽产生的粪便中往往含有一定量的有害物质，如大肠杆菌等病原菌和蛔虫、球虫、线虫等寄生虫卵，直接排放在葡萄园中不仅会污染土壤和水体，而且容易引起疾病的发生。若能将粪便进行无害化处理后再当作肥料施用，不仅消除了污染源，而且环境生态效益明显，更加符合生态养殖的基本要求。

二、模式主要技术措施

（一）避雨设施葡萄园套种牧草技术

整个园区采用了葡萄避雨设施栽培技术，形成了特定的光、温、水、气、土生态条件。利用葡萄棚架下的闲置空间和土地，适时套种供鹅食用的新鲜牧草。由于避雨设施的覆盖和人为对光照、湿度和温度的调控，有利于形成牧草循环生长的良好条件，能够满足不同季节鹅对牧草的需求。为了防止密植的葡萄园影响通透性和采光性而不利于牧草的生长，葡萄的栽培密度以每亩不超过 350 株为宜。

牧草品种的选择需要考虑两个方面因素：一是根据牧草饲用特性以及鹅通常喜食禾本科牧草的特点，选择营养价值高、适口性好的牧草品种；二是要从避雨设施葡萄园的实际情况出发，选用矮秆、耐阴和耐贫瘠的优良牧草品种。园区选择优良豆科牧草白三叶和禾本科牧草多花黑麦草为主播品种，采用混播或季节轮作的方法。每年的3～4月份播种耐阴的白三叶，9～10月份播种耐寒的多花黑麦草，有利于优质牧草形成四季轮供。此外，可适当搭配种植鹅喜爱的菊苣和苦荬菜等。种植的牧草应注重加强田间水肥管理，排除杂草，适时刈割饲喂。

（二）鹅舍建设与饲养管理要点

根据现代养鹅业的发展特点，鹅舍建造总体遵循冬暖夏凉、阳光充足、空气流通、干燥防潮、保持卫生、经济耐用的原则，因地制宜，同时考虑周边环境条件以及卫生防疫要求。

鹅舍建造地址选择在葡萄园地势相对较高而平坦的边缘区，坐北朝南，远离人员活动密集的种植区域，以减少外源性污染而避免和减少疫病的发生，有利于卫生防疫，为鹅的生长发育营造一个良好的环境。鹅舍用砖块砌墙，砖墙的地面高度约为1米，砖墙以上2米为敞开通风式，四周配置可收放的窗帘，顶部以轻钢结构封闭，便于光照、通风和温度控制。鹅舍地面铺设砖块和水泥，高出室外10厘米，便于消毒和排水。鹅舍宽度为6～8米，长度为50米，两栋鹅舍之间距离6～8米，可利用种植白花三叶草。在葡萄园生态型综合种养模式下，实行半舍饲的节水旱养饲养方式。采用地面垫料平养，使用本地丰富的小麦、大麦、水稻和玉米秸秆打碎后作为垫料，定期更换，保持鹅舍的清洁卫生。除鹅舍以外，按照1∶2的比例配套陆地运动场，供鹅自由运动和采食。运动场地面铺设砖和水泥，铺垫秸秆碎段和少量细沙，场地上搭建占整个场地一半面积的稻草凉棚为鹅遮阳。

日常饲养管理主要包括按照不同年龄阶段配比饲料、定期更换垫料、免疫接种和疫病防治等，各项工作均按照本地养鹅的常规饲养技术操作。

（三）鹅粪生产有机肥技术

养鹅所用饲料主是含高碳水化合物的谷类饲料，辅以牧草等青绿饲料。产生的鹅粪由已被消化的饲料代谢物、少量未被消化吸收完全的饲料、消化道黏膜脱落物与分泌物、肠道微生物及微生物分

现代养鹅关键技术精解

解产物等共同组成。畜禽粪便成分复杂，不仅含有多种营养元素，产生温室气体和有害气体，还可能含有病原菌、寄生虫卵、重金属等物质，不能直接排放到环境中，否则将会产生严重的危害。为消除这种危害，可以将鹅粪进行堆肥处理，从而杀死粪便中的病原菌，加上粪便中有机物成分稳定，可以成为良好的有机复合肥。处理过的粪便既能促进葡萄及其行间套种的牧草生长，又能增加产量、提高抗病性和改善品质。推行鹅粪生产有机肥是一种理想的鹅粪资源化利用途径，也是葡萄园循环生态种养的重要技术环节。

大量实践证明，这种在葡萄园实施的牧草-鹅-鲜食葡萄循环生态种养模式具有良好的经济、生态和社会效益，是一种理想的果、草、牧有机结合的生产方式，值得在生产中大面积推广，正逐步成为江苏沿海地区葡萄园大力发展的新经营模式。

现在还有一些其他的生态养殖技术，如牧草-鹅-鲜食玉米生态养殖模式等。随着养鹅技术、牧草种植技术等的不断发展，人们会不断地总结经验，发现并运用更多的生态养鹅模式，促进现代农业、现代养殖业的不断发展。

第七章　生态养鹅新模式

第八章　鹅舍建筑及其设备

　　鹅舍是鹅生活与生产的重要场所，也是养鹅场重要的建筑结构之一。为了确保鹅的正常生活环境安宁和健康，提高其生活力、生产力与繁殖力，必须重视鹅舍的建筑结构与布局。鹅场的建设，要从场址选择、鹅舍的建筑、设备与用具、场区防疫设施等方面进行综合考虑，尽量做到完善合理。

第一节　鹅舍场地的选择和鹅舍建筑

一、鹅舍场地选择

　　鹅舍是鹅生活、休息和产蛋的场所，场地的好坏和鹅舍的安排合理与否关系到鹅正常生产性能能否充分发挥，也影响饲养管理工作以及经济效益。因此，场址的选择要根据鹅场的性质、自然条件和社会条件等因素进行综合权衡而定。通常情况下，场址的选择必须考虑以下几个问题：

（一）临近水面

　　鹅舍前应建有水陆相连的运动场，便于鹅群的早晚沐浴、嬉水。水池要有一定的面积和深度，面积大小可据饲养鹅只的数量来考虑，并且应留有余地，以便将来能扩大发展。规模较大的鹅场，最好选有多个池塘的环境，可在塘基上建棚，设运动场，池塘则成为鹅棚间的有效隔离带。池塘可用于养鱼，池塘水可调节附近环境的小气候，更利于鹅群生长和疫病防治。

（二）地势高燥

鹅场场址宜地势高燥、平坦，或缓坡，南向或东南向为佳。土质以透水性好的沙壤土为宜。鹅场不能建于低洼、积水等潮湿地区，否则易受有害昆虫、微生物的侵袭。鹅场应远离村落民居，这样可以减少鹅场的外源性污染，避免或减少疫病的发生，也可以避免鹅场、鹅群及其脏物污染他人。应远离机场、矿场、屠宰场、码头等地，以避免噪声、爆破、有害物质或有害气体的应激对鹅群的生长发育或产蛋造成不良影响。

（三）水质良好，水源充足

鹅场附近应没有屠宰场和排放污水的工厂，离居民点也要远一点，尽可能在工厂和城镇的上游建场，以保持水质干净，不受污染。如每100毫升水中的大肠杆菌数不得超过5000个，溶于水中的固体物总量若超过290毫克/升，则被认为是受污染的水。溶于水中的硝酸盐或亚硝酸盐的含量如超过50毫克/升，对鹅只有害，应另找新的水源，因目前还没有有效的消除办法。同时，水源要充足，即使是干旱的季节，也不应断水。鹅饮用水须采取经过净化处理后达到国家 NY 5027—2008《无公害食品畜禽饮用水水质》要求的水源。

（四）交通方便

考虑到饲料、成鹅、雏鹅等的运输和出售，鹅场不宜太偏僻，应在交通较为便利的地方。在远离村落民居的同时，应有足够宽度的道路通往鹅场，便于饲料、鹅只上市、鹅苗供应等运输。另外，附近没有其他鹅场、鸭场或其他禽场，以减少疾病互相传播。此外，还应有水、电和通信条件。尤其是一定规模的养鹅场，在设计和选址时，这些条件必须满足，否则，现代化技术和科学养鹅技术就难以全面应用，严重影响养鹅的经济效益和今后的进一步发展。

（五）鹅场的朝向

选择朝向，以坐北朝南最理想。鹅舍要建在水源的北边，把鹅滩和水上运动场放在鹅舍的南面，使鹅舍大门正对水面，向南开放，这种朝向的鹅舍冬季采光吸热好，夏季通风，又晒不到太阳，具有冬暖夏凉的特点，有利于提高产蛋率。

如果找不到朝南的地势，朝东南或朝东也可以，但绝对不能在朝西或朝北的地段建鹅舍，因为这种西北朝向的房舍，夏季迎西晒太阳，舍内气温高，像蒸笼一样闷热，不但影响产蛋，而且容易造成鹅只中暑死亡；冬季迎着西北风，气温低，鹅只耗料多，产蛋少。朝西北方向的鹅舍，用同样方法养鹅，与朝南的鹅舍相比，产蛋率要下降一成左右，而且死亡率高，饲料消耗多，经济效益差。生产者千万注意！

（六）环境安静

鹅场周围的自然环境应较为清静。鹅的胆子较小，警惕性较高，突然的巨响、嘈杂的汽车声及人声都会引起鹅群的惊扰和不安，以致影响鹅的生长、产蛋、配种及孵化。

（七）青绿饲料供应充足

鹅每天需摄入大量的优质青草，每只种鹅一天可以消耗1.5~2.5千克青草，因此，鹅场建设地点，必须有较多或较大的可供放牧的草地，或者能方便地得到草源的地方，利于鹅群的放牧和运动，以降低饲养管理成本，并增进鹅群的健康及生产。为了提高鹅对草的消化吸收能力，在条件允许的情况下应尽可能地利用河岸、湖边、果园、荒地、冬闲用地等播种优质高产的牧草，提高每公顷草地面积的养鹅量。

总之，鹅场应建在远离城镇、村庄、交通要道，无污染，无强烈震动的僻静地方，水、电设施齐全，排水系统完好，容易保持干燥，布局合理，便于管理和安全生产。

二、鹅舍的建筑

建造的鹅舍要求冬暖夏凉，空气易流通，光线充足，便于日常操作管理（喂料、免疫等）。鹅是水禽，但鹅舍内最忌潮湿，特别是雏鹅舍更应注意。因此，鹅舍应高燥、排水良好、通风，地面应有一定厚度的沙质土。为降低养鹅成本，鹅舍的建筑材料应就地取材，因地制宜。一个完整的平养鹅舍应包括鹅舍、陆上运动场和水上运动场三个部分，这三个部分面积的比例一般为1:（1.5～2）:（1.5～2）。鹅舍的建筑一般分为育雏舍、青年鹅舍、种鹅舍和肉用仔鹅舍四类。四类鹅舍的要求各有差异，最基本的要求是遮阴防晒、阻挡风和雨及防止兽害。

（一）雏鹅舍

雏鹅由于绒毛稀少，体质娇弱，体温调节能力差，需要2天左右的保温期，故雏鹅舍应以能保温、干燥、通风但无贼风为原则，鹅舍内最好还应考虑放置有供温设备。鹅舍内育雏用的有效面积（即净面积）以每座鹅舍可容纳500～600只雏鹅为宜。舍内分隔成几个圈栏，每一圈栏面积为10～12平方米，可容纳3周龄以内的雏鹅100只，故每座鹅舍的有效面积约为50～60平方米。鹅舍地面用沙土或干净的黏土铺平，并打实，舍内地面应比舍外地面高25～30厘米左右，以保持舍内干燥，育雏舍应有一定的采光面积，窗户面积与舍内面积之比为1:（10～15），窗户下沿与地面的距离为1～1.2米，鹅舍檐高约1.8～2米，育雏舍前是雏鹅的运动场，亦是晴天无风时的喂料场，场地应平坦且向外倾斜。由于雏鹅长到一定程度后，舍外活动时间逐渐增加，且早春季节常有阴雨，舍外场地易遭破坏，所以尤其应当注意场地的建筑和保养。总的原则是场地必须平整，略有坡度，如有坑洼，即应填平、夯实，雨过即干。否则雨天积水，鹅群践踏后泥泞不堪，易引起雏鹅的跌伤、踩伤。运动场宽度为3.5～6米，长度与鹅舍长度等齐。运动场外紧接水浴池，便于鹅群浴水。池底不宜太深，且应有一定的坡度，便于雏鹅浴水时站立休息。

（二）后备鹅舍

后备鹅舍也称青年鹅舍。后备鹅的生活力较强，对温度的要求不如雏鹅高。因此，后备鹅舍的建筑结构简单，基本要求是能遮挡风雨、夏季通风、冬季保暖、室内干燥。规模较大的鹅场，建筑后备鹅舍时，可参考育雏鹅舍。

（三）种鹅舍

鹅舍有单列式和双列式两种。双列式鹅舍中间设走道，两边都有陆上运动场和水上运动场，在冬天结冰的地区不宜采用双列式。单列式鹅舍冬暖夏凉，较少受季节和地区的限制，故大多采用这种方式。单列式鹅舍走道应设在北侧。种鹅舍要求防寒、隔热性能要好，有天花板或隔热装置更好。舍檐高1.8～2.0米。窗与地面面积比要求1：（10～12），特别在南方地区南窗应尽可能大些，气温高的地区朝南方向可以无墙也不设窗户。舍内地面用水泥或砖铺成，并有适当坡度（高出舍外10～15厘米），饮水器置于较低处，并在其下面设置排水沟。较高处设置产蛋箱或在地面上垫料以供产蛋之用，鹅舍外有陆上运动场和水上运动场。每栋种鹅舍以养400～500只种鹅为宜。大型种鹅每平方米养2～2.5只，中型种鹅每平方米养3只，小型种鹅每平方米养3～3.5只。

（四）肉用仔鹅舍和填鹅舍

肉用仔鹅舍的要求与育雏鹅舍基本相同，但窗户可以小些，通风量应大些，要便于消毒。肉用仔鹅采用笼养和网上平养时房舍应适当高些。仔鹅育肥期间，每小栏15平方米左右，可养中型鹅80～90只。有些地区，鹅饲养量较多时，常采用行栅、草舍等简易鹅舍，这种鹅舍多采用毛竹、稻草、塑料布和油毛毡等材料制成，具有投资少、建造快的特点。

（五）孵化舍

1. 孵化舍的墙壁、地面和天花板

孵化舍的墙壁、地面和天花板应选用防火、防潮和便于冲洗的建筑材料。门高2.4米左右，宽1.2～1.5米，以利于种蛋和蛋架车等的输运。地面至天花板高3.4～3.8米。孵化室与出雏室之间应设缓冲间，既便于孵化操作，又利于防疫。

2. 孵化厅的地面

孵化厅的地面要求坚实、耐冲洗，可采用水泥或水磨石等地面，孵化设备前沿应开设排水沟，上盖铁栅栏（横栅条，以便车轮垂直通过）与地面保持平整。

3. 孵化厅

孵化厅应有很好的排气设施，目的是将孵化机中排出的高温废气排出室外，避免废气的重复使用。为向孵化厅补充足够的新鲜空气，在自然通风量不足的情况下，应安装进气管道和进气风机，新鲜空气最好经空调设备升（降）温后进入室内，总进气量应大于排气量。

4. 孵化用水

孵化用水必须是清洁的软水，禁用镁、钙含量较高的硬水。对于使用冷水喷雾加湿的孵化机，水压应保持在 $3\sim5$ 千克/厘米^2。供水系统接头（阀门）一般应设置在孵化机后或其他方便处。

（六）运动场

1. 陆上运动场

陆上运动场是鹅休息和运动的场所，面积约为鹅舍的 $1.5\sim2$ 倍。运动场地面用砖、水泥等材料铺成。运动场面积的 $1/2$ 应搭有凉棚或栽种葡萄等植物形成遮阴棚，供饲喂之用。陆上运动场与水上运动场的连接部，用砖头或水泥制成一个小坡度的斜坡，水泥地要有防滑面，延伸到水下 10 厘米。

2. 水上运动场

水上运动场供鹅洗浴和配种用。水上运动场可利用天然沟塘、河流、湖泊，也可利用人工浴池。如利用天然河流作为水上运动场，靠陆上运动场这一边，要用水泥或石头砌成。人工浴池一般宽 $2.5\sim3$ 米、深 $0.5\sim0.8$ 米，用水泥制成。水上运动场的排水口要有一沉淀井，排水时可将泥沙、粪便等沉淀下来，避免堵塞排水道。

鹅舍、陆上运动场和水上运动场三部分需用围栏将它们围成一体。根据鹅舍的分间和鹅的分群需要进行分隔。水上运动场的水围应保持高出水面 $50\sim100$ 厘米，育种鹅舍的水围应深入到底部，以免混群。

鹅场场址选择后，应着手做环境规划和布置。合理布置场区，不仅有利于节约资金和土地，还有利于生产，更主要的是有利于保护生物环境，减少病原微生物传播。

第二节 鹅场的规划布局

规模鹅场各类鹅舍间的布局要做到因地制宜，科学合理，节约资金，提高土地利用率，便于生产管理和预防疫病传播。布局时要考虑各类鹅舍和粪便处理顺序，合理利用风向和地势，达到分区、隔离、不交叉的目的。此外，还要考虑人员生活区对鹅场的影响。一般种鹅舍与自然孵化室相连，接下去是育雏室（要求在上风干燥处）、育成舍、育肥舍相邻，育成结束后可直接迁至育肥舍。一定规模的鹅场应设兽医室，鹅粪便清除后应集中堆放在下风向发酵（不得露天堆放）。鹅场门口建设消毒设施，饲料进出道与粪道分开。

一、大型鹅场各区间划分

具有一定规模的鹅场，一般可分为场前区（包括行政和技术办公室、饲料加工及料库、车库、杂品库、更衣消毒和洗澡间、配电房、水塔、职工宿舍、食堂等）、生产区（各种鹅舍）及隔离区（包括病死鹅隔离、剖检、化验、处理等房舍和设施，粪便污水处理及贮存设施等）。在进行场地规划时，根据场地地势和当地全年主风向（可向当地气象部门了解），主要考虑鹅群的卫生防疫和生产工艺要求。

场前区中的职工生活区应在全场上风和地势较高的地段，生产区设在这些区的下风和较低处，但应高于隔离区，并在其上风向。需要注意的是，无论对鹅场内三大区域的安排还是对生产区内各种鹅舍的配置，场地地势与当地主风向恰好一致时较易处理，但这种情况并不多见，往往出现地势高处正是下风向的情况，此时，可以利用与主风向垂直的对角线上的两个"安全角"来安置防疫要求较高的建筑。例如，主风向为西北向而地势南高北低时，场地的东南角和西北角均是安全角。也可以风向为主，对因地势造成水流方向的不适宜，可用沟渠改变流水方向，避免污染鹅舍。

（一）场前区

场前区是担负鹅场经营管理和对外联系的场区，应设在与外界联系方便的位置。鹅场大门前应设车辆消毒池，单侧或双侧设消毒更衣室。一些鹅场设有自己的饲料加工厂或鹅产品加工企业，如果这些企业规模较大，应在保证与本场联系方便的情况下，独立组成生产区。在一般情况下可设在场前区内，但需自成单元，不应设在鹅场的生产区内。

鹅场的供销运输与社会的联系十分频繁，极易造成疾病的传播，故场外运输应严格与场内运输分开。负责场外运输的车辆（包括马匹）严禁进入生产区，其车棚、车库也应设在场前区。外来人员只能在场前区活动，不得随意进入生产区。

（二）生产区

生产区是鹅场的核心。因此，对生产区的规划、布局应给予全面、细致的研究。如果采用"小而全"自行配套的综合性鹅场，其设计方案是各种日龄或各种商品性能的鹅各自形成一个分场，分场之间有一定的防疫距离，还可用树林形成隔离带，各个分场实行全进全出制，否则会带来防疫上的困难。随着现代化、工厂化养鹅业的发展，只养某一种商品性能鹅的鹅场成为一种趋势。专业性鹅场的鹅群单一，鹅舍功能只有一种，管理比较简单、技术要求比较一致、生产过程也易于实现机械化。在这种情况下，鹅场分区与布局的问题就比较简单。

无论是专业性还是综合性鹅场，为保证防疫安全，鹅舍的布局根据主风方向与地势，应当按下列顺序配置，即孵化室、幼雏舍、中雏舍、后备鹅舍、成年鹅舍，亦即孵化室在上风向，成年鹅舍在下风向。这样能使幼雏舍得到新鲜的空气，减少发病机会，同时也能避免由成年鹅舍排出的污浊空气造成疫病传播。

孵化室与场外联系较多，宜建在靠近场前区的入口处，大型鹅场最好单设孵化场，宜设在鹅场专用道路的入口处，不宜安排在场区尽头深处。小型鹅场也应在孵化室周围设围墙或隔离绿化带。

育雏区（或分场）与成年鹅养殖区应有一定的距离，在有条件时，最好另设分场，专养幼雏，以防交叉感染。综合鹅场两栋或两栋以上雏鹅舍功能相同、设备相同时，可放在同一区域中培育，做到整进整出。

综合性鹅场中的种鹅群与商品鹅群应分区饲养，种鹅区应放在防疫上的最优位置，各区中的育雏育成鹅舍又优于成年鹅舍的位置，而且育雏育成鹅舍与成年鹅舍的间距要大于本群鹅舍的间距，并设沟、渠、墙或绿化带等隔离障，以确保育雏育成鹅群的防疫安全。

饲料的贮存与供应是每个鹅场的重要生产环节，与之有关的构筑物是生产区的重要组成部分（此处所指是位于每幢鹅舍旁的饲料贮存构筑物）。其位置的确定必须同时兼顾饲料由场外运入再由其中分发并送到鹅舍这两个环节，这就要求饲料既能方便地从场外运入，外面的车辆又不需要直接进入生产区内，还要求该构筑物与鹅舍保持最短又最方便的联系。另外，与饲料有关的构筑物，原则上应位于地势较高处，以保证卫生防疫安全。

总之，对养鹅场进行总平面布置时，主要考虑卫生防疫和工艺流程两大因素。综合性鹅场或一些老的鹅场鹅群组成比较复杂，新、老鹅群之间极易造成交叉感染，可以根据现有条件在生产区内进行分区或分片，把日龄接近或商品性能相同的鹅群安排在同一小区内，以便实施整区或整片全进全出。各小区内的饲养管理人员、运输车辆、设备和使用工具要严格控制，防止互串。各个小区之间既要联系方便，又要有防疫隔离的条件。有条件的地方，综合性鹅场内各个小区可以拉大距离，形成各个专业性的分场，便于控制疫病。专业性鹅场（如种鹅场、肉用仔鹅场、育雏育成鹅场）由于任务单一，鹅舍类型不多，容易做好卫生防疫工作，总平面布置遇到的问题较少，安排布置也较简单。只要根据卫生防疫和尽可能地提高劳动生产率的要求把分区规划搞好即可。

（三）隔离区

隔离区是鹅场病鹅、粪便等污物集中之处，是卫生防疫和环境保护工作的重点，该区应设在全场的下风向和地势最低处，且与其

现代养鹅关键技术精解

他两区的卫生间距宜不小于 50 米。贮粪场的设置既应考虑鹅粪便于由鹅舍运出，又应考虑便于运到田间施用。病鹅隔离舍应尽可能与外界隔绝，且其四周应有天然的或人工的隔离屏障（如界沟、围墙、栅栏或浓密的乔灌木混合林等），设单独的通道与出入口。病鹅隔离舍及处理病死鹅的尸坑或焚尸炉等设施，应距鹅舍300～500米，且后者的隔离更应严密。

二、小型鹅场区划布置

小型鹅场各区划与大型鹅场基本一致，只是在布局时，一般将饲养员宿舍、仓库、食堂放在最外侧的一端，将鹅舍放在最里端，以避免外来人员随便出入，也便于饲料、产品等的运输和装卸。

三、区间规划布局的原则

在进行鹅场规划布局时，一要便于管理，有利于提高工作效率，照顾各区间的相互联系；二要便于搞好防疫卫生工作，规划时要充分考虑风向和河道的上、下游的关系；三是生产区应按作业的流程顺序安排；四要节约基建投资费用。

根据以上原则，具体规划时，要将养鹅场各种房舍分区规划，按地势高低和主导风向，将各种房舍依防疫需要的先后次序，进行合理安排。如果地势与风向不一致，按防疫要求又不好处理，则以风向为主，地势服从风向，由于地势原因形成的矛盾，则可增加设施加以解决，如挖沟、设障等。按主导风向考虑，行政区应设在与生产区风向平行的一侧，生活区设在行政区之后，按河道的上、下游考虑，育雏室、育成舍应在上游，产蛋鹅舍在其后，种鹅舍与上述鹅舍应有 300 米以上的距离。行政区与生活区应离开放鹅的河道，保证生活污水不排入河道中。从便于作业考虑，饲料仓库应位于生产区和行政区之间，并尽可能接近耗料最多的鹅舍；从防疫角度考虑，场内道路应分清洁道和非清洁道，两者互不交叉，清洁道用于运输活鹅、饲料、产品，非清洁道用于运输粪便、死鹅等污物。各个区之间应有围墙隔开，并在中间种草种花，设置绿化地带。尤其生产区，一定要有围墙，加强卫生防疫工作，进入生产区内必须换衣、换鞋、消毒。生活区与生产区之间应保持一定距离。

四、生产区的布局设计

生产区是鹅场总体布局中的主体，设计时应根据鹅场的性质有所偏重。如果是种鹅场，应以种鹅舍为重点；商品蛋鹅场，应以蛋鹅舍为重点；商品肉鹅场，应以肉鹅舍为重点。各种鹅舍之间最好设绿化带隔离。

一个完整的平养鹅舍，通常包括鹅舍、鹅滩（陆上运动场）、水围（水上运动场）三部分。

（一）鹅舍

鹅舍是鹅群生长休息的地方，最基本的要求是向阳干燥，通风良好，能遮阴防晒，阻风挡雨，防止兽害。鹅舍的面积一般不要太大。一般生产鹅舍宽度为8～10米，长度根据需要来定，但最好控制在100米以内，便于管理和隔离消毒。舍内地面应比舍外高10～20厘米，以利于排水。一个大的鹅舍要分开成若干小间，每个小间的形状以正方形或接近正方形为好，便于鹅群在室内转圈活动。绝不能将小间隔成长方形，因为长方形较狭长，鹅在舍内做转圈运动时，容易拥挤践踏致伤。

（二）鹅滩

鹅滩是水面与鹅舍之间的陆地部分，通常把它叫作鹅舍内"陆上运动场"。鹅在此吃食、梳理羽毛和昼间小憩。它的面积应为鹅舍面积的一半以上，其地面要平整，略向水面倾斜，不允许坑坑洼洼，以免蓄积污水。鹅滩的大部分地方是泥土地面，只在连接水面的倾斜处，要用水泥砂石，做成倾斜的缓坡，坡度25°～30°。斜坡要深入水中，低于枯水期的最低水位。鹅滩斜坡与水面连接处，必须用砖石砌好。不要图省钱用泥土垫脚，否则，经水浪多次冲击后，泥土塌陷，造成坍坡，再要修理，既费时又费钱，还影响产蛋。由于这个斜坡是鹅每天上岸、下水的必经之路，使用率极高，而且上有风吹雨打，下有水浪拍击，非常容易损坏，必须在养鹅之前修得坚固、平整。

有条件和资金充足的养鹅场，最好将鹅滩和斜坡用砂石铺底后，抹上水泥。这样的路既坚固，又方便清洁，在鱼鹅混养的鹅场还方便向鱼池中冲洗鹅粪。鹅滩如果坑坑洼洼，要及时修复，不要拖拉。由于鹅脚短，飞翔能力差，不平的地面常使其跌倒碰伤，不利于鹅群活动。砂石路面的鹅滩可用喂鹅后剩下的河蚌壳、螺蛳壳铺在鹅滩上，这样，即使在大雨以后，鹅滩仍可以保持排水良好，不会泥泞不堪。

(三) 水围

鹅是水禽，必须有一定的水上运动场，即水围。鹅在水围内玩耍嬉戏、繁殖交尾等。水围的面积不应小于鹅滩。一般每100只鹅需要的水围面积为30~40平方米，随鹅的年龄增加而增加。考虑到枯水季节水面要缩小，故有条件的地方要尽可能围大一些。

在鹅舍、鹅滩、水围三部分的连接处，均需用围栏把它们围成一体，根据鹅舍的分间和鹅分群情况，每群分隔成一个部分。陆上运动场的围栏高度为100厘米左右，水上运动场的围栏应超过最高水位50厘米，深入水下1米以上。如果是用于育种或饲养试验的鹅舍，必须进行严格分群，围栏应深入水底，以免串群。有的地方将围栏做成活动的，围栏高1.5~2米，绑在固定的桩上，视水位高低而灵活升降，经常保持水上50厘米，水下100~150厘米。

第三节　鹅舍的设备及用具

养鹅比养鸡简单得多，但一些养鹅的用具还是必需的。

一、育雏设备

早春气温较低，且天气变化无常，刚出壳的雏鹅调节体温的能力较差，所以必须供温育雏，育雏用的供温设备一般可采用煤炉、炕道等。在育雏室内砌筑地火龙供温，可增加室内育雏面积，温度均匀、稳定，且无煤气中毒的危险。地火龙可在建造育雏舍的同时砌筑。育雏舍炉灶，火口在地下由4~5条砖砌的炕道通向另一头，集中在一个烟囱出口。灶内也可燃烧砻糠、木屑等耐燃燃料，以保证炕道内温度均衡。用煤炉加温，则需安装烟囱，及时排出煤气。由于育雏舍内经常铺用垫草，因此，用煤炉供温还需时刻注意防火。不论是煤炉供温还是炕道供温，舍内均需用屯席将雏鹅围成小栏，屯席高约 20～30 厘米。每一栏约 30～50 只雏鹅。随着雏鹅的长大，圈栏可逐渐放大，并逐步并群。围栏上应放置竹竿。每 4～5 个屯席围栏就应留出一块干净的空地，约 2 平方米。准备 2～3 块相同大面积的塑料布，以备雏鹅活动、喂食、喂水之用。每一块这样的空地应配有 4～5 个饮水器具，可用毛竹劈成两半制作，也可用水盆，饮水器具的面积应以 1 次喂水时可同时有一半的雏鹅饮到水为宜。每一育雏舍内还应备有多个水桶、水勺、料桶，以及专用的菜刀、砧板，以备切青饲料用。

二、中鹅成鹅用喂料器和饮水器

现代养鹅关键技术精解

育雏完毕后的中鹅应有适当高度的饮水器和喂料器，可在瓦盆、水槽周围用竹条围起，使鹅能将头伸进啄食而不能踩进饲料盆。鹅龄较大时也可不用竹围，但盆必须有一定的高度。盆上沿的高度应随鹅龄的增加而及时调整，原则上以鹅能采食为好。木制饲槽应适当加以固定，防止碰翻。也可自制水泥饲槽，饲槽长度一般为 50～100 厘米，上宽 30～40 厘米，下宽 20～30 厘米，高约 10～20 厘米，内面应光滑。

三、围栏和旧渔网

鹅群放牧时应随身携带竹围或旧渔网。鹅群放牧一定时间后，将围栏或渔网围起，让鹅群休息。

四、产蛋箱和孵化箱

一般可不设产蛋箱，仅在种鹅舍内一角围出一个产蛋室让母鹅自由进出。育种场和繁殖场需做个体记录时可设立自闭式产蛋箱。天然孵化时应备有孵化箱，但也可用砖垒成孵化巢。孵化箱和孵化巢可做成上宽下小的圆形锅状巢，上直径约 40～45 厘米，下直径约 20～25 厘米，高 35～45 厘米，里面铺上稻草。孵化箱或孵化巢都应离地面 10～15 厘米高。巢与巢之间应有一定距离，以防止孵鹅打架或偷蛋。

五、运输鹅或蛋的笼或箱

应有一定数量的运输育肥鹅或种鹅的笼子，可用竹子制成，长 80 厘米，宽 60 厘米，高 40 厘米。种鹅场还应有运种蛋和雏鹅的箱子，箱子应保温、牢固。此外，不管是何种鹅舍，均需备足新鲜干燥的稻草以作垫料之用，可在秋收时收购并贮备起来，苫上草帘或苫布，避免淋雨霉变。

第八章 鹅舍建筑及其设备

第九章　鹅肥肝的生产技术

　　鹅肥肝是指饲养到一定年龄、身体健康的鹅，采用高能量强化饲养，经过一段时间的人工强制育肥后所产生的脂肪肝的统称。鹅肥肝营养丰富、质地细嫩，鲜美可口，价格昂贵，深受市场的欢迎与消费者的青睐，已形成了鹅肥肝生产与加工业，前景广阔。

第一节　鹅肥肝的生产原理及其营养特点

一、鹅肥肝的生产原理

　　鹅的肝脏与其他动物肝脏一样，肩负着造血、解毒、除病等主要功能，维持着动物体生命的正常运动，使机体健康生长发育。在自然状况下，如果动物的肝脏沉积脂肪，会使机体正常发育受阻，甚至影响机体的健康和生命。这种脂肪肝是机体的一种病态。因而，动物体在采食过程中，本能地采食多种食物，力求各种营养的平衡，从而防止这种病态发生，保持机体的健康。鹅的肥肝实际上也是由肝脏沉积脂肪形成的。鹅肥肝是指鹅生长发育大体完成后，在短时期内人工强制填饲大量高能量饲料，经过一定的生化反应在肝脏大量沉积脂肪形成的脂肪肝。育肥后的鹅肥肝重达 700~800克，最大可达 1800 克，比正常肝重 5~10 倍。由于肥肝中含有大量的不饱和脂肪酸、维生素等多种对人体健康有利的营养物质，所以被誉为"世界绿色食品之王"。鹅肥肝是人工填制的,与机体病态的脂肪肝不同,这种填肥的肝不完全是一种病态。它是人为地干预机体各脏器的正常运行机制,通过用高能饲料强制填饲的方法,改变鹅的采食习惯,使其所需要的各种营养失去平衡,迫使其将多余的脂肪沉积在肝脏内,形成肥肝。这种脂肪与猪的皮下脂肪相似,属于一种肥膘。利用高能饲料强制填饲鹅肥肝,必须在短期内实施,如果时间拖长,鹅会自然死亡,达不到生产肥肝的目的。

二、鹅肥肝的营养特点

鹅肥肝是一种高级营养食品,质地细嫩,味道鲜美,脂香醇厚,营养丰富,是公认的世界三大美味佳肴(鹅肥肝、鱼子酱、松茸蘑)之一。鹅肥肝含有蛋白质、脂肪、维生素、卵磷脂、甘油三酯、各种酶、核糖核酸、脱氧核糖核酸和多种微量元素等营养成分。经育肥后的鹅肥肝,其营养成分发生了重大变化,脂肪含量高达 $60\%\sim70\%$,是正常肝的 $7\sim12$ 倍;不饱和脂肪酸比动物油中含脂肪较高的猪油还要高 11% 以上,比正常肝相对量增加 20 倍;卵磷脂增加 4 倍;酶活性增加 3 倍;核糖核酸和脱氧核糖核酸增加 1 倍。

鹅肥肝中脂肪酸组成:软脂酸 $21\%\sim22\%$ 、硬脂酸 $11\%\sim12\%$ 、亚油酸 $1\%\sim2\%$ 、十六碳烯酸 $3\%\sim4\%$ 、肉豆蔻酸 1% 、不饱和脂肪酸 $65\%\sim68\%$ 。每 100 克肥肝中卵磷脂含量高达 $4.5\sim7$ 克,脱氧核糖核酸和核糖核酸 $9\sim13.5$ 克。鹅肥肝与普通鹅肝相比,有效营养物质在体内氧化后产生的热量增加 10 倍,极大地提高了它的营养价值和食疗价值。

鹅肥肝中的粗脂肪主要由不饱和脂肪酸组成(约占脂肪酸总量的 $65\%\sim68\%$),不饱和脂肪酸易水解为人体吸收利用,可降低人体血液中的胆固醇水平,减少胆固醇物质在血管壁上的沉积,减少与延缓脂肪继续硬化的形成。此外,亚油酸为人体必需脂肪酸,其在人体内不能合成。特别是育肥后的肥肝,含有人体生命构成不可缺少的卵磷脂,比正常鹅肝高 4 倍。卵磷脂具有降低血脂、软化血管、延缓衰老、预防心脑血管疾病发生的保健功效,是当今国际市场保健药物和保健食品必不可少的重要成分，所以鹅肥肝正逐步成为人们餐桌上的珍贵佳肴。

美国营养学家凯维勒医师认为：鹅肥肝和动物肾脏食物，是膳食中最佳铜元素的来源。而铜是机体含铜酶的主要成分，当机体缺铜时，酶活力下降，引起各种相关的功能障碍。因此，含有铜元素的鹅肥肝具有特殊的保健功效。

第二节　生产肥肝的鹅种的选择

科学试验与生产实践证明，鹅的品种对肥肝生产的效果起决定性作用。通常，成年体形大、颈粗短、生长快的肉用型杂交品种均适于肥肝生产。在法国，传统的肝用鹅为图卢兹鹅，是一种重型灰鹅，体高达 85 厘米，标准体重：公鹅 9 千克，母鹅 8 千克。填肥后体重 12～14 千克，肝重 1000～1300 克，最大者达 1800 克。不过图卢兹鹅肥肝的质量较差，现在逐渐被朗德鹅所代替。法国西南部的朗德鹅是目前最好的肝用鹅品种，成年公鹅体重 7 千克，母鹅 6 千克，填肥后达 10～11 千克，肝重 700～900 克。朗德鹅的特点是肥肝质量好，小鹅生长强度高，2 月龄体重达 4.0 千克，比图卢兹鹅快 1 倍。格尔鹅也是很好的肝用鹅，育肥体重达 9～10 千克，肝重为体重的 10%。法国还有一种斯特拉斯堡鹅，为图卢兹鹅的变种，肥肝重 800～1000 克。格尔鹅比图卢兹鹅轻，肝也比较小，但可产蛋 40～50 枚，可作杂交的母本。兼用种莱茵鹅，平均体重 5～8 千克，肝重只有 500～600 克，但由于产蛋较多又能产肉产肝，所以颇受重视。

在匈牙利，肥肝鹅的主要品种为莱茵鹅，占 80%，其余是朗德鹅、匈牙利白鹅和意大利鹅。

保加利亚的主要肝用鹅是宾科夫白鹅，该鹅具有适应性好、抗病力强和育肥性能好的特点，70 日龄小鹅体重达 4.5～7.0 千克，平均肝重约 590 克（220～1220 克）。

目前，用纯种鹅生产肥肝已渐被经济杂交和配套杂交的杂种鹅所代替。在法国，比较成功的杂交组合有：♂ 图卢兹鹅 × ♀ 格尔鹅，♂朗德鹅×♀格尔鹅。在意大利，朗德鹅、图卢兹鹅、莱茵鹅和罗曼鹅的杂种作肝用育肥效果最好，育肥后小鹅体重7～10千克，肝重700～900克以上。而在匈牙利，朗德鹅与意大利鹅、莱茵鹅与匈牙利鹅的杂种产肝最好。在捷克，生产肥肝主要用意大利鹅、莱茵鹅、朗德鹅、以色列鹅、斯洛伐克鹅以及罗曼鹅与莱茵鹅、朗德鹅与斯洛伐克鹅的杂种。保加利亚主要用朗德鹅、莱茵鹅和宾科夫白鹅的杂种。

我国多选用狮头鹅、溆浦鹅和其杂种鹅进行肥肝生产，效果较好。鹅的性别不限，公、母鹅均可，但一般公鹅的肥肝形成效率高于母鹅。当鹅到10周龄时，其生长速度明显减慢，大约80日龄起开始强制填肥。

我国鹅的产肥肝性能见表9-1。

表9-1　我国主要鹅品种的肥肝性能

品种	测定只数	肥肝重/克		肝料比	测定单位与年度
		平均	最大		
太湖鹅	21	312.6	514	1∶32.3	中国农科院畜牧所,无锡市农科所,1981
五龙鹅	20	324.6	515	1∶41.3	莱阳畜牧兽医站,1984
冀中鹅	38	329.0	535	1∶49.3	晋县畜牧局,1982
四川白鹅	51	344.0	520	1∶42.0	北京农业大学,1985
浙东白鹅	40	391.8	600	1∶40.0	浙江省畜牧兽医研究所,1982
永康灰鹅	91	478.3	884	1∶40.1	永康县农业局,1985
溆浦鹅	73	488.7	929	1∶34.4	北京农业大学,湖南农学院,1982
狮头鹅	67	538.0	1400	1∶40.0	北京农业大学,1982～1986

我国充分利用朗德鹅与莱茵鹅的肝用品种，用其作为父本，与我国的隆昌母鹅、太湖母鹅杂交，也充分利用母本产蛋多的特点，杂交一代具有杂种优势，以取得较好的生产肥肝的效果。

屠宰率、半净膛率及全净膛率各组之间差异均不十分显著。而朗隆组、莱隆组的胸肌率和腿肌率均高于对照组隆隆组，而隆太组的胸肌率与太太组基本一致，肉的嫩度以朗隆组最好，味道以隆太组最好。

产肝性能的测定，以朗隆组最佳，肝重达508.58克，占屠体重8.1%，其次莱隆组肝重为289.8克，占屠体重的5.4%，分别高于朗隆组17.34%和5.58%，隆太组、太太组之间产肝性能差异不显著。

填肥期增重率高的鹅组合，其产肝性能一般也较好，腹脂量的增加多少与肝重的增加并不完全一致。

舍饲条件下，秋孵冬养的朗隆、莱隆杂交组合，其料肉比分别为1：3.31和1：3.41，其饲料转化率高于对照组隆隆组6.44%和4.43%，隆太组饲料转化率也高于太太组14.9%。

朗隆组、莱隆组的肝料比为1：28.11和1：46.92，而隆隆组为1：65.90，隆太组和太太组的肝料比则分别为1：68.27和1：67.98，两组之间的肝料比差异不显著。

我国也利用大型的狮头鹅的产肥肝性能，用以与小型、产蛋多的太湖鹅、四川白鹅与五龙鹅的母鹅杂交，以求得优良肥肝性能的杂种。

第三节　肥肝鹅填饲饲料选择及调制

一、填饲时机和季节的选择

填饲时机与肥肝重量有关，也影响到胴体质量和生产肥肝的成本。一般鹅长到4.5千克时开始填饲比较合适。不同季节、不同环境温度条件下填饲，肥肝的生产效果也不同。填饲的适宜温度为10～15℃。一般认为，当环境温度高于25℃时，对鹅肥肝形成非常不利。填饲鹅对低温的适应性较强，在环境温度为4℃的条件下对其影响也不大。

二、填料的配制

试验表明，富含淀粉的玉米是最理想的填料。大量填饲玉米后容易在肝脏迅速沉积脂肪，形成脂肪肝，玉米的颜色对肥肝的颜色有着直接的影响，黄玉米优于白玉米，用黄玉米填饲的肥肝呈黄色，白玉米填饲的肥肝呈粉红色。新玉米含水量高，影响填肥效果，以选用存放 1 年的陈玉米为好，并注意剔除发霉变质的玉米及杂质。生产上一般选用颗粒较小、偏圆的金黄玉米（产地主要为东北地区）。

填饲的玉米要用水煮或浸泡或炒熟。一般用水煮的玉米其填饲效果较好。配制的具体方法是把玉米粒放入锅内加水，水面超过玉米 5～6 厘米，烧开后再煮 5～10 分钟即可。填喂时趁热，每千克玉米加食盐 10 克和植物油 20 克、禽用多种维生素 5 克，注意拌匀。填料要求不冷不热，以不烫手为宜，并供足饮水。

三、填饲方法

填饲的方法有两种：一种是传统的手工填饲法，另一种是采用电动螺旋推进器填食机的填饲方法。为保证合适的填饲量，每次填饲前应先用手触摸鹅的食道膨大部，如已空，说明消化良好，可适当增加填饲量；如仍有饲料积蓄，说明填饲过量，要适当减少填饲量。填饲过程应由少到多，逐渐增加填饲量，第 1 周每次填料 100～150 克；第 2 周增加到 300～350 克；第 3 周可填 400～500 克。一般每天填饲 3 次，填饲 3 周即可，也有填饲 4 周的。

第四节　肥肝鹅的饲养管理

肥肝鹅生产一般要进行两个阶段的饲养管理，即预饲期和填饲期。一般鹅养到 13 周龄左右生长缓慢，就可以进行强制填饲。在填饲之前，要有 5～30 天的预饲期，肥肝生成的效果与预饲期（即填肥准备期）的管理有极其重要的关系，其目的在于培育体质健壮、能耐受强制填饲的成鹅。预饲期鹅增重约 10％之后，就可转入填饲期，使鹅每天摄取大量的高能饲料，促使其在短期内快速育肥，并在肝脏中积贮大量脂肪，从而迅速形成肥肝。

一、预饲期的科学饲养管理

预饲期是在强制填饲前，让鹅逐步完成由放牧转入舍饲饲养，自由采食转为强制填饲的转变期，是强制填饲、生产肥肝的准备期。其目的是：通过预饲促进鹅的生长发育，增强体质并达到一定体重标准，同时增加鹅群的整齐度，减少残次鹅，增强肥肝的均匀度，从而提高肥肝质量。预饲能锻炼鹅的消化器官，让鹅采食较多的饲料，使消化道柔软、膨大，以便在强制填饲时能承受大量饲料，提高肝脏细胞的脂肪贮存机能，有利于脂肪在肝脏中的大量沉积。

（一）预饲鹅的选择

从日龄方面考虑，应根据不同品种鹅的生长发育规律确定。朗德鹅在 13 周龄末（90 日龄）开始预饲较好，这时要求体重 4.5 千克以上。活拔羽绒后的鹅须待全身羽毛长齐以后，选择体质健壮、腿部强健、体阔胸深的鹅只进入预饲期。

（二）预饲期的日粮

应根据当地饲料资源进行配制。日粮中玉米含量占 60%，另加大豆饼、花生饼、肉骨粉、矿物质等原料组成含粗蛋白质 20% 的混合料。配合料加 20% 稻谷或大麦。预饲期日粮中的玉米应以粒状为主。用量为每日 175～200 克，让鹅群一次很快吃完，最好在饥饿时撒喂整粒玉米，让鹅只抢食，有利于锻炼食道，使食道变大、变坚实。预饲期内青绿饲料每天 2 次饲喂，量不宜多。

（三）预饲期的长短

预饲期一般为 1～2 周，预饲期太长，饲养成本增高，太短又达不到预饲目的。应根据品种大小、体重情况、日龄大小和生长均匀度灵活掌握，整齐度高、体况较好的可短些，差的可长些。

（四）科学的饲养管理

预饲开始时应进行防疫和驱虫，注射禽霍乱疫苗，驱虫可用丙硫苯咪唑，按每千克体重 10～25 毫克，一次投服。预饲期的鹅应

现代养鹅关键技术精解

以舍饲为主，可适当放牧，每日上、下午各放牧一次，预饲期结束前 3 天停止放牧。每日饲喂 2～3 次，每只每天补饲精料约 200 克。除放牧采食青料外，还可补饲青料，使鹅的消化道逐渐膨大。圈舍地面要平坦、干燥、环境安静。饲养密度以每平方米 2 只鹅为宜。保持圈舍清洁卫生，不间断供给清洁饮水。

二、填饲期的饲养管理

填饲期的饲养管理是鹅肥肝生产工艺中最关键的环节之一。填饲操作技术、每次填饲量的掌握、填饲期的长短等都会不同程度地影响肥肝的质量与增重。上笼填饲的鹅需进行挑选，要挑选体格健壮、肥度适中、精神良好的鹅进行填饲，要求体重不低于 4.5 千克。其他不达标的鹅群，可以继续预饲，待达标后再上笼填饲。

（一）填饲期的适宜长短

填饲期的长短应根据鹅的生理特点和肥肝增重规律来确定，一般填饲期为 3 周，从 14～21 天不等。具体时间长短视品种、消化能力、增重、预饲期长短和鹅上笼时的体况而定，特别是依据育肥成熟与否而定。不同品种有所差异，朗德鹅的适宜填饲期为 14～18 天。由于鹅个体间存在差异，有的早熟，有的晚熟，所以生产肥肝与生产肉用仔鹅不同，不能确定一个统一的屠宰期。填饲到一定时期后，应注意观察鹅群，分别对待，成熟一批，屠宰一批。鹅育肥成熟的特征为：体态肥胖、腹部下垂、两眼无神、精神萎靡、呼吸急促、行动迟缓、步态蹒跚、跛行，甚至瘫痪，羽毛潮湿而零乱，出现积食和腹泻等消化不良症状。此时应及时屠宰取肝，否则轻则填料量减少，肥肝不但未增重反而萎缩，严重的甚至发生死亡，给肥肝生产带来损失。对精神好、消化能力强、还未充分成熟的鹅，可继续填饲，待其充分成熟后屠宰。填饲期应以育肥成熟为准，填饲期不够，肝内脂肪沉积不多，肥肝重量不够，达不到填肥效果；任意延长填饲期，肥肝重量可能会增加，饲料消耗和人工支出也相应增加，还容易造成鹅瘫痪等伤害，经济上得不偿失。

（二）适宜的填饲次数

填饲次数关系到日填饲量，进而影响到肥肝增重。填料次数太少、填料量不足，肥肝增重慢；填料次数太多，会影响鹅的休息和消化吸收，给饲养管理工作带来不便，也不利于肥肝增重。应根据鹅的消化能力，掌握每次填料到下次填料以前，食道正好无饲料为宜，但要填饱不欠料。国外因品种或饲料形状不同日填饲次数差异较大，一般为3~6次。国内一般每日填饲4~5次，一般填饲18~21天，消耗玉米15~20千克。填料时间应准时有规律，不得任意提前或延后，以免影响肥肝增重。

（三）适宜的填饲量

填饲量是生产肥肝的关键之一，直接关系到肥肝的增重和质量，填饲量不足，脂肪主要沉积在皮下和腹部，形成大量的皮下脂肪和腹脂，而肥肝增重慢，肥肝质量等级低；填得过多，影响消化吸收，填饲量又不得不降下来，对肥肝增重不利，还容易造成鹅的伤残。填饲量应由少到多，逐渐增加，直至填饱，以后维持这样的水平。填饲前应先用手触摸鹅的食道膨大部，如呈空虚状态，说明消化良好，应逐渐增加填饲量；如食道膨大部有饲料积贮，说明填饲过量，消化不良，应用手指帮助把玉米捏松，以利于消化，并适当减少填饲量。如因填料量过多等原因造成食道损伤，连续几天食道中玉米还未消化，应立即宰杀淘汰。鹅的填饲量因品种和个体差别较大，国外的大型鹅种和我国的狮头鹅的日填饲量为1~1.5千克，中型鹅为0.75~1千克，小型鹅种为0.5~0.8千克。

（四）填饲方法

将鹅固定在支架上，先取数滴食油润滑填喂管外面，然后用左手抓住鹅头，食指和拇指扣压在喙的基部，迫鹅开口，右手食指帮助将口打开，并伸入口腔内将鹅舌头下压，两只手协作并与助手配合将鹅口移向填喂管，颈部拉直，小心将填喂管插入食道，直至膨大部。

操作者右手轻轻握住鹅嘴，左手隔着鹅的皮肉握住位于膨大部的填喂管出口处，接着开动填料机，饲料由管道进入食道，当左手感觉到有饲料进入时，很快地将饲料往下捋，同时使鹅头慢慢沿填喂管退出，直到饲料喂到比喉头低1~2厘米处时即可关机。然后，

现代养鹅关键技术精解

右手握住鹅颈部（饲料的上方和喉头之间），很快将鹅嘴从填喂管取出。为了不使鹅吸气（否则会使饲料进入喉头，导致窒息），操作者应迅速用手闭住鹅嘴，并将颈部垂直地向上提，再以左手食指和拇指将饲料往下捋3～4次。填喂时，操作部位和流量要掌握好，饲料不能过分结实地堵塞食道某处，否则易使食道破裂。

（五）填饲的技术要求

填饲机的正确选择、安装调试及保养：对鹅进行人工强制填饲，国内外已采用填饲机代替手工强制填饲。通过填饲机电动机转动，带动螺旋推进器在填饲管内运转，将玉米粒推入鹅食道中，大大提高了劳动生产率，减轻了劳动强度，且填饲量多而均匀，符合批量生产鹅肥肝的需要。填饲机使用前应按以下要求进行安装调试，以保证填饲机的正常运转，避免机械故障或伤鹅事故的发生。

① 填饲管外表及管口直接与鹅的食道接触，必须十分光滑，否则应打磨，以免损伤食道。

② 填饲管和管内的弹簧推进螺旋长短应配套，螺旋推运器要求凹入填饲管口内1厘米处，太短容易堵料，太长会损伤鹅的食道。

③ 填饲机的填饲装置的高度和角度应与保定器配合协调，使填饲管能顺利插入鹅食道膨大部。

④ 填饲机放置平稳，不允许有任何一处翘离地面。机器安装检查合格后，接通电源，进行调试。如螺旋推进器在填饲管内运转摩擦声大，可用手摸填饲管感觉发热，说明螺旋推进器安装角度不合适或弹簧不正，应停机校正后再使用。填饲机空转正常后，可在料斗中加入少量玉米粒，启动开关，看玉米粒是否能通过螺旋推进器从填饲管中顺利推送出去。若玉米粒只在料斗中上下翻动而不能推送出去，说明螺旋推进器运转方向反了，应停机调整电动机的接线头，改变运转方向，将玉米粒顺利推送出去。

填饲机使用完毕后，应将料斗中的玉米粒排空，切断电源，擦净料斗和填饲管，保持清洁卫生。再次填饲前，仍需空机和加料试运行，确认正常后才能开机进行填饲操作。

三、填饲鹅群的疾病防治

填饲是一种违反鹅生理需要的强制性饲喂手段，对鹅是一种严重的应激，如果再加上操作不熟练、粗心大意，就会造成机械性损伤导致一系列疾病。同时，随着脂肪的迅速沉积、鹅体重的不断增加和肥肝的形成，鹅的抗病力显著降低，病原很容易突破鹅群脆弱的防线，所以要从加强清洁卫生和提高填饲技术着手，加以预防。一旦发生疾病应及时治疗，但不可滥用药物，防止肝脏负担过重和药物在肝中的残留。

（一）喙角溃疡

由于填饲管过粗或在填饲时操作不当，动作粗暴，造成喙角损伤，细菌感染而引起炎症，进而发展到喙角溃疡和局部组织坏死。此病在中小型鹅中发生较多，常发生于夏季，特别在 B 族维生素缺乏的情况下，更易发生。发病时，病鹅两喙的基部破损、肿胀、溃疡，强行张开两喙填饲时，可闻到腐臭味。

中、小型鹅应采用较细的填饲管填饲，填饲动作要轻，避免擦破喙角。在饲料或饮水中加入禽用多维，也可使用消炎药和珍珠粉涂抹喙角破损处，有一定的疗效。

（二）咽喉炎

咽喉炎是填饲时因将填饲管强行插入，造成机械性损伤引起的咽喉黏膜及其深层组织的炎症。其特征是周围组织充血、肿胀和疼痛。填饲时鹅挣扎不安，且因咽喉肿胀和疼痛，填饲管不易插入。在填饲前应先检查填饲管是否光滑，管口有无缺口，是否圆钝；填饲员指甲要剪光磨平，拉出鹅舌头时要轻；插入填饲管时动作要慢，角度正确；如鹅挣扎，咽喉部紧张，应暂停插入，不得硬插。轻度咽喉炎症可内服土霉素，并局部涂擦磺胺软膏。如咽喉损伤严重，则应淘汰。

（三）食道炎

食道炎是因为食道黏膜受摩擦过度造成损伤所引起的炎症。其特征是食道发炎、肿胀和疼痛，填饲时患鹅表现不安。

该病的预防与咽喉炎相似。采用 50 厘米的长填饲管填饲，这样填饲管能直接插到食管膨大部，可大大减少食道炎的发病率。插管要谨慎，并使鹅的颈与填饲管保持平行。另外注意每次填料要少，否则大量玉米填入食道，使局部食道迅速膨胀，而往下捋时用力过大，玉米粒与食道壁强烈摩擦，致使食道损伤。

（四）食道破裂

由于填饲管插入时动作粗暴，或者由于填饲管本身存在的金属破口，而造成食道破裂。其症状是填饲后抽出填饲管时，发现管壁沾有血液，继后鹅的颈部肿胀，精神萎靡，在下次填饲前用手触摸鹅颈部，可摸到积蓄在颈部皮下的大量玉米。

该病预防与食道炎相似。发生本病的鹅应及早淘汰。

（五）消化不良和积食

消化不良是由于消化功能紊乱，引起以腹泻和排出大量整粒的未消化玉米为主的疾病（非为菌痢）。食道积食往往是由于填饲的玉米突然增多，使整个食道及其膨大部的平滑肌松弛，弹力减弱，造成大量玉米积滞在食道和食道膨大部，甚至向下达到胃中。

要有填饲预饲期阶段。在预饲期阶段，让鹅逐渐习惯于摄食整粒的玉米和大量的青绿饲料，使整个食道柔软而富有弹性，为大量填饲打好基础。供给粗砂粒，让其自由采食，以帮助消化。填饲量应由少到多，逐步增加。每次填饲前，要触摸食道膨大部，对消化良好的可增加填饲量；对消化不良、食道积滞的将玉米粒轻轻捏松，并往下捋，然后少填或停填一顿；也可喂些帮助消化的药物。

（六）跛行与骨折

填饲后期鹅体重一般要增加 80% 左右，有一部分填饲鹅支撑不住，而出现歪脚、跛行，这是正常现象；还有一部分是因为操作粗暴而造成的腿部受伤，这种情况应避免。另外，捉鹅时要轻捉轻放，否则易造成翅膀和腿部骨折。对骨折的鹅，一般不再治疗，如已成熟，应及时屠宰。

（七）气管异物

该病主要是由于填饲操作不小心，使玉米粒通过喉头落入气管所致。其症状是填饲结束后鹅拼命摇头，想把气管中的玉米甩出来，开始呼吸急促，继而呼吸困难，以致窒息死亡。

在插填饲管时，应先将遗留在管中容易掉落的玉米粒去掉；填饲时不要填得过于接近咽喉，拔出填饲管时，动作要轻、要快。发现鹅有气管异物症状，应立即提起，使其双脚倒挂起来，并用手摸捏气管，如玉米粒卡在气管接近咽喉处，可以用手指挤出；如卡的位置很深，只能屠宰。

以上问题都可通过改善填饲工具和提高填饲技术得以解决。另外，由于填鹅抵抗力弱，如果卫生管理不好，消毒不力，很容易诱发禽霍乱。一般在填饲前预防接种，同时加强卫生管理，适当补充多种维生素。

四、肥肝鹅的屠宰加工程序

由于鹅个体间的差异，有早熟、晚熟之别，所以生产肥肝与生产肉用仔鹅不同，不能确定一个统一的屠宰日期，应根据鹅的表现分别对待。一般填饲 3～4 周后即可屠宰。

现代肥肝鹅的屠宰加工程序：由候宰、淋浴、电晕、宰杀放血、浸烫、脱毛、冷却、取肥肝、取内脏、分割和产品整理，以及包装和贮运等。

（一）候宰

填饲成熟的肥肝鹅装笼运抵屠宰场后，应当在候宰区休息 1～2 个小时。如无候宰区，也可让鹅停在车上休息一段时间。实践证明，经候宰休息后宰杀的填鹅，其肥肝和胴体的品质和色泽明显好于未经候宰的填鹅。

（二）淋浴

填鹅在宰杀前还要用清水进行淋浴，使鹅体清洁和改善厂区卫生环境。

（三）电晕

清洗过的填鹅头朝下、两脚朝上，挂入悬挂传送链的挂钩上。鹅在传送链的带动下经过电击，处于昏迷状态，减少了宰杀时的痛苦，也有利于放血。

（四）宰杀放血

鹅经电晕后随传送链的传动，倒挂着传入屠宰车间，工人对鹅由口腔或颈部进行宰杀放血，鹅血流入下面不锈钢制的血槽内集中。这样，经宰杀的鹅一边放血，一边随着传送链的移动，经过5～6分钟，鹅血放净，传送链也逐渐降低高度进入浸烫池。

手工做法，则将填鹅两脚朝上嵌在特制的挂板上，鹅头朝下，下面有一扎钩可扎住鹅的鼻孔，把鹅上下保定，随后在颈部宰杀放血，鹅血经血槽流入桶内集中。

（五）浸烫

鹅体随着传送链进入浸烫池，池内装有水流搅动装置，使62～65℃的热水从多个方向搅动鹅体的羽毛，这样在热水中浸烫3～4分钟后，鹅体又随传送链进入脱毛机。

（六）脱毛

普通的脱毛机不适于肥肝鹅的脱毛，因为鹅肥肝有一半是在腹部的，没有龙骨的保护，脱毛机上的橡胶脱毛指很容易把肥肝打坏，所以用于肥肝鹅的脱毛机必须是特殊设计的。在国外，有鹅的良种繁育体系和规范化的生产方式，填鹅的大小比较一致，有利于机械化的屠宰和脱毛。国内一些单位进口的屠宰加工线，由于填鹅体形大小不一，脱毛效果不太理想。有一种丹麦生产的威孚牌脱毛机，有多种脱毛装置，鹅体随传送链进入脱毛机时，先有一网状钢罩护住屠体的腹部，使橡胶脱毛指不致触及腹部而损伤肥肝，这个阶段主要脱去腹部以外比较难拔的粗毛。接着，鹅的屠体脱离了腹部的钢罩，随传送链进入第二个拔毛区，改用较软的长纤维刷，在屠体的腹部高速旋转，脱去腹部的羽毛。最后，屠体随传送链进入拔小毛区，由多种柔软的脱毛装置从不同方向把剩余的小毛脱净，而肥肝被保护得很好。国外的这些设备虽好，但结构复杂，售价高昂。在国内可采用国内生产的一种仿法式小型脱毛机，这种半机械化脱毛机，结构简单、造价低廉，脱除大羽效果不错，剩余的小毛则完全用手工拔除。在一些小型企业，采用人工拔毛，既不伤及肥肝，按只计酬，拔得也很干净，这对有大量廉价劳动力的地区也是很合算的，就是手工浸烫的水温要调高到 65～70℃，浸烫的时间缩短到 1 分钟左右。

（七）预冷

去毛后的屠体，把两喙打开洗清内部的血污，再挤去泄殖腔内的粪便，洗净、沥干后进入预冷阶段。法国人认为：肥肝鹅的腹部充满了脂肪，而脂肪熔点又低，如立即剖腹取肥肝，会使腹脂流失，同时容易把柔嫩的肥肝和胆囊抓破，而影响肥肝质量。为此，应加以预冷，使屠体干燥、脂肪凝结、内脏变硬而不致冻结，然后才剖腹取肝。预冷方式可分库式和隧道式两种：

1. 库式预冷

将屠体胸腹部朝上，平放在特制的金属车架上，车架分 7 层，每层可并排放屠体 5～7 只，将车架连屠体一起推入预冷间预冷。预冷间空气温度 1～5℃，相对湿度 85％～90％，预冷时间 16～19 小时。

2. 隧道式预冷

将屠体的头和两翅向上，挂在传送链的挂拍上，屠体随传送链在里面空隙间移动，隧道内气温保持在 0.5～3℃，相对湿度 85％～90％，空气流速 4 米/秒。经 13～16 小时的预冷，传送链将屠体传入剖腹间。

（八）剖腹

为了保证胴体胸肌的完整性，剖腹者从胴体龙骨末端处开刀，沿腹中线向下作一纵切口，一直割到泄殖腔前缘。皮肤切开后，在切口上端两侧皮肤上各开一个小切口，左手食指插入胴体右侧小切口中，把右侧腹部皮肤勾起，右手持刀沿原腹中线切口把腹膜割开，接着用双手同时把腹部皮肤和腹膜向两侧扒开，使腹脂和肥肝暴露出来。此时用左手从鹅左侧伸入腹腔，把内脏向右侧扒压，右手持刀从内脏和左侧肋骨间的空隙中，把内脏与胸腹腔间的联系逐渐割断，只剩上端的食道和下端的直肠还和胴体连接，这样肥肝和内脏会下垂到剖开的腹腔，随传送链传到取肝室。

（九）取肥肝

取肝员两手插入剖开的腹腔中托住肥肝，把肥肝连胆囊小心地钝性剥离，万一胆囊破裂，要立即用清水将胆汁冲洗干净。取肝员取下的肥肝，立即放在身旁的操作台上，由肥肝分级员先用小刀修除附在肥肝上的结缔组织和胆囊下的绿色渗出物，再修除肥肝上明显的出血部分，将肥肝浸泡在 1% 凉盐水中 10 分钟，用凉水洗净，沥干水分，按肥肝的大小和质量进行分级、整形后，装入相应的塑料盘中。为了保证肥肝的质量，操作时必须十分注意清洁卫生，取肝室的温度要求保持在 4～6℃。

（十）包装与贮运

鹅肥肝分鲜肥肝和冻肥肝两种，同样级别的鲜肥肝售价要比冻肥肝高出近 50%，但做鲜肥肝的要求更高，因此在有条件的企业应尽可能多做鲜肥肝。新鲜的鹅肥肝经整修加工后，在 0～4℃ 的条件下，每只肥肝用聚丙烯袋或复合膜袋进行抽真空包装，按 6 只肥肝一层装入特制的泡沫塑料箱，每箱装三层，层与层之间有硬纸板支撑，并放一只大容量防渗水冰袋，以延长冷藏效果，盖上箱盖后，在连接处用封箱胶带作密封处理，随后再放入瓦楞纸板箱中封好，这样箱内温度大致保持在 4℃ 左右，可使肥肝在 48 小时内保持高度新鲜，而这段时间足够将肥肝空运到国内各大城市或日本、新加坡等国。

对于条件稍差的企业可以做冻肥肝，将抽真空包装的肥肝尽快地送入速冻库，在 -35～-40℃、相对湿度 85%～90% 条件下经 5～7 小时速冻后转入冷藏库贮存，冷藏库的温度在 -18～-20℃，相对湿度 95% 左右，保存期 10～12 个月。

五、评定分级

鹅肥肝可根据重量和感官评定来分级。一般的重量分级是：特级鹅肥肝重量 600～900 克，一级鹅肥肝 350～600 克，二级鹅肥肝 250～350 克，三级鹅肥肝 150～250 克，150 克以下为等外肝（瘦肝）。感官评定标准是：色泽为浅黄色或粉红色，内外无斑痕，色泽一致；组织结构，应表面光滑，质地有弹性，软硬适中，无病变；气味，无异味；熟肥肝有独特的芳香味；化学成分，要求含粗蛋白质 7％～8％，含粗脂肪 40％～50％以上。

现代养鹅关键技术精解

第十章 鹅羽绒生产和活拔毛技术

第一节 羽绒的生长规律与结构分类

一、羽绒的生长发育规律与影响因素

鹅和其他鸟类一样，除了喙、胫、蹼之外，整个体表面覆盖有羽毛。羽绒是体温的绝缘体，也是机体的重要组成部分。羽绒是鹅身体的表皮细胞经过角质化而形成的。

（一）羽绒的生长发育规律

鹅的羽毛形成于胚胎发育期。受精卵孵化8天以后，羽毛便开始形成，逐步形成雏羽（或称幼羽），出壳前数天雏羽完全成熟，覆盖雏鹅全身。但鹅的表皮的毛囊和羽毛的迅速发育期是在3～8周龄期间。因为刚出壳的雏鹅其雏羽要经数次脱换，2周龄后，雏羽逐渐脱换为青年羽，8～12周龄期间，青年羽又逐步脱换为成年羽。

从雏鹅出生至12周龄，不仅机体要生长发育，还要频繁更换羽毛，所以应加强营养和管理。如果在这个期间内，环境条件和营养状况不好，更换羽毛的过程会延长，并且影响羽绒质量和机体的健康。鹅的成年羽在一般情况下，一年更换一次，人们所利用的就是成年羽，也就是人们常说的"羽绒"。

（二）影响羽绒生长的因素

正常的羽绒发育过程涉及遗传、激素、环境气候、饲养管理和营养条件，而营养是影响羽绒结构和生长发育的主要因素。

1. 营养条件

从羽绒的成分看，89%～97%由蛋白质组成，构成羽绒蛋白质的主要成分是角蛋白。羽绒中的角蛋白约占总蛋白质的85%～90%。角蛋白是一种持久的纤维状蛋白质。这种蛋白质最初是随着毛囊形成发生角蛋白合成，以后毛囊就可利用所需的各种营养元素转化为角蛋白。日粮中蛋白质含量的多少，直接影响羽绒的生长及构成。鹅从初生到12周龄，因羽绒要多次脱落更换，所以这期间日粮中蛋白质含量起着重要作用，尤其是日粮中含硫氨基酸的多少，直接影响羽绒的生长发育。因为能够合成角蛋白的主要是含硫氨基酸，即胱氨酸和蛋氨酸。胱氨酸是角蛋白的主要成分，可直接参与角蛋白的合成。蛋氨酸在体内可通过转化为胱氨酸而参与角蛋白的合成。在此期间，胱氨酸应占总含硫氨基酸的54%左右。在一般情况下，羽绒生长发育成熟后，氨基酸的需求就会下降。

由于羽绒的生长发育是伴随着整个机体的生长发育和新陈代谢进行的，所以在配合日粮中不仅要考虑羽绒生长的营养需要，还应考虑整个机体生长发育的营养需要。只有满足了机体生长发育的营养需要，才能满足羽绒生长发育的营养需要。当营养不足时，羽绒失去光泽，数量减少，质量降低；当营养缺乏时，甚至会大量掉毛，尤其当饲料中缺乏维生素A时，羽毛粗乱，易被水浸湿。

影响羽绒生长发育和机体生长发育的还有其他氨基酸、碳水化合物、维生素、矿物质、微量元素等。在活拔羽绒鹅的饲养中，若在日粮加入适量的羽绒粉，对鹅体健康、新羽绒加速长成和提高羽绒质量均有明显效果。

2. 环境气候

鹅身上羽绒主要起保温作用，鹅会根据环境气温的变化所引起的代谢改变而自动调整体表羽毛的数量和品质。冬季鹅的羽绒，数量较多，绒层较厚，含绒量较高，质量好；夏季既少又差，甚至会自动掉毛。如果把冬季羽绒中纯绒含量作为100，夏季就减少到只

现代养鹅关键技术精解

有 60～80。

3. 品种

鹅的品种不同，羽绒的产量和质量也不同。一般来说，体形大而健壮的鹅羽绒比较丰满、浓密，绒朵大、绒层厚，每次所能获取的羽绒量多质优。白羽品种鹅羽绒的质量好于灰鹅品种。从出售价值来看，白色羽绒约比灰色羽绒高 20%。

4. 饲养管理

在水、草、料丰盛时，鹅体生长发育正常，羽绒数量多、质量好，富有光泽。要注意搞好鹅舍及环境的卫生清洁工作，因为棚舍不干净，缺少游水，草屑、灰沙、粪尿会污染羽绒，时间一长，羽毛顶端变成深黄色，这种毛叫深黄头，羽绒质量明显下降。

5. 生长部位

不同部位的羽绒，其数量与质量也不同。据对 12 月龄皖西白鹅春季羽毛测试分析，在羽绒总重量中，胸部的占 18.07%，腹部的占 10.56%，背部的占 24.37%，腿部的占 4.68%，颈部的占 12.82%，翅尾大羽占 29.50%。在鹅体全部羽绒中，绒含量占 16.58%，各部位绒含量分别是胸部 25.05%，腹部 21.92%，背部 21.99%，腿部 14.54%，颈部 16.50%。公、母鹅各部位绒朵直径的长径，胸部为 28.65 毫米、25.87 毫米，腹部为 26.18 毫米、25.01 毫米，背部为 24.24 毫米、23.82 毫米，腿部为 25.08 毫米、20.75 毫米，颈部为 24.60 毫米、26.70 毫米。可见胸、腹、背、腿部绒朵的长径，公鹅大于母鹅，颈部则反之，母鹅大于公鹅。公、母鹅各部位绒朵直径的短径，胸部为 21.13 毫米、22.35 毫米，腹部为 19.73 毫米、21.56 毫米，背部为 18.53 毫米、19.20 毫米，腿部为 18.17 毫米、15.83 毫米，颈部为 18.56 毫米、21.70 毫米。可知胸、腹、背、颈部绒朵短径母鹅大于公鹅，而腿部是公鹅大于母鹅。

6. 拔毛间隔时间和次数

鹅拔毛间隔时间取决于羽毛生长速度，间隔时间过短，羽绒生长未成熟，产毛量和含绒量低，血管毛较多，质量差；间隔时间过长，羽绒自然脱换，羽绒整齐度变化很大，产毛量不一定高，还多耗料，增加成本。一般在良好饲养管理条件下，两次拔毛的间隔时间以 40～50 天为宜。在气温低的季节，由于寒冷刺激作用，羽毛生长加快，可适当缩短拔毛间隔时间。

只要操作得当，多次拔毛对鹅的健康和生产无不良影响，第 3～4 次拔毛比头 1～2 次平均产毛量高 18.2%，含绒量高 32.8%。

二、羽绒的结构分类

羽毛是禽类皮肤上特有的皮肤衍生物，在鹅体的不同部位，生长着不同形状的羽毛，根据这些羽毛的外部形态和结构，我们把鹅体表的羽毛分成正羽、绒羽、毛羽和纤羽 4 种主要类型。

图 10-1　正羽的形态

（一）正羽

正羽就是覆盖于鹅体外的大型的羽毛，又称被羽。正羽由羽片和羽轴构成（图 10-1）。正羽可分为飞羽和体羽，着生在翅膀上的飞羽称为翼羽，着生在尾部的飞羽称尾羽。覆盖于鹅体表面的大部分正羽称体羽。覆盖翼羽和尾羽基部的背侧或腹侧的正羽称覆羽，遮盖耳孔的小正羽称耳覆羽。

1. 羽轴

羽轴即羽毛中间较硬而富于弹性的中轴。羽轴又包括羽茎和羽根两部分，羽茎在羽轴的上端，较尖细，两侧斜生并列的羽片；羽根在羽轴的下端，较粗，为无色透明的管状结构，羽根的末端伸入表皮，周围为羽毛囊。羽根末端与皮肤真皮形成羽毛乳头，血管由此进入羽髓。羽髓含有丰富的血管，并存满明胶样物质。羽毛生长过程中所需要的营养，就是通过乳头血管进入羽绒后运输的。羽髓伴随羽绒生长而延伸，羽绒成熟后，血管从羽绒上部开始萎缩、退化，逐步后移一直萎缩到羽根。

2. 羽片

羽片是由羽茎两侧的若干羽枝及其次生分枝——羽小枝所构

现代养鹅关键技术精解

成。羽小枝又有近侧羽小枝和远侧羽小枝之分，近侧羽小枝边缘略卷曲呈锯齿状突起，远侧羽小枝的小钩与另一羽枝的近侧小枝的锯齿状突起相互钩连形成完整的羽片。

（二）绒羽

绒羽被正羽所覆盖，密生于鹅皮肤的表面、整个羽毛的内层，外表见不到。绒羽在构造上与正羽有较明显的区别。其特点是羽茎细而短，甚至呈点状，柔软蓬松的羽枝直接从羽根部生出，呈放射状。绒羽的羽小枝上没有羽小钩或者羽小钩很不明显，因此不能形成羽片。羽小枝构成隔温层起保温作用，绒羽为最好的保温填充料，是羽毛中价值最高的部分。绒羽分布在鹅体的颈侧下部、胸腹、背、腿、尾、肛门等部位的羽区内。绒羽中由于形态、结构的不同，可分为朵绒、伞形绒（未成熟绒）和毛型绒三种类型（图10-2）。

朵绒　　　　　　伞形绒　　　　　毛型绒

图10-2　绒羽的类型

（三）毛羽

毛羽亦称半绒羽、绒型羽。这是一种介于正羽和绒羽之间的羽绒，其上部为羽片，下部是绒羽，绒羽较稀少，大多位于正羽之下。

（四）纤羽

纤羽是单根存在的细羽枝。其主要特征是：细软而长，单根存在，比一般羽小枝还细，故称纤羽。分布于鹅的口、鼻部或散生于正羽与绒羽之间，鹅体部纤羽只有在拔去正羽和绒羽之后才可以看到。

第二节　羽绒的采集方法

以科学的方法采集羽绒，是提高羽绒产量、质量和使用价值，并获得较高经济效益的关键；采集羽绒时应按照羽绒结构分类及其用途分别采集，以使各类羽绒完整无损，不混杂，才能各尽其用。采集过程应尽量避免对羽绒的物理或化学损害，注意防止污染，各类羽绒应分别整理、包装，提高羽绒综合利用的价值。目前我国采集羽绒有两种方法：一是宰杀取毛法，二是活拔羽绒法。

一、宰杀取毛法

宰杀取毛法，对于个体来说，是宰杀后一次性把周身羽绒全部取下来的方法。近年来，人们为了提高羽绒质量，对此法进行了创新和改造，形成水烫、蒸拔和干拔三种采集方法。

（一）水烫法

水烫法也称浸烫法、水煺法、烫煺法。这是种传统的宰杀取毛方法，采取这种方法羽毛容易拔下，但鹅毛经热水浸烫后，弹性降低，蓬松度减弱，色泽也变差，不同颜色的羽毛常混杂在一起，而且羽毛中最珍贵的朵绒常混浮在浸烫热水中被倒掉。若无羽毛脱水烘干设备而依靠日光晒干，阴雨天鹅毛易结块、霉烂变质，晴天朵绒又易随风飘逝，而且常混入灰沙杂质。因此，此法采集的鹅毛品质往往较差，必须经过加工处理，剔除杂质才能符合要求。

（二）蒸拔法

蒸拔法是近几年人们为了提高羽绒的利用价值，按羽绒结构分类和用途采用的一种采集羽绒的新方法。这种方法采用的工艺原理是活体拔取羽绒方法和水烫法的有机结合，达到分类采集羽绒的目的，提高含绒比例，做到羽毛和羽绒分别出售，提高经济收益。

具体做法是：在大铁锅内放水加热使水沸腾。在水面10厘米以上放上蒸笼或蒸篦，把宰杀沥血后的鹅体放在蒸笼或篦子上，盖上锅盖继续加温，蒸约1～2分钟。拿出来先拔两翼大毛，再拔全身正羽，最后拔取绒羽，拔完后再按水烫法，清除体表的毛茬。使用这种方法应该注意的是：①往蒸笼内放鹅体时，不要重叠、挤压，要把鹅体放平，使蒸汽畅通无阻地到达每只鹅的每一个部位；②鹅体不能紧靠锅边，防止烤燃羽绒；③要严格掌握蒸汽的火候和时间，严防蒸熟肌体和皮肉（掌握蒸汽火候和时间的方法是：烧火人员和掌握熏蒸的人员要相互配合，特别是掌握熏蒸的人员要看蒸汽情况灵活掌握，蒸 1 分钟左右，应揭开锅盖将鹅体翻个儿，再蒸 1 分钟左右，拿出来试拔翅翼的大毛，如果顺利拔下，说明火候正好，可以拔取；如果费力大，拔不下来，就再蒸 1 分钟左右）；④拔取羽绒的顺序是先拔体羽，后拔绒羽。拔取的手法按活拔羽绒的手法进行（参考活拔羽绒的方法）。

这种方法能按羽绒结构分类及用途分别采集和整理，也能使不同颜色的羽绒分开，不混杂。更主要的是能够提高羽绒的利用率和价值。但该方法比较费工，需要多道工序，用劳力较多，尤其是拔完羽绒后，屠体表面的毛茬难以处理干净。有时拔取羽绒操作人员技术不熟练或者应用手法不当，会将羽绒拔断，形成飞丝或半朵绒。

（三）干拔法

干拔法与蒸拔法一样，也是为了提高羽绒的利用价值，按照羽绒结构分类和用途采用的一种采集羽绒的新方法。它主要是采用活拔羽绒的技术工艺，将不同类型和用途的羽绒分别采集整理。具体做法是：将鹅宰杀沥血后，在屠体还有余热时，采用活拔羽绒的操作手法（参考活拔羽绒的操作方法），先拔有绒区的体羽，后拔绒羽，最后拔取飞翔羽及尾羽等。

也可在宰杀放血后，分批将屠体投入 70℃ 热水稍泡一会儿就挂起，沥去水分，擦干毛片，这样屠体会因受热毛孔舒张，较易于拔毛。此时应趁热拔去正羽，再将内层较干的绒羽用手指推下。拔取羽绒后按水烫法或石蜡煨毛法，将屠体剩余的毛茬等烫煨干净。该方法简便易行，羽绒含水分少，易于保存，并能达到分类采集羽绒的目的，提高羽绒的利用率。此法缺点同样是屠体表面难以处理干净，若技术不熟练、手法不当容易损坏绒丝，形成半朵绒或飞丝。

二、活拔羽绒法

活拔羽绒法是用手工在活鹅体上拔取羽绒的方法。鹅的羽绒是养鹅和鹅肥肝生产中的一项重要的副产品，我国以往只在宰鹅时才把鹅毛收集起来出售，但在欧洲历来就有活鹅人工拔毛的传统习惯。活拔鹅毛绒没有烫煺和干燥两道工序，故其羽绒柔软，蓬松度高，弹性好，光泽度好，杂质少，经久耐用，质量要比屠宰后浸烫过的鹅毛好，据说如保存得好，可使用七八十年之久，故售价也较高。我国是近年才将这种科学的方法运用于羽绒生产实践中。其技术原理是：鹅体的羽绒被拔取后，在适宜的饲养管理条件下，鹅体为维持生命和健康，会改变新陈代谢方式，将营养向体表转移，以保证体表羽绒的生长恢复，在营养良好的条件下，约经6周龄，绒羽和小的正羽就可生长成熟。活拔羽绒法正是利用了鹅的这一特性，对羽绒成熟的鹅进行活体拔羽绒后，给鹅创造一个适宜的生活环境，加强营养和管理，使其羽绒在6周左右更新长满，这时又可再次拔取羽绒，如此，一年可反复拔取数次。

活拔羽绒法与一次性宰杀取毛法相比，是羽绒生产中的一项重要突破，可在不增加饲养只数的前提下，只要加强营养和饲养管理，就可增加羽绒产量、提高羽绒质量，提高了养鹅业的经济效益。

（一）活拔羽绒的部位

活拔羽绒并不是把鹅体周身的羽绒全部拔光，羽绒的作用不仅是保持体温，还能防止病菌的感染，维持着机体的健康和生命。鹅体绒羽经济价值比较高，且生长发育快，一般情况下拔取后6周左右就能复原。鹅体的飞翔羽经济价值也比较高，但恢复时间长，一般需要12～19周才能复原。活拔羽绒主要是拔取绒羽和长度在6厘米以下的毛片。绒羽着生在正羽的内层，因此，拔取绒羽先要拔取覆盖绒羽的正羽，或者同时拔取，才能达到拔取绒羽的目的。依据这些条件，应选择有利部位拔取羽绒。实践表明，可供活拔羽绒的部位是：胸腹羽区、颈背羽区、大腿羽区。这些羽区绒羽含量较多，正羽中的毛片较小而柔软，活拔后短时间内就能恢复。但要注意的是，颈侧区应在下1/3处拔取，小腿羽区和肛门羽区虽然有绒羽，但为了保持体温不能拔取。

（二）活拔羽绒鹅的选择

并不是所有的鹅都能供活体拔取羽绒，活体拔羽绒一定要和当地的气候、养鹅的季节相结合，尽可能做到不影响产蛋、配种、健康，尽可能不影响或少影响鹅的生长发育，这是一个基本的前提。

雏鹅、中鹅由于羽毛尚未长齐，不能活拔羽绒。在羽毛已经长齐的鹅中，也不是每只鹅都可活拔。可供活拔的鹅必须是体质健壮无病的个体。体弱多病的鹅，营养不良，拔出的毛常会带有肌肉、皮肤碎块，影响羽绒质量，加之其适应性差，抵抗力弱，拔毛的刺激会加重病情，容易引起感染，甚至造成死亡。处于产蛋季节的母鹅，已经消耗较多的营养，拔毛的刺激会造成激素和代谢水平的改变；拔毛还会影响食欲，降低其采食量，而长毛要消耗一部分营养，导致鹅营养不良并最终影响产蛋和种蛋的质量，所以产蛋母鹅不能拔羽绒。据试验，拔羽绒后第一周，鹅产蛋量显著下降，不论拔羽绒多少，均减少约 $1/3 \sim 2/3$，直到 $2 \sim 4$ 周仍未恢复；种蛋受精率也显著下降，未拔羽绒的对照组为 90%，拔羽绒的试验组仅为 70%。正在换毛的鹅，活拔时极易拉破皮肤，血管毛也较多，含绒量少，无论是鹅绒质量还是胴体质量均较差。因拔羽绒可能损伤皮肤，在胴体上留下斑痕，影响外观品质，所以对需要整只出口的肉鹅，不宜进行活拔羽绒。饲养 5 年以上的鹅，新陈代谢能力弱，绒羽再生能力差，羽绒量也少，不适于活拔。值得注意的是，近年来国内外市场对填充羽绒的质量要求越来越高，为了防止"印花"现象，保证时装颜色美观一致，一般是选用优质的白色羽绒作填充原料，所以活拔鹅羽绒最好选用白毛鹅，不用体重小的杂色鹅。

（三）常用于活拔羽绒的鹅群

1. 休产期的种鹅群

种母鹅一般在 $5 \sim 6$ 月开始陆续停产，进入休产期，这时不拔也会自然脱落换羽。种鹅一般可利用 $4 \sim 5$ 年，因此，在成年种鹅夏季的休产期可活拔羽绒 $2 \sim 3$ 次。到秋冬新羽长齐时，种母鹅正好又开始产蛋，这对提高饲养种鹅的经济效益有很大帮助。南方的四季鹅，则要根据鹅群具体的休产时间来安排。

2. 后备种鹅群

准备留种的后备种鹅群，到 90 日龄左右，成年羽成熟后，就可开始活体拔取羽绒。如果营养状况好，每隔 45 天左右均可拔取 1 次，到开产前可连续活拔 3～4 次。

3. 肉用商品鹅群

肉用仔鹅一般饲养到 80～90 日龄即可上市，如果进行一次活体拔羽绒，又要再养 40～50 天，其饲养成本远高于拔一次羽绒的收益，因此肉用仔鹅上市前一般不宜进行活体拔羽绒。若遇上仔鹅上市集中，市价太低，就可拔 1 次或几次羽绒，让仔鹅继续生长，延迟至价格高时再出售。这样既有羽绒的收入，又有价格升高的增收，最终收益可能超过所增加的饲养成本。我国北方肉用仔鹅出栏有较强的季节性，一般均在秋末冬初。春天孵化的雏鹅，饲养到 90 日龄左右，成年羽已经成熟，但不到出栏季节，这时就可活体拔取羽绒。活体拔取羽绒的次数，要看第一次活拔后到出栏时的时间而定，一般出栏前 50 天内不能活体拔取羽绒。

（四）活拔羽绒前的准备工作

活拔羽绒前的准备工作主要是通过个体检查，确定鹅体达到活拔羽绒的适宜时期，并在开始拔羽绒前做好场地、鹅只的准备工作。

1. 判定活拔羽绒的适宜时期

判定活拔羽绒的适宜时期，就是判定羽绒是否成熟。具体方法是在日龄相近或同批的群体中，随意抓住几只，检验个体胸腹部羽绒成熟情况。将鹅抓住，把胸腹部的正羽逆翻起来，看羽毛根血管是否萎缩干枯，有无未成熟的血管毛。如果羽毛根部血管已经萎缩干枯，又无其他血管毛，说明羽绒已经成熟，正是活拔羽绒的适宜时期；如果羽毛根部血管已经萎缩干枯，一部分血管毛已经长出皮肤，说明正在换羽，此时也可拔取，但不能拔取血管毛；如果大部分羽毛根均有血管，说明羽绒尚未成熟，不能拔取；如果正羽的羽毛根无血管，但绒羽很少，说明营养不良，也不宜拔取；在检查时还可进行试拔，如果比较容易拔下来，毛根不带血，说明羽绒成熟正好拔取；如果试拔毛根带血，说明尚未完全成熟，需再等几天。总之，要及时检查，适时拔取。

2. 场地准备

主要是指供活拔羽绒的场地和拔后鹅只圈养的场地。活拔羽绒的场地一般应在室内，将地面和墙壁清扫干净，地面上最好铺一层塑料布或旧报纸，以防污染掉落在地面上的羽绒，也便于收集散落的羽绒。如果在室外进行，就要选择避风向阳的场地，选择天气晴好的日子，同样要把场地清扫干净。活拔羽绒后的鹅只，因其失去部分羽绒保暖性差，需要留在避风暖和的场地，最好是圈舍，并在圈舍的地面上铺一层稻草或其他软草，以保暖防潮，预防感冒或其他疾病。

3. 用具准备

主要是准备装羽绒的用具，如纸箱或塑料桶及布袋等，还有操作人员所用的用具，如坐的凳子、放鹅体的平台或桌子等。为防止拔破皮肤受感染，应准备红药水等药品、药棉、酒精、镊子及无菌针和线。有条件的可准备围栏，把需要活拔羽绒的鹅围住，以便抓捕。

4. 鹅只准备

主要是从适宜拔羽的群体中，选择体质健壮无病的鹅只单独组群。在拔羽绒前一天晚上停食，拔前 4 小时停止饮水。如果鹅体比较脏，可在清早或头天午后放水，使鹅在水中洗净羽绒。拔羽前将要拔羽绒的鹅只用围栏围住。

（五） 活拔羽绒的操作方法

活拔羽绒均是手工操作，活拔羽绒技术熟练程度及操作手法对减轻鹅的应激反应、拔羽绒质量有较大影响，应十分注意。

1. 鹅体的保定

保定鹅只要根据操作人员的操作习惯而定，一定要做到既保护鹅体，又要使操作人员操作方便。主要有以下几种方法：

（1）双腿保定　操作者坐在凳子上，用绳捆住鹅的双脚，将鹅头朝操作人员，背置于操作人员腿上，用双腿夹住鹅只，然后开始拔毛。此法容易掌握，较为常用。

（2）半站立式保定　操作人员坐在凳子上，用手抓住鹅颈上部，使鹅呈站立姿势，用双脚踩在鹅只两脚的趾和蹼上面（也可踩鹅的两翅），使鹅体向操作人员前倾，然后开始拔毛。此法比较省力、安全。

（3）卧地式保定　操作人员坐在凳子上，右手抓鹅颈，左手抓住鹅的两腿，将鹅伏着横放在操作人员前的地面上，左脚踩在鹅颈肩交界处，然后活拔。此法保定牢靠，但掌握不好易使鹅受伤。

（4）专人保定　1人专做保定，1人拔毛。此法操作较为方便，但需较多的人力。

2. 拔羽绒的操作方法

拔羽绒操作有两种方法：一种是毛绒齐拉，混合出售，这种方法简单易行，但分级困难，影响售价；另一种是毛绒分拔，先拔毛片，再拔绒朵，分级出售，按质计价，这种方法比较受买卖双方的欢迎，而且对加工业有利。对不同颜色的羽绒也要分别存放，不要混在一起，尤其白色羽绒，绝不能混入其他颜色的羽绒，以免降低羽绒的质量和价格。

（1）毛绒齐拔法　拔时先从颈的下部、胸的上部开始拔起，从左到右，自胸到腹，一排排紧挨着用拇指、食指和中指捏住羽绒的根部往下拔。拔时不要贪多，特别是第一次拔羽绒的鹅，拔出羽时，一次2～3根为宜，不可垂直往下拔或东拉西扯，以防撕裂皮肤。拔绒朵时，手指紧贴皮肤，捏住绒朵基部，以免拔断而成为飞丝，降低羽绒的质量。胸腹部的羽绒拔完后，再拔体侧、腿侧和尾根旁的羽绒，拔光后把鹅从人的两腿下拉到腿上面，左手抓住鹅颈下部，右手再拔颈下部的羽绒，接下来拔翅膀下的羽绒。拔下的羽绒要轻轻放入身旁的容器中，放满后再及时装入布袋中。装满装实后用细绳子将袋口扎紧贮存。

（2）毛绒分拔法　先用三指将鹅体表的毛片轻轻地由上而下全部拔光，装入专用容器，然后再将拇指和食指平放紧贴鹅的皮肤，由上而下将留在皮肤上的绒朵轻轻地拔下，放在另外一只专用容器中。

在操作过程中，拔羽方向顺拔和逆拔均可，但以顺拔为主，如果不慎将鹅的皮肤拔破，可用红药水（或紫药水、碘酊、0.2%高锰酸钾溶液）涂抹消毒，并注意改进手法，尽量避免损伤鹅体。刚刚拔完的鹅，应立即轻轻放下，让其自行放牧、采食和饮水，鹅舍内应尽量多铺干净的垫草，保持温暖干燥，以免鹅的腹部受潮受冻。另外，拔毛鹅不要急于放入未拔毛的鹅群中，以免发生"欺

现代养鹅关键技术精解

生"现象。

3. 药物辅助脱毛

由于人工活拔羽绒费工，且易拉破皮肤，20 世纪 80 年代中期开始推广药物脱毛技术，可避免上述情况发生。

（1）药物脱毛原理　脱毛药物复方环磷酰胺片剂，商品名复方脱毛灵，是一种潜化型氮芥类药物，本身无活性，进入体内后经过肝微粒体的氧化酶作用，生成有活性的代谢物及其衍生物。经血液流经皮肤，抑制毛囊和毛根细胞的正常代谢过程，使细胞发生暂时性、可逆性营养不良，使生长的毛根变细而易于脱落。据测定，经药物作用 10 多天后，毛绒易于脱落。服药 1 小时后，血浆中药物浓度达到高峰，半衰期为 5～6 小时，48 小时后排出 99％以上，肉中无残留，肝、肾、脾、膀胱只有微量残留，对鹅无害。

（2）投药方法与剂量　拔毛前 13～15 天，选健康、毛绒丰满的鹅，按每千克体重 45～50 毫克口服给药。投药时，掰开鹅嘴，把药片塞入舌根部，用安有细胶管的注射器，抽取 20～30 毫升温水，注入鹅嘴中送服，服药后让鹅多饮水。鹅服药后 1～2 天食欲减退，个别鹅拉绿色稀粪，1～2 天恢复正常。拔毛一般在服药后 13～15 天内进行，过早不易拔掉，过晚自然脱落，损失毛绒。

（3）效益分析　服药拔毛每只平均增产毛绒 8～10 克，毛根很少带血、带肉质，表皮组织完好，碎毛率仅 0.6％。不服药活拔，其碎毛率和毛根带血的各占 5％，带表皮组织的占 1％～2％；药物脱毛拔完一只鹅的毛绒只需几分钟，最慢不过 15 分钟，省工和提高毛绒品质的效益可抵药费开支，增加的毛绒产量收入相当于纯收入。

（六）活拔羽绒后的鹅只管理

活体拔毛对鹅来说是一个比较大的外界刺激，鹅的精神状态和生理机能均会因此而发生一定的变化，对外部环境的适应力和抵抗力均有所下降，一般为精神委顿、活动减少、行走摇晃、胆小怕人、翅膀下垂、食欲减退。个别鹅会体温升高、脱肛等。一般情况下，上述反应在第二天可见好转，第三天恢复正常，通常不会引起生病或造成死亡。

为确保鹅群的健康，使其尽早恢复羽毛生长，必须加强饲养管理。拔毛后鹅体裸露，3天内不能在强烈阳光下放养，7天内不要让鹅下水和淋雨，最好铺以柔软干净的垫草。饲料中应适当补充精料，增加蛋白质的含量，补充微量元素，拔毛后按每千克体重硫黄0.5克，硫酸锌0.5克，石膏1克，蚕沙1克，土茯苓1克，拌入饲料，每天喂1次，连喂25天，可加快羽绒的恢复，缩短拔毛间隔时间15天左右。

7天以后，皮肤毛孔已经闭合，就可以让鹅下水游泳，要多放牧，多食青草。种鹅拔毛以后，公、母鹅应该分开饲养，停止交配；对于少数脱肛鹅，可用0.2%高锰酸钾水溶液清洗患部，再自然推进使其恢复原状，1～2天就可痊愈。

试验观察表明，拔毛后第4天腹部露白，第10天腹部长绒，第20天背部长绒，第25天腹部绒毛长齐，第30天背部绒毛长齐，第35天基本复原。所以，一般规定42天为1个拔毛周期。

第三节　羽绒整理及贮存

采集后的羽绒整理和贮存是保证和提高羽绒原料产品质量及效益的手段。采集后的羽绒不会马上进行清洗加工，需要保存一段时间。羽绒是由蛋白质构成，容易变质发霉，因此需要整理和保存。

一、羽绒的整理

采集后的羽绒整理是对羽绒原料产品的初步加工。方法是依据羽绒采集方法而定。

（一）水烫羽绒的整理

水烫法所采集的羽绒，含水量大，各类羽绒混杂，杂质较多，应首先处理大量的水分，方法是自然蒸发或用甩干机甩干。

1. 自然蒸发

绝大多数是采用晾晒，将采集的羽绒装入透气纱布袋或塑编袋内，放在向阳通风、干燥的地方晾晒。还可以在水泥地面（或水泥平台）上，四周和顶上罩上细网晾晒，此法晾晒容量大，通风透气好，可缩短晾晒时间。

2．机器甩干

有条件的可将羽绒装入透气透水的布袋内，放入甩干机里甩干。

3．分类整理

干燥后的羽绒应送入分毛机进行风选，通过鼓风机吹风使羽绒在风箱内飞舞，由于毛片、绒羽、大小翅梗和杂质的比重不同而分别落入不同的箱内。风选时要注意保持风速的一致。将两翼的大毛及有用途的大毛挑拣出来，将完整无损的打成捆，单独存放。这部分羽绒单独存放有经济价值，如混入羽绒内则无经济价值。

（二）蒸拔与干拔羽绒的整理

蒸拔与干拔所获得的羽绒相近，均是按照羽绒结构分类采集羽绒的方法。这两种方法采集的羽绒不混杂，杂质较少。但蒸拔羽绒要比干拔羽绒的水分多，需要晾晒。这两种方法所获得的羽绒主要是按羽绒分类及用途整理。

1．绒羽的整理

绒羽实际上就是购销单位所谓的绒子或高绒。它的价格很贵，羽绒生产中的效益主要是由绒羽决定的，整理好绒羽是提高效益的主要手段。绒羽的整理主要是除去多余水分和将含绒量整理到基本一致的水平。蒸拔羽绒去水分的方法是晾晒。晾晒中要拣去杂质和正羽，提高绒羽的质量。鹅的个体含绒量不一致，采集后的绒羽含绒量每批也不相同，因此，在晾晒后装袋前应进行平堆，将不同批次的羽绒放在大屋内混合均匀，使含绒量达到基本一致，以便在销售时减少质检误差，提高收益。

2．正羽的整理

正羽的形状、大小不同，其用途也不同。正羽的整理主要是按用途整理，如两翼的飞翔羽主要是做羽毛球和羽毛扇、羽毛画等，所以应将刀翎和其他大翅羽分别整理出来，分别包装贮存。总之，凡是有专门用途的正羽都应单独整理，其他正羽可混入一块，供羽绒厂加工使用。

3．活拔羽绒的整理

活拔羽绒质量比较高，杂质少，也比较干净。它的整理有利于提高产品规格和收益。整理方法是平堆，就是将采集的羽绒混合掺匀，使含绒量达到基本一致。活拔羽绒无论是混合采集还是绒羽、正羽分别采集，均应进行平堆整理，当含绒量基本一致时，才能装入袋中贮存。

二、羽绒的贮存

贮存的目的是使羽绒在出售和加工前，保持原有构造、形态和特性不变，同时也要防止羽绒散落或被污染。因此，在贮存时应将羽绒装入透气防潮的布袋里（或塑编袋里）扎好袋口。贮存羽绒的库房要求地势高燥，通风良好，清洁，无砂土，要防止阳光直射羽绒袋，屋顶上无灰尘，不漏雨。屋内要严密，无鼠害及其他动物危害。贮存时不宜随意乱放，要注意分类标志、分区放置，以免混淆。羽绒袋的堆放要离开地面和墙壁 30 厘米左右，堆高离屋顶100 厘米以上，堆与堆之间应有一定距离，以人能自由行走为宜。对贮存的羽绒应经常检查，特别是气温高时更应及时检查，看看是否受潮、发热、虫蛀、霉变，有无鼠害等，一旦发生这些危害，应及时采取措施：发现羽绒发热，应立即倒包、通风散热，受潮的要及时晾晒或烘干，发霉的要烘干，虫蛀的要杀虫。

第四节　羽绒的质量检验与羽毛计价

羽绒市场上毛绒是按质论价，毛的含绒量越高，各项理化指标越好，售价就越高。羽绒的质量检验是指用手、眼等感觉器官和仪器设备等来分析，判断、确定羽绒质量，主要检验其含绒量、蓬松度、清洁度、水分、杂质、新旧以及有无掺假、虫蛀、霉变等。了解和掌握羽绒的质量检验方法，对于采集羽绒、购销羽绒及羽绒加工均有重要的指导意义。

一、羽绒原料中常见的一些成分

（一）绒子（绒羽）

绒子在羽绒质量检验中含意比较广泛，包括朵绒、未成熟的朵绒、部分朵绒、毛型绒及绒丝。

1. 朵绒

朵绒实际上是指成熟的绒羽，着生在正羽内层，紧贴皮肤表面，是以羽轴极点放射形生出若干条羽枝。羽枝细软无羽小枝，拔下来形状似花朵，放在质检中称"朵绒"。朵绒是羽绒中品质最好的一种。

2. 未成熟朵绒

未成熟朵绒指未完全成熟的绒羽，绒丝尚未完全放射散开而呈伞状，俗称"伞柄""伞形绒"。

3. 部分朵绒

部分朵绒是指成熟而不完整的朵绒。也有的是成熟的朵绒在采集和加工时，受到破坏，成为不完整的朵绒。其特征与朵绒一样，就是从极点连接的羽枝少，连接三根以上的羽枝，才能称为"部分朵绒"。

4. 毛型绒

毛型绒羽轴短而柔软，并有较软的羽根，羽枝细密而柔软，羽枝上的羽小枝无钩，短而柔软，梢端丝状且零乱。

5. 绒丝

绒丝指绒子或毛片根部脱落下来的绒，俗称"飞丝"，落在绒子内可作绒子处理。

（二）毛片、薄片

毛片是成片状形的鹅毛，主要指着生在鹅的肩、腹、背、腿等部位的正羽。其保暖性较差。薄片主要指翼前毛、内型薄片、游片、小硬梗、血管毛、猴子毛、大花毛、瓜子片等亚型羽，均着生于翼肩内、外侧及尾部。

（1）颈毛　混在杂质内时作杂质，在毛绒内时作毛片。

（2）翼前毛　着生于翼肩外侧，羽轴直硬，毛尖端方圆，羽面弧形，根部有少量羽丝。6厘米以下者属毛片，6厘米以上者属薄片。

（3）内型薄片　着生于翼肩内侧，羽轴挺直，羽面平薄，根部羽丝少。6厘米以下者为毛片，6厘米以上者为薄片。

（4）游片　着生于翼肩内侧，羽面平薄，羽丝丰密，无论长短均作毛片。

（5）小硬梗　着生于翼肩内、外侧，羽片小，羽轴两侧一边宽、一边窄，羽丝少，羽轴硬，无论长短，均作薄片。

（6）血管毛和血管薄片　着生于肩内、外侧及其他部位，未生长成熟的正羽，根部带有皮管。换毛季节此类毛多。全根毛有 2/3 形成片者作毛片，不足 2/3 者作杂质。

（7）猴子毛　主要着生在尾部，羽梗硬而直，毛稍硬。8 厘米以下作毛片，8 厘米以上作薄片。

（8）大花片　着生于翼窝外侧，羽枝及羽轴坚挺，羽面宽长，根部羽丝丰密，适宜做装饰羽花。11.5 厘米以下作毛片，11.5 厘米以上作薄片。

（9）瓜子片　着生于翼尖内侧，羽面小而短，羽丝稀疏，羽根软，均作毛片。

（三）异色毛（黑头）

凡颜色呈灰黑色、白色毛片头部深黄色（黄锈头）的毛称为黑头（异色毛）。不能与白毛混放在一起，否则降低售价。白色绒子中含少量异色绒，作绒子处理。

（四）损伤毛

损伤毛指虫蛀、霉烂的毛片和加工过程中被机器损伤的毛片。损伤面积超过 1/3 者作损伤毛处理，断成两截的梢端不作损伤毛。

（五）大翅（硬翅）

大翅又称大翎羽，着生在两翼和尾部，羽茎粗硬，轴管根长，只宜做毛扇、羽毛球、饲料、肥料。活体拔毛不得拔下。

（六）杂质

杂质是指羽毛以外的灰沙、皮屑、羽绒末等灰杂物。凡尖嘴禽的毛片均作鸡毛处理。

二、羽绒的检验方法

（一）抽样与匀样

1. 抽样

抽样是检验工作中的第一道环节，抽取的羽毛小样是否具有代

现代养鹅关键技术精解

表性，直接影响到分析结果的准确性。抽取样品时一定要做到随机化抽样。无论是加工过程中的抽检还是出门成品的检验，抽样方式一般有三种：

（1）临时包抽样　加工后，将羽毛装入临时麻包，然后从包中抽取小样，这种取样方式较有代表性。

（2）打包后拆包取样　将加工好的羽毛通过机器打包后，再拆包取样。这种取样方式的代表性较差，而且返工的损失较大。

（3）毛堆抽样　人工拼堆或机器拼堆后，从其堆内取样。这种取样方式由于毛堆大，检验人员不易深入堆中，并且杂质和绒子分布不匀，容易发生偏差。另外一种方式就是从拼堆机的取样口摘取小样，这种取样方式因拼堆机每次拼配的数量不多，所检验的次数必须增多。

每批抽样的数量，是针对每批报验的数量和检验人员的工作量来决定的，按出口羽毛检验方法，一般每批抽样四个，含绒量30%及以上者，每个样品不少于300克，其余各种规格毛，每个样品不少于400克。同一数量在10包及以下者，抽样包不少于3包，10包以上，每增加10包增抽1包，尾数不足10包者，也增抽1包。抽样包多少，也可根据实际情况酌情增减。抽样包多时，每包抽样量相应减少；抽样包少时，每包抽样相应增加，以满足抽样总量的要求。

抽样时，从每个抽样包的不同部位抽取，务必使样品具有代表性，每处抽样时，用手伸入毛包或毛堆深处紧握一把毛，取出后立即置于样筒或样袋内，注意勿使绒子飞散或杂质散落。抽样后，在样筒或样袋上做好标记。

2. 匀样

将取来的四只抽样筒（袋）打开，依次从第一个抽样筒开始，用手抓取一把毛，轻轻地圆铺在大样盘内，这样逐把铺匀、逐层铺平，在铺样时发现大花毛、尾毛、结球绒毛应分摊均匀，直至四个样筒（袋）全部取完，再用四角对分法分为四份，分别置于四个样筒内成为四个匀样，其中一个作为存样，一个作为备用样，其余两个作为检验样。匀样存放要求批次清楚，分类明确，写明编号，应存放在清洁干燥的专用保管室的样品柜内，并行防虫、防鼠、防霉等措施。存放时间一般为一年，特殊情况可延长。

（二）检验步骤

先将大眼筛置于白铁盘内，取好样本放入大眼筛内进行如下观察检验：先将样本中的大毛、毛片拣出分别存放。拣剩下的毛样，用手搓开羽绒联结起来的毛片和绒子。将搓过的羽绒用手轻轻拍打，看羽绒中的毛片、绒子是否搓开，如未搓开，应边搓边拍，使其蓬松分开。将搓拍过的样毛，进行分层抖取，使毛片、绒子中的杂质落在筛底铁盘中。每一个操作过程都要仔细察看并在各操作过程中辨别羽绒气味。最后对杂质、毛片、绒子分别称重，计算各自所占比例。

（三）产毛季节的鉴别

不同季节，羽绒特征如下：

1. 春季毛

春季毛指 3～4 月产的鹅毛。绒朵丰满整齐，含绒量与冬季毛差不多，含量高。这时由于天气转暖，鹅开始换毛，毛根发痒，经常展翅扑打，翼羽尖梢翎及刀翎尖端有磨损，不整齐，俗称"沙头"。体表毛片尖端也时有不整齐现象。白鹅胸部有黄锈一块，俗称"黄头子"（黄头羽绒）。常戏水的鹅及群养鹅尤为明显。春季白鹅毛一般含绒 9%～11%。

2. 夏季毛

夏季毛指 5～7 月产的鹅毛。由于夏季气温高，羽绒不丰足，虽羽片尖端整齐，但血管毛多（又称洋伞柄），毛片长短不齐，含绒量低，绒朵小。绒子内血管毛较多，毛片"沙头"较重。夏季白鹅毛含绒 4.5%～6.5%。

3. 秋季毛

秋季毛指 8～10 月生产的鹅毛。羽绒、毛片尖端整齐，羽轴圆头，有血管绒且绒朵大小不一，杂质、小血管毛多。秋季白鹅毛一般含绒 7%～9%。

4. 冬季毛

冬季毛指11月至次年2月产的鹅毛。毛片尖端完整，羽轴圆头，绒朵壮足，毛片大，血管毛少，质量佳。冬季白鹅毛含绒9%～11%。

在两季相交期，质量相仿。由于屠宰日龄长短、饲养条件好坏、营养水平高低不同，即使同一季节内产的羽绒，质量也不一致。

（四）鹅毛与鸭毛、鸡毛的检验

鹅毛毛片梢端宽而齐，俗称"方圆头"。羽面光泽柔和，轴管上有一簇较明显的羽丝，羽轴粗，羽根软。鸭毛毛片梢端圆而略呈尖形，轴管上的羽丝比鹅毛稀疏，羽轴较细，羽根细而硬。鸡毛羽轴比鸭毛粗直、坚硬、有光泽，带有不明显的亮纹。鸡毛轴管比鸭毛短，略呈弧形，管内有较密的螺纹，轴根较尖。鸡毛轴管上的羽丝比鸭毛大、紧密而有光泽。鹅、鸭绒羽的绒丝疏密均匀，同朵内绒丝长度基本相同，以绒核为中心呈半球状，光泽差，弹力强。鸡绒羽的绒丝疏密不匀，同绒朵内绒丝长短不一，有的呈散乱状态，绒丝上的附丝发达，有黏性感，绒处互相粘连，有亮光，弹力差。如搓擦成团并捏紧，松开后绒朵舒张很慢。

（五）虫蛀、霉烂和潮湿的检验

虫蛀后的羽绒，在毛绒内有虫粪，或见毛片呈现锯齿状，用手拍打，飞丝较多。虫蛀严重时绒丝脱落，只剩下羽轴，失去使用价值。虫蛀较轻的，对羽绒质量影响不大，应单独存放，并尽快进行除虫处理，以防止对其他羽绒造成危害。霉烂的羽绒，主要是水烫毛未及时晒干，或晾晒不当和储藏场所潮湿所造成。羽绒霉变后有霉味，羽轴上有绿色、黑色霉斑。白色鹅毛变黄，灰色鹅毛发乌，严重时绒丝脱落，羽面腐朽，稍用手捻即成粉状，失去使用价值。潮湿羽绒无蓬松感，羽轴发软。严重时羽轴管中含有水泡，手感无弹性，易发霉变色，甚至腐烂，要及时摊晒干后才能储藏。

（六）陈毛的检验

已使用过的陈旧鹅毛，因长期受外界压力，逐渐失去弹性，毛变曲或变成圆形。

（七）识别掺假

羽绒掺假手法多样，采购时应特别留意。一般先通过感官鉴别，对掺杂作假严重的羽毛，一时无法识别时，可先通过小样除灰机进行杂质检验，再对除灰后样品做水洗检验，检验水洗羽毛各项指标是否正常。常见的掺假手段主要有掺入翅毛、鸡毛、脚皮、油脂、沙土、糖水拌粉末、盐和其他杂物。

（八）含绒率、含绒量

含绒率是指绒子在羽绒总量中所占的百分比。含绒量是指绒子在羽绒中的含量，经常用含绒率来表示。

（九）水分

水分是指羽绒在标准贮存条件下的湿基含水率。一般标准是13%，最高不得超过15%。超过这个范围，就说明羽绒有水分。水分含量要经仪器测定。

（十）清洁度和耗氧指数

清洁度是指羽绒清洁的程度，也有的称"透明度"。耗氧指数是反映羽绒所含还原物质多少的指标。它们都是随着羽绒的清洁程度改变而变化的，不呈现规律性。

（十一）蓬松度

蓬松度是指羽绒蓬松的程度，即弹性强弱或伸张力大小。它反映羽绒在一定压力下保持最大体积的能力，是羽绒制品保持特定形状和具有保暖性的内在因素。

（十二）含脂率

羽绒的脂肪对水禽的浮游、保暖和抗病都很重要，通常放牧饲养的鹅羽绒含脂率高，舍饲则较低。

三、羽绒的质量标准

在生产中外贸和供销部门对羽绒的出口和收购规格提出了一些参照标准，见表10-1～表10-3。

现代养鹅关键技术精解

表 10-1　一般羽绒出口规格标准

品种	毛绒/%					杂质、薄片、鸡毛/%					
	其中		总和			杂质最高量	其中		总和		
	纯子	毛片	平均	最高量	最低量		薄片最高量	鸡毛最高量	平均	最高量	最低量
中国白鹅毛	18±1	70	88	90	87	9	5	1	12	13	10
中国灰鹅毛	16±1	70	87	88	85	9	5	2	14	15	12
中国低绒白鹅毛	7±0.5	80	87	89	86	7	6	3	13	14	11
中国低绒灰鹅毛	7±0.51	80	87	89	86	7	6	4	13	14	11
中国白鹅绒	30±1.5	60	90	92	89	10	2	1.5	10	11	8
中国白鹅绒	50±2	40	90	92	89	10	1	0.5	10	11	8
中国白鹅绒	70±2	20	90	92	89	10	0.5	0.5	10	11	8
中国白鹅绒	80±2	10	90	92	89	10	0.5	0.5	10	11	8

注：1. 中国白鹅毛中，毛绒总和包括黑头。

2. 中国灰鹅毛、中国低绒灰鹅毛中，毛绒总和含灰鹅毛量不得超过10%。

3. 中国低绒白鹅毛的毛绒总和中包括黑头。

4. 各档绒子中，均可含有黑头。

212

表10-2　水洗鹅羽绒加工出口规格质量标准

品种	含绒量/%	杂质最高含量/%	薄片最高含量/%	鸡毛最高含量/%	异色毛最高含量/%	损伤毛最高含量/%	蓬松度	自然水分最高含量/%	绒丝飞丝最高含量/%	耗氧指数/%	清洁度不低于	残效率/%	pH	长片毛长度及最高含量/%
白鹅毛	4~5	1	6	3	2	5	250	13	0.45	10以下	250	1.2以下	5~7	
灰鹅毛	4~5	1	6	4		5	250	13	0.45	10以下	250	1.2以下	5~7	
白鹅毛	7~8	1	5	3	2	5	250	13	0.75	10以下	250	1.2以下	5~7	
灰鹅毛	7~8	1	5	4		5	250	13	0.75	10以下	250	1.2以下	5~7	
白鹅毛	15±1	1	5	2	2	5	300	13	1.5	10以下	250	1.2以下	5~7	
灰鹅毛	15±1	1	5	2		5	300	13	1.5	10以下	250	1.2以下	5~7	
白鹅绒	30±1.5	1	1.5	1	1	3	380	13	3	10以下	250	1.5以下	5~7	8厘米以上的
灰鹅绒	30±1.5	1	1.5	1		3	380	13	3	10以下	250	1.5以下	5~7	在6厘米以下
白鹅绒	50±2	1	0.5	0.5	0.5	2	400	13	5	10以下	250	1.5以下	5~7	8厘米以上的
灰鹅绒	50±2	1	0.5	0.5		2	400	13	5	10以下	250	1.5以下	5~7	在2厘米以下
白鹅绒	70±2	1	0.3	0.5	0.5	1	480	13	7	10以下	250	1.5以下	5~7	8厘米以上的
灰鹅绒	70±2	1	0.3	0.5		1	480	13	7	10以下	250	1.5以下	5~7	在0.5厘米以下
白鹅绒	80±2	1	0.3	0.5	0.5	1	500	13	8	10以下	250	1.5以下	5~7	8厘米以上的
灰鹅绒	80±2	1	0.3	0.5		1	500	13	8	10以下	250	1.5以下	5~7	在0.2厘米以下
白鹅绒	90±2	1	0.3	0.5	0.5	1	500	13	9	10以下	250	1.5以下	5~7	
灰鹅绒	90±2	1	0.3	0.5		1	500	13	9	10以下	250	1.5以下	5~7	

注：1. 尾毛在7厘米以下的毛片、以上的作薄片。
2. 含绒量的±幅度是对外的、内部加工幅度为：含绒15%±0.5%、30%及其以上的±1%。

表 10-3　鹅羽绒的收购规格　　单位：千克

品种	等级	每 100 千克中含量		
		毛绒总量	纯绒	毛片
灰鹅毛	一级原始干毛（冬春毛）	≥49	9	40
	二级原始干毛（夏秋毛）	≥46	6.5	39.5
白鹅毛	一级原始干毛（冬春毛）	≥50	10	40
	二级原始干毛（夏秋毛）	≥46	7	39

第十章　鹅羽绒生产和活拔毛技术

第十一章　常见鹅病的防治

现代养鹅业不仅发展速度快，而且规模越来越大，采用机械化、半机械化、自动化的形式饲养。我国许多省（区）广大农村的养鹅业在蓬勃发展，有一定规模的养鹅场为数不少。搞好卫生和防疫工作，是保证养鹅业健康发展的关键。因此，必须建立严格的兽医卫生防疫制度。综合性防疫措施应包括养鹅场的场地选择、鹅场卫生管理、卫生防疫措施、检疫制度、消毒制度、尸体及粪草的无害化处理、饲料加工等，严格地说，建立自繁自养及无特定病原（SPF）的措施也应纳入综合防治措施之列。

第一节　鹅病的预防

自然界中侵害鹅群的疾病繁多，这里重点讲述流行病和寄生虫病的预防。

一、鹅病传播流行的基本规律

鹅传染病和寄生虫病的发生以及流行，必须具备三个基本环节，即传染源、传染途径和易感动物，三者缺一不可。

（一）传染源

感染某种病原体的动物都称传染源，包括正在患病或隐性感染的带菌（毒）及带虫的鹅。

1. 患病鹅

患病鹅是传播疫病的重要传染源，不管是显性感染还是隐性感染。疫病按病程经过可分为潜伏期、症状明显期和转归期三个传染病期。不同病期的病鹅，排出病原体的传染性也不同，了解和掌握各种疫病的传染期是决定病鹅隔离期限的重要依据。

（1）潜伏期的病鹅　对于大多数传染病，该期不具备排出病原体的条件，不能起传染源的作用，只有少数疫病如鸭瘟，感染该病毒的鹅在潜伏期内就能排出病原体传染易感群。

（2）症状明显期的病鹅　尤其是在急性暴发过程会排出毒力非常强的病原体，在疾病的传播上危害性最大。有些非典型病例，由于症状轻微或临床症状不明显难以与健康鹅区别而忽视隔离，例如成年鹅感染球虫病没有明显临床症状，但往往成为携带者和传染源；又如成年鹅感染小鹅瘟后，也成为症状不明显的带毒者，此时若与非免疫状态的雏鹅接触，即可成为危险的传染源。

（3）转归期的病鹅　虽然机体各种机能障碍逐渐恢复，外表症状也在消失，但体内的病原体尚未肃清，在临床痊愈的恢复期还能继续排出病原体，如鹅患鸭瘟痊愈后至少带毒 3 个月，仍可成为鸭瘟的传染源。

病鹅尸体（包括禽类和其他动物共患病的尸体）如果处理不当，在一定的时间内也极易散布病原体。

2. 隐性感染的带菌、带毒或带虫的鹅

由于体内有病原体存在，并能不断繁殖和排出体外，引起疫病的传播。根据带菌（毒）或带虫的性质可分为健康带菌、带毒、带虫者和康复带菌、带毒、带虫者。健康成年鹅感染小鹅瘟病毒和肠道球虫病后往往不发病，而成为带毒、带虫者。它们带菌、带毒或带虫的期限长短不一：健康成年鹅感染小鹅瘟后带毒期最长为 18天；患鸭瘟的康复鹅带毒 3 个月；成年家禽感染副伤寒，康复后带菌可达 9～16 个月；患住白细胞原虫病的康复禽的血液中可保留虫体达 1 年以上。

健康带菌、带毒或带虫者有时也包括非同种动物，甚至非同种易感动物。

（二）传染途径

病原体由传染源排出后，通过一定的传播方式侵入其他易感鹅群所经过的途径称为传染途径。不同的病原体进入易感动物体内都有一定的传染途径，它们通过不同的传染途径直接或间接接触传播疫病，如鹅曲霉菌病、禽霉形体病、鹅流行性感冒等疫病，主要通过呼吸道传染；禽副伤寒、鹅球虫病、小鹅瘟等主要经消化道传染；葡萄球菌病主要通过皮肤创伤感染；母鹅蛋子瘟主要与公鹅生殖器带菌交配传染。

鹅传染病有两种传播方式，即水平传播和垂直传播。大多数传染病如小鹅瘟、禽副伤寒、禽霉形体病、淋巴白血病等，都具有双重的传播方式，既能够通过水平传播，又能通过带菌、带毒的蛋垂直传播。

（三）易感动物

易感动物就鹅而言是指易感的鹅群，由于这些鹅对某种疫病缺乏免疫力，一旦病原体侵入鹅群，就能引起某疫病在鹅群中感染与传播，例如尚未接种鹅副黏病毒苗的鹅群对鹅副黏病毒就具有易感性，当病毒侵入鹅群后就可使鹅副黏病毒病在鹅群中传播流行。鹅的易感性又因年龄、品种、饲养管理条件等的不同而有差异。如尚未免疫的雏鹅对小鹅瘟病毒易感；饲养管理不善、环境卫生差的养殖场饲养幼龄鹅则容易感染大肠杆菌病、曲霉菌病和球虫病等。因此，在饲养过程中必须加强饲养管理，搞好环境卫生，从而提高鹅的抗病能力，同时更应选择抗病力强的鹅种。疫苗接种可以使易感鹅群转变为非易感鹅群。

二、选择无病原优良鹅种，增强鹅群防病抗病能力

预防鹅病，品种的来源是根本，选择无病原感染、抗病力强、适应性好的优良鹅种是鹅业生产的基本保证。因为有些传染病，如禽副伤寒、小鹅瘟等可以从感染母鹅通过受精蛋或病原体污染的蛋壳传染给后代，这些孵出的带菌（毒）雏鹅或弱雏，很容易大批发

病死亡。即使是外表健康的带菌雏鹅，在不良环境等应激因素影响下，也很容易致病或死亡。因此，选择无病原污染的种蛋或雏鹅是提高雏鹅成活率的重要因素。养殖户或种鹅饲养场应从种源可靠的无病鹅场引进种蛋或雏鹅。大多数养鹅地区，为提高经济效益，只选留当年新鹅作种，在从外地或外场引进青年鹅作为种用时，必须先要了解当地疫情，在确认为无传染病和寄生虫病流行的健康鹅群后方能引种，千万不能从疫区内引种，尤其当前流行鹅副黏病毒病，一旦疫病带入种鹅场，后果则不堪设想。即便如此，引进后也应先隔离饲养20天无任何异常后，方可入群，以防将病原体带入鹅场或鹅群。有条件的饲养场户，最好坚持自繁自养。

三、加强饲养管理，搞好环境卫生

良好的饲养管理是预防鹅病的重要条件，具体地讲，鹅群需要科学地饲养管理，包括饲养密度、通风、光照、温度、湿度等。首先要给鹅群尤其是雏鹅创造适宜的饲养环境，鹅舍（育雏室）的布局和结构要合理，采光、通风良好，否则很容易引起呼吸道传染病和寄生虫病，饲养密度大、通风差，很容易导致霉形体病、鹅流行性感冒、隐孢子虫病等的发生，温度低则易受凉，导致鹅消化不良或挤压致死。饮用水的清洁、饲料的品质、不同饲养阶段鹅群的分群饲养都很关键。

在加强饲养管理的同时，搞好鹅舍及周围环境卫生也是预防鹅病不可缺少的重要环节，因为鹅病的发生，在很大程度上都与外界环境密切相关。环境清洁卫生，疾病发生的机会就少；反之，环境污秽，利于病原体的滋生和疫病的传播。如雏鹅的曲霉菌病、球虫病就与垫草霉变或潮湿有关。鹅舍地面要注意防湿，并定期清理鹅粪和更换垫料，垫过的稻草要进行焚烧，不能晒后重复使用。清除的粪便和污物需堆积发酵进行无害化处理，以减少病原体的传播。

饲养场还应做好经常性杀虫灭鼠工作，常见的蚊蝇和双翅类吸血昆虫是多种寄生虫病和传染病的活的传播媒介，鼠类也是许多鹅传染病的传播媒介和传染源，如小鹅瘟、禽副伤寒等，因此要清除鹅舍周围的垃圾和杂物，铲除它们的藏身场所和滋生地。用物理方

第十一章　常见鹅病的防治

法和化学药物杀虫灭鼠，在预防和扑灭鹅传染病和寄生虫病方面具有重要意义。

四、建立严格的消毒制度

消毒是除疫苗接种外，预防鹅病的一项重要措施，鹅饲养场尤其种鹅场应具备必要的消毒设施和建立严格而切实可行的消毒制度，定期对饲养场、鹅舍的地面、土壤、粪便、污物以及用具等进行消毒，以防止鹅病的继续蔓延。

（一）常用的消毒方法

1. 物理消毒法

清扫、洗刷、日晒、通风、干燥及火焰消毒等是简单有效的物理消毒方法，机械清除鹅舍地面和饲养场地的粪便、垫草及饲料残渣等，可以使污染环境的大量病原体被清除掉，达到减少病原体对鹅群污染的机会。但机械性清除一般不能达到彻底消毒的目的，必须配合其他的消毒方法。

阳光是天然的消毒剂，阳光中的紫外线对病原体具有较强的杀灭作用，一般病毒和非芽孢性病原菌在阳光的直射下几分钟至几小时即可被杀死，供雏鹅所需用的垫草、垫料以及洗刷过的用具等，使用前放在阳光下暴晒、消毒，可以减少疾病传播的机会。作为饲料用的谷物也要晒干以防霉变，因为阳光的灼热和蒸发水分引起的干燥同样具有杀菌作用。

通风也具有消毒的意义，细菌、病毒等适宜温暖、潮湿的环境，在通风不良的雏鹅舍，最易发生呼吸道传染病。如患有鹅副黏病毒病、禽流感、小鹅瘟等传染病，焚烧是彻底消灭传染源的最好的方式。

2. 生物热消毒法

生物热消毒法是饲养场和专业饲养户常采用的一种方法。生物热消毒法主要用于处理污染的粪便及垫草，采用堆积微生物发酵产热的方法（其温度达 70℃以上），经过一段时间（25～30 天），就可以杀死病毒、病菌（芽孢除外）、寄生虫卵等病原体而达到消毒的目的，同时可以保持良好的肥效。

3. 化学消毒法

应用化学消毒剂进行消毒是饲养场和养鹅饲养户使用广泛的一种方法。化学消毒剂的种类很多，如氢氧化钠（钾）、石灰乳、来苏儿、百毒杀、漂白粉、农福、过氧乙酸、甲醛、消毒王、新洁尔灭等都可以作为化学消毒剂，而消毒的效果取决于消毒剂的种类、药液的浓度、病原体的抵抗力以及所处的环境和性质。在选择时，可根据消毒剂的作用和特点，选用对该病原体消毒力强又不损害消毒物体、毒性小、易溶于水、在消毒的环境比较稳定以及价廉易得和使用方便的消毒剂，有计划地对鹅生活的环境和用具等进行消毒。

（二）饲养场的消毒设施和制度

鹅饲养场尤其种鹅饲养场，在出入口处应设消毒池，在入口还应设紫外线消毒间，饲养场的工作人员、饲养人员在进入饲养区前必须在消毒间更换工作衣、工作帽和胶鞋，穿戴整齐后进行紫外线消毒 15 分钟，再经消毒池进入饲养区。鹅舍门前出入口也应设消毒槽，门内放置消毒缸（盆），饲养员在饲喂前应先将洗净的双手放在盛有消毒液的消毒缸（盆）内浸泡消毒几分钟。消毒池和消毒槽内的消毒液，常用 2％烧碱水或 20％石灰乳以及其他消毒剂配成的溶液。而浸泡双手的消毒液则通常用 0.1％新洁尔灭或 0.05％百毒杀溶液。饲养场通往各栋鹅舍的道路也要每天用消毒药剂进行喷洒。雏鹅舍和育肥鹅舍等还要结合各自的具体情况，在不同时期采用定期消毒和临时性消毒。鹅舍的用具和饲槽必须固定在饲养人员各自管理的鹅舍内，不准相互串用，饲养人员也不能相互串舍。

饲养场应谢绝参观，外来人员和非生产人员不得随意进入场内饲养区，场外车辆及用具等也不允许随意进入饲养场。凡进入场内的车辆和人员及用具等必须进行严格的消毒。

五、鹅群的免疫接种

对健康鹅群实施免疫接种是激发鹅机体内产生特异性抵抗力，使本来对某些传染病易感的鹅群转变为非易感鹅群的最有效方法。

有计划、有目的地对鹅群进行免疫接种，是预防、控制和扑灭鹅传染病的重要措施之一。免疫接种的效果，因疫苗种类、接种方法、接种时间的不同而不同，所以适合本场的免疫程序是预防疾病的关键。免疫接种根据接种时间的不同，通常可分为预防接种和紧急接种。

（一）预防接种

预防接种是为了防止某些传染病的发生，有计划地定期使用疫（菌）苗对健康鹅群进行预防免疫接种。

预防接种通常使用弱毒苗或油苗（死苗）作为抗原激发免疫，常采用皮下和肌内注射或者点眼、滴鼻、饮水等不同的接种方法，接种后经过一定的时间（5～7天后）可获得数日甚至数月的免疫力。由于各地鹅的传染病的发生和流行情况有所不同，所以免疫程序的制定要根据各地的具体情况而定。免疫程序包括：免疫接种的日龄、免疫接种的方法、免疫接种的途径等。对新从外地调进尤其用于种用的青年鹅应及时补种疫苗，以提高鹅群整体的防疫密度。在使用这些疫苗时，必须在有效期内按照使用剂量及方法进行接种。

（二）紧急接种

紧急接种是在发生传染病时，为了迅速控制和扑灭疾病，而对疫群、疫区和受威胁地区尚未发病（假设）的鹅群进行临时急性免疫接种。实践证明，在疫区对小鹅瘟、鹅副黏病毒病、禽霍乱等传染病使用疫（菌）苗，进行紧急接种是切实可行的，对控制和扑灭传染病具有重要的作用。紧急接种除应用疫（菌）苗外，对鹅常使用高免血清进行被动免疫，而且能够立即生效，如小鹅瘟，应用抗小鹅瘟高免血清，能迅速控制该病的流行，即使对于正在患病的雏鹅群使用也具有良好的疗效。

在疫区或疫群应用疫苗作紧急接种时，必须对所有受到传染病威胁的鹅群进行观察和检查，对正常无病的鹅进行紧急接种时，对病鹅和可能已受到感染的潜伏期病鹅必须在严格消毒的情况下立即隔离，观察或淘汰处理，不宜再接种疫苗。

(三) 免疫接种注意事项

① 严格按照说明书的要求进行接种，疫苗的稀释倍数、使用剂量都要按照说明书进行。

② 疫苗必须现配现用，稀释疫苗绝对不能用热水，稀释后的疫苗注意放入泡沫箱内，绝对不能在阳光下暴晒，且必须在 2 小时内用完。

③ 疫苗接种前，必须先了解当地此时的疫情、鹅群是否健康、鹅群的营养状况以及环境状况。在此基础上，才能对认为健康的鹅群接种疫苗，这样才能保证疫苗收到预期的效果。在恶劣的天气、鹅群发生疾病、日粮的改变等情况下接种疫苗，效果往往不佳。

④ 接种疫苗所用的注射器、针头等必须经过严格的灭菌，而且必须保证接种一只更换一次针头，以免交叉感染。

⑤ 妥善保存、运输疫苗。生物制品（疫苗及血清等）都怕热，特别是弱毒苗必须低温冷藏。要求在冰点以下，而灭活苗要在 4℃ 左右保存，并且要防止温度忽高忽低，以免降低疫苗免疫效果。

(四) 疫苗接种的方法

鹅群常用的疫苗接种方法有饮水法和注射法。

1. 饮水法

饮水法用于弱毒苗的免疫接种，用不含氯、铁、锌等离子以及不含消毒剂的凉水稀释疫苗。可以用凉开水稀释，为了增加疫苗的活力和持续时间，最好在稀释液中加入 0.2% 脱脂奶粉。在饮用疫苗之前给鹅群停饮 2～4 小时，以确保在 2 小时内饮用完，而且每只鹅饮到规定的量。

2. 注射法

注射疫苗时，按照说明书的稀释倍数和注射部位进行，稀释液一般用灭菌的注射用液或蒸馏水。注射时应确认是否已经注入皮下或肌肉内，如果针头穿过皮肤但是疫苗注射到体外，必须重新注射，还应保证疫苗不能注射进胸腔和腹腔。

六、鹅群药物预防

对鹅群应用药物进行预防也是一项重要的防疫措施，在饲料、饮水等中加入某种既安全可靠又价格低廉的抗菌药物或其他一些药物，可以预防细菌性传染病和寄生虫病以及其他内科疾病的发生。实践证明，添加相应的药物不但可以起到预防疾病的作用，对促进鹅群的生长、增进鹅群体质以及提高肉料比也均具有显著的效果。如用氟哌酸、土霉素等可以预防禽副伤寒和大肠杆菌病等疾病的发生；红霉素可以预防霉形体病；制霉菌素、克霉唑可以预防曲霉菌病；磺胺类药物可以预防和治疗禽霍乱、住白细胞原虫病等疾病；克球粉、地克珠利等药物可以预防鹅球虫病；丙硫咪唑可以预防和治疗鹅矛形剑带绦虫病和前殖吸虫病；左旋咪唑可以预防鹅裂口线虫病和蛔虫病。另外在鹅群注射疫苗后，添加适量的左旋咪唑还可以起到增强免疫力的作用。

任何一种药物或同一类型的药物的长期使用或者过量使用，容易造成药物残留甚至蓄积中毒，也容易使鹅产生耐药性或不良反应。长期使用，容易造成鹅体内维生素 A 或 B 族维生素的缺乏，对此可以通过在饲料中添加相应维生素得到预防和改善。

七、实施定期驱虫

鹅饲养场和农村养鹅饲养户实施有计划的定期驱虫，是预防和控制鹅寄生虫病的一项有效措施，对于促进鹅群正常生长发育、保障鹅体健康具有重要的意义。

（一）鹅体驱虫

应用药物或其他方法将鹅体内（或体表）的寄生虫驱除或杀灭，是饲养场和农村专业饲养户在生产实践中常用的有效方法。驱虫对于已发病的鹅具有治疗作用，对感染而未发病的鹅可以起预防作用。

鹅体内的寄生虫有：包括绦虫、吸虫、线虫在内的寄生蠕虫，包括球虫、住白细胞原虫等在内的寄生原虫。对不同种类的寄生虫应选用相应的驱虫药物，通常选用高效低毒的驱虫药，如鹅的矛形剑带绦虫和前殖吸虫，常选用丙硫咪唑和吡喹酮。鹅群驱虫宜早不宜迟，要在鹅出现症状前驱虫，对于寄生蠕虫，正常情况下，放牧鹅群宜两个月驱一次虫。

一些寄生虫病具有明显的季节性，这与寄生虫发育以及感染期所需的气候条件、中间宿主或传播媒介的活动有关。各类寄生虫的驱虫时间应根据其传播规律和流行季节来确定，通常在发病季节前对鹅群进行预防驱虫，如鹅肠道球虫病，发病季节与气温和湿度密切相关，其流行季节为4～10月份，其中以5～8月份发病率最高，在这个时期饲养雏鹅尤其要注意球虫病的预防。又如鹅裂口线虫病，据临床观察，发病季节为5～10月份，由于随粪便排出的虫卵在23℃及适当的湿度下几天内就发育成感染性幼虫，若雏鹅吞食受感染性幼虫污染的食物、水草或水，即遭受感染。因此，在温暖多雨潮湿的季节里特别要加强此类寄生虫病的预防。

鹅体表的寄生虫生在鹅的皮肤和羽毛上，包括永久性寄生的羽虱、羽螨和暂时性寄生的蚊、蝇、库蠓等。驱杀鹅体外寄生虫，常用胺菊酯、溴氢菊酯、苄呋菊酯或敌百虫溶液等驱虫剂对鹅群体表进行喷雾，这对于永久性寄生的羽虱、羽螨有杀灭作用；对于暂时性寄生的蚊、蝇、库蠓等，由于它们白天栖息在鹅舍（棚）的角落里或鹅舍（棚）外面的草丛中，除了用驱虫剂对鹅体表喷雾，还应对鹅舍（棚）周围的环境进行喷雾驱杀。值得提醒的是，配制驱虫药应注意药物的浓度，以避免发生鹅体中毒。

（二）外界环境的寄生虫

除了驱杀鹅体内、外的寄生虫，还要杀灭外界环境的寄生虫，尤其是粪便中的寄生虫，这也是预防寄生虫病的十分重要的措施。许多寄生虫的虫卵、幼虫、卵囊等病原体随鹅粪排出体外，污染环境，也会引起寄生虫病在鹅群中的传播和重复感染。因此鹅舍（棚）内清除的粪便必须放置在远离饲养场和水源的地方堆积发酵，进行无害化处理，利用生物热杀死寄生虫卵、卵囊和幼虫，以防粪便中的病原体污染环境和引起重复感染。

（三）消灭中间宿主

有些寄生虫如绦虫、吸虫等的传播，需要无脊椎动物作为中间宿主参与，常见的如鹅矛形剑带绦虫病的发生就与鹅在吞食水草的同时吞食了生活在水中的中间宿主——剑水蚤有关，其发病季节在4～10月份，而在寒冷季节，剑水蚤停止繁殖或死亡，这类寄生虫病就明显减少。鹅前殖吸虫病的传播与鹅采食水草时吞食了中间宿主——蜻蜓幼虫有关。因此，消灭中间宿主也是预防某些寄生虫病必不可少的措施之一。消灭中间宿主常采用冬春季节干塘的方式，或者在有中间宿主并遭受病原体污染的水沟、稻田等处撒石灰以杀死中间宿主和幼虫，中断它们的生活史，从根本上预防某些寄生虫病。

八、预防鹅群毒物中毒

鹅是草食水禽，大部分以放牧为主，如能利用荒坡、荒滩、河流及林场青草等可以节省大量饲料，降低养鹅成本。在养鹅的过程中，中毒事件时有发生，有时可造成大批死亡。

（一）鹅群中毒的途径

引起鹅群中毒的物质，包括生物性毒物和化学性毒物，主要通过消化道、皮肤、呼吸道等途径进入机体，从而造成鹅生理机能的破坏、器官功能的异常以及形态的改变，更有甚者造成鹅群的死亡，在鹅的饲养过程中，以消化道中毒常见。

（二）饲料发霉中毒

饲料储存时间长或变质的饲料中含有大量的粉螨，鹅食后常引起下痢，而饲料储存时发霉，如发霉的玉米料、发霉的大豆粕、堆放发霉的青饲料等，鹅尤其是雏鹅对霉变的饲料中霉菌所产生的霉菌毒素较为敏感，常引起霉菌性肺炎和脑炎以及霉菌毒素中毒。试验证明，若长期饲喂含有黄曲霉毒素的饲料，可以引起胆管增生、肝硬化，以致引发肝癌。

（三）有机植物中毒

天然的牧草、野菜，种植的蔬菜以及树木的枝叶都可以作为鹅的青饲料，供鹅采食。虽然青饲料是养鹅业发展的基础，也有部分青饲料含有毒物质，有的因为调制不当可能产生有毒物质，鹅采食后引起中毒。含有毒物质的植物有嫩高粱苗、杏树叶、桃树叶等，它们含有氰苷类物质，鹅采食后会发生氢氰酸中毒。夹竹桃叶含有强心苷类物质，会引起鹅中毒。有蚜虫和蝶类寄生虫的蔬菜，鹅采食后会引起口炎、肠炎等，有的甚至引起神经麻痹。鹅采食棉花叶超过一定的量也会引起棉酚中毒。白菜叶等经堆放后引起中毒，特别是氮肥含量多的蔬菜，堆放后更易中毒。

（四）化学毒物中毒

鹅群误食带农药的植物引起中毒。鹅群食用了喷洒了农药的蔬菜、牧草或者是误食了为防虫而搅拌了农药的食物，会引起中毒。例如甘蓝叶喷洒了乐果，大棚韭菜用了农药，鹅群误食后引起中毒或死亡。工业"三废"也会对鹅群造成伤害。工业废水、废气、废渣等不合理排放，并通过各种途径进入鹅的体内，尤其是废水，鹅喜欢水，即使浓度不高，长期接触也会导致鹅慢性疾病的发病率和死亡率增高。用污染的工业废水灌溉农田，也能对鹅群产生间接危害，如电镀、塑料、油漆、电池及磷肥工业生产中排放的含镉废水灌溉农田，可使镉进入农作物籽粒部分，若作为饲料喂鹅，可使镉在鹅体内蓄积，产生慢性中毒，造成贫血，生长发育受阻，产蛋率和受精率下降。

（五）中毒鹅的救治

以预防为主，针对以上中毒的原因，一旦发生中毒应及时进行救治。平时应加强饲养管理和放牧，防止误食或减少食入有毒物质。高粱苗少用，棉粕少用，对喷洒农药的、拌有防虫害药物的青饲料不用。另外做好饲料的储存和调制，防止发霉和长期堆放。严禁到工业"三废"排放地放牧。鹅群一旦发生中毒，应查明原因，立即停止饲喂有毒食物，采取相应的救治措施，如对于有机磷农药中毒出现症状的鹅，应立即使用胆碱酯酶复活剂解磷定或氯解磷定，每只肌内注射1.2毫升（每毫升含40毫克），以及应用抗胆碱药阿托品，每只肌内注射0.5毫克；同时，鹅群使用葡萄糖、维生素C溶液饮服，以增强其肝脏的解毒功能。总之，对中毒鹅的救治，原则上采用对症对因治疗。

第二节　养殖场具体的综合防治措施

一、养鹅场综合防疫措施

（一）养鹅场科学选址与规划

建立现代化大型养鹅场，首要条件要有利于卫生防疫，交通方便，水源充足，水质良好，用电方便。通常，场地应远离养殖场、公路、居民点、铁路和旅游胜地等，同时场地的地势要高燥、向阳、通风良好，有利于防涝排水、污水处理及排放，以利于环境保护，场地的周围及空间应无有毒、有害物质及空气污染，确保安全生产。场内建筑物的布局要周密策划，应设有消毒设施，生产区和生活区要严格划分，而且要有相当的距离，彼此间应用围墙隔离，严防闲杂人员随意进出。

（二）鹅场的卫生管理

鹅场应订立各种规章制度，并有专门机构及专人管理，督促实施。及时打扫卫生，保持环境清洁干燥；采取措施杀虫灭鼠、灭蚊灭蝇，切断传播疫病的途径；禁止不必要的参观和人员串舍；人员、车辆进出养殖场必须先消毒。对粪便的处理方面，应建立污物处理及净化系统，保护环境不受污染；在饲料加工方面，大型养殖场应设立饲料中转仓库，外来运送饲料的车辆不能直接进入饲料加工车间，场内专用的饲料运输车辆及其他工具严禁出场。建立严格的消毒制度。

（三）建立严格的防疫检疫制度

对引进的种鹅必须实行严格检疫及隔离饲养。检疫的主要内容包括传染病、寄生虫病等。对场内的鹅群要按照一定的程序定期进行预防接种和驱虫，防止传染病的发生和流行。一旦发生传染病，要及时隔离、封锁、消毒，尸体无害化处理和治疗。

现代养鹅关键技术精解

（四）建立严格的消毒制度

实行定期消毒。消毒的范围包括周围环境、禽舍、孵化室、育雏室、饲养工具、仓库等。平时在鹅舍进出口应设立经常性的消毒池、洗手间、更衣室等，场内周围环境的消毒，一般每季度或半年消毒一次，在传染病发生时，可随时消毒。应在每批鹅群出售或宰杀后对鹅舍进行彻底消毒，平时应每周喷雾消毒一次。孵化室应在孵化前和孵化后进行消毒，育雏室应在进雏前和出雏后进行消毒。

（五）加强饲养管理，合理搭配日粮

良好的饲养管理，可增强机体的抵抗力。加强饲养管理的内容包括：合理搭配日粮，可以减少各种营养性疾病的发生，促进鹅群的生长发育；进行药物预防，可以在饲料中加入多种抗生素和抗球虫药，预防肠道传染病、细菌性腹泻等疾病的发生。

（六）合理设计鹅群密度，减少疾病传播

鹅群密度越大，疾病特别是呼吸道疾病的传播机会也随之增加，因此要注意饲养密度，提供足够的料槽和水槽，冬季保暖，夏季降温。冬季室内要保持温暖、干燥，可以增加垫草。

（七）及时隔离病鹅，做好尸体的处理，防止疾病传播

对于发病的鹅，进行有效的隔离并做好饮水、饲料的消毒工作。病死禽尸体应正确、妥善处理，否则将造成严重后果。一般情况下，应将尸体深埋或烧毁，需做病原检验及病理解剖者，送检验室。如果出现大批死亡，经查明病因，需加工利用者，应在兽医的监督下专门加工处理；如果属于传染病，其内脏、羽毛也应作无害化处理。

（八）科学进行预防接种

预防接种是控制和消灭某些急性传染病如小鹅瘟、禽霍乱等的最好方法，应按免疫程序定期进行预防接种。目前，国内外大型养禽场在免疫方法上，禽霍乱多采用饮水免疫，小鹅瘟的预防多采用

提高母鹅的免疫力，再通过卵黄传递，使雏鹅获得母源抗体而免疫。也有采用气雾免疫的，但是没有饮水免疫的效果好。各地还可根据具体情况制定实施细则，补充新的防疫措施。

二、养鹅场常用消毒药物

养鹅场的消毒，在鹅群的饲养管理中，特别是在密集的饲养条件下，显得特别重要。禽场消毒包含两种不同的含义：一种是杀灭病原微生物，如细菌、病毒、霉菌；另一种是杀灭内寄生虫和外寄生虫，如原虫、蠕虫、节肢动物及螨类。必须指出，禽场消毒能否达到预期的目的，在很大程度上取决于禽场的卫生管理是否得力，所以消毒与卫生是不可分割的整体配合。

（一）养鹅场的消毒范围

鹅舍周围的空地、场内道路、鹅舍、孵化室、育雏室、饮水及饲料加工场地、交通运输工具及工作人员等都是消毒的对象。

（二）常用消毒、灭鼠药物及使用浓度

1. 百毒杀（癸甲溴铵溶液）

现代养鹅关键技术精解

本品为双季胺广谱消毒剂，无毒无色，无臭，无刺激性，对病毒、细菌及芽孢、真菌及孢子、藻类等均有强力杀灭作用，可用于饮水、各种器物、周围环境的消毒，市售商品为无色、透明、黏稠液体，常用消毒浓度为30%～50%，环境消毒及严重污染场地的消毒按1∶（2000～5000）倍稀释，饲槽、饮水器、饲养工具等消毒为1∶（5000～10000），饮水消毒为1∶（10000～20000）。

2. 煤酚皂溶液（来苏儿）

本品为褐色油状液体，有特殊臭味，能杀灭细菌繁殖体，对结核杆菌和真菌有一定的杀灭作用，来苏儿可与水任意混合，对皮肤有一定的刺激和腐蚀作用。对皮肤刺激性大，洗手用浓度1%～2%，衣物浸泡为3%，场地消毒常用5%溶液。

3. 过氧乙酸

过氧乙酸为无色液体，有很强的醋味，易溶于水、酒精和醋酸中。过氧乙酸是一种强氧化剂，在低温下也有杀菌作用。过氧乙酸

市售产品含量 20％或 40％，器皿、塑料制品、橡胶制品、衣物浸泡及手的消毒常用浓度为 0.04％～0.2％，环境、禽舍、饲槽、水槽、仓库的消毒，孵化室的熏蒸常用浓度为 3％～5％，本品宜低温储藏，有刺激性，对金属制品有腐蚀性。对有色织物有褪色作用，勿与人体接触，对细菌、芽孢、病毒有杀灭作用。

4. 新洁尔灭

新洁尔灭具有较强的去污和消毒作用，抗菌范围较广，杀菌力强而快，对多数革兰氏染色阳性菌均有杀灭作用，但对病毒的杀灭效果较差，也不能杀死霉菌。对组织刺激性小、穿透力强，毒性较低，并有脱脂去污作用，但不能与肥皂或阴离子洗涤剂合用。新洁尔灭市售产品含量 5％或 10％，为无色透明有杏仁味的液体。0.01％～0.05％溶液用于黏膜消毒，0.1％溶液用于禽舍喷洒及种蛋消毒，0.5％～1％溶液用于饲养工具等的消毒。不能与碘酊、高锰酸钾、升汞及肥皂共用。

5. 环氧乙烷

本品为易挥发液体，沸点 10.7℃，遇明火易燃烧、爆炸。常用 1 份环氧乙烷和 9 份二氧化碳混合，高压钢瓶保存。本品为广谱高效气雾消毒剂，比甲醛蒸气穿透力强。对病毒、细菌、芽孢、霉菌、孢子有强力杀灭作用。也常用于垫草的熏蒸消毒，兼有杀虫作用，常用量每立方米 700～900 毫升。对人和动物有一定毒性，应避免和人体及动物接触，熏蒸后 24 小时应开启门窗通风。

6. 高锰酸钾（PP 粉）

本品为紫黑色结晶，有金属光泽，0.2％溶液常作表面消毒剂用于创伤、黏膜的消毒，与甲醛配合可作熏蒸消毒，可用于种蛋、孵化器和禽舍的熏蒸消毒。本品为强氧化剂，忌与甘油、糖、碘等合用。不能久存，现用现配。

7. 漂白粉

本品为粉剂，含有效氯 25％～30％，在酸性环境中杀菌作用强，碱性环境中则作用减弱。在漂白粉溶液中加入半量或等量的硫酸铵或硝酸铵可加强杀菌作用，但需要在配好后 1～2 小时内使用，否则效果降低，通常配成 10%～20% 混悬液，用于禽舍、土壤、粪便及车辆消毒，但不能用于金属制品、有色棉织品的消毒。饮水消毒每立方米水加入本品 6～10 克。饲槽、饮水器消毒常用浓度为 3%。本品为强氧化剂，不能与金属物品、有色织品接触，对细菌、病毒有杀灭作用，高浓度对芽孢有杀灭作用。

8. 甲醛（福尔马林）

市售产品含 38%～40% 甲醛，本品为无色液体，有刺激性臭味，不能带禽消毒，需放在冷处（9℃以下）。易聚合成多聚甲醛，产生白色沉淀，加少量乙醇可防止聚合。该品杀菌力强大，对芽孢、霉菌和病毒也有杀灭作用。常用 5%～10% 甲醛溶液喷洒消毒，用本品 10 毫升，加高锰酸钾 7 克混合可作熏蒸消毒（每立方米空间的用量）。

9. 氯胺

市售产品含有效氯 12%。饮水消毒，每升水加本品 2～4 毫升；1% 溶液常用作种蛋消毒（浸泡 1.5～2 分钟）；0.5%～1% 溶液用作喷洒消毒。宜现用现配，对金属及有色织物有氧化作用。

10. 蝇毒磷

纯品为白色晶状粉末，含量 20%，为体外寄生虫杀灭药，对蜱、螨、蚤、虱、蚊、蝇等有良好的杀灭作用，常用浓度为 0.05%，喷洒消毒。

11. 敌百虫

纯品为白色粉末，常用 0.2% 水溶液喷洒消毒，灭虱等寄生虫；0.1% 水溶液用于滴耳，杀灭鹅的颊白羽虱。

12. 溴氰菊酯

溴氰菊酯常用量为 0.0025%～0.005% 溶液，喷洒消毒，灭虱、螨等寄生虫。

13. 氯化苦（硝基三氯甲烷）

本品为气体灭鼠剂，无色或微黄色油状液体，常温下可挥发成气体，比空气重 4.67 倍，能沉入洞中，使用方法是直接把药倒入洞中，鼠中毒后 15 分钟死亡。

14. 氢氧化钠（苛性钠、火碱）

氢氧化钠对细菌、芽孢和病毒都有很强的杀灭能力，对寄生虫卵也有杀灭作用。常用其 $1\% \sim 2\%$ 溶液消毒被病原微生物污染的禽舍、场地和用具。氢氧化钠对金属制品、纺织品有腐蚀作用，对机体组织有烧伤作用，消毒时，应将家禽移出禽舍，并隔半日，用水冲洗地面、用具后，再放入家禽。

15. 生石灰（氧化钙）

生石灰使用时先加生石灰质量一半的水使之变成粉状的熟石灰（氢氧化钙），然后配成 $1\% \sim 2\%$ 石灰乳剂涂刷鹅舍墙壁，对细菌有一定的杀灭作用，但对芽孢无效。石灰乳宜现用现配，否则易吸收空气中的二氧化碳变成碳酸钙而失效。市场销售的石灰粉末，是生石灰在空气中吸收水分和二氧化碳潮解成的碳酸钙，已无消毒作用。生石灰在有水分的情况下，才会游离出氢氧根离子而发挥消毒作用，直接将其撒在干燥禽舍地面上，不仅无消毒作用，反而会使禽的脚趾干裂或造成皮肤烧伤。

16. 草木灰

草木灰是柴草燃烧后剩的新鲜粉末，主要含碳酸钾和苛性钾。用 5 千克草木灰加入 10 升热水，可配制约含 1% 碳酸钾和苛性钾的草木灰水，有很强的消毒力，能杀死非芽孢菌和病毒。可用于禽舍、饲槽、用具等的消毒。干燥的草木灰才有消毒作用，潮湿的草木灰中碳酸钾和苛性钾可能随水分流失，失去消毒作用，故应保存于干燥处。

三、养鹅场的消毒方法

（一）鹅舍的消毒

鹅舍的消毒通常是指鹅群被全部销售或屠宰后对鹅舍的消毒。正常的消毒程序是先清扫，除去灰尘，然后连同垫草一起喷雾消毒，而后垫草运往处理场地堆沤发酵或烧毁，一般不再用作垫草。对鹅舍内的饲养工具、料槽、水槽等，先用清水浸泡刷洗，然后用消毒药水浸泡或喷雾消毒。对鹅舍地面、墙壁、支架、顶棚等各个部分，能洗刷的地方要先洗刷晾干，再用消毒药水喷雾消毒，在下批鹅群进场前 2 天再进行熏蒸消毒。在搬入鹅舍前必须进行翻晒消毒，可用甲醛、高锰酸钾熏蒸，最好用环氧乙烷熏蒸，因其穿透性比甲醛强，且具有消毒、杀虫功能。

（二）孵化室的消毒

孵化室的消毒效果受孵化室总体设计的影响，总体设计不合理，可造成相互传播病原，一旦育雏室或孵化室受到污染，则难于控制疫病流行。孵化室通道的两端通常要设消毒池、洗手间、更衣室，工人及工作人员进出必须更衣、换鞋、洗手消毒、戴口罩和工作帽，雏鹅调出后、上蛋前都必须进行全面彻底的消毒，包括孵化器及其内部设备、蛋盘、搁架、雏鹅箱、蛋箱、门窗、墙壁、顶棚、室内外地面、过道等都必须进行清洗喷雾消毒。第一次消毒后，在进蛋前必须再进行一次密闭熏蒸消毒，确保下批出壳雏鹅不受感染。孵化室的废弃物不能随便乱丢，必须妥善处理，因为蛋壳等带病原的可能性很大，稍有不慎就可能造成污染。

（三）种蛋的消毒

见第五章第三节。

（四）育雏室的消毒

育雏室的消毒和孵化室一样，每批雏鹅调出前后都必须对所有饲养工具、饲槽、饮水器等进行清洗、消毒，对室内外地面必须清洗干净，晾干后用消毒药水喷洒消毒，入雏前必须再进行一次熏蒸消毒，确保雏鹅不受感染。育雏室的进出口也必须设立消毒池、洗手间、更衣室，工作人员进出必须严格消毒，并戴上工作帽和口罩，严防带入病菌。

（五）饲料仓库与加工厂的消毒

家禽饲料中动物蛋白是传播沙门氏菌的主要来源，如外来饲料带有沙门氏菌、肉毒梭菌、黄曲霉菌及其他有毒的霉菌，必然造成饲料仓库和加工厂的污染，轻则引起慢性中毒，重则出现暴发性中毒死亡。饲料仓库及加工厂必须定期消毒，杀灭各种有害病原微生

现代养鹅关键技术精解

232

物，同时应定期灭虫、杀鼠，消灭仓库虫害及鼠害，减少病原传播。库房的消毒可采用熏蒸灭菌法，此法简单方便，效果好，可节省人力、物力。

（六）饮水消毒

一般大型现代养禽场，饮水卫生问题解决较好，但小型饲养场或农家鹅群，常为公用井水。在井边洗衣、洗菜，甚至剖杀病死鸡、鸭、鹅的事常有发生，对鹅群及其他畜禽的威胁极大，应引起高度重视。条件许可的养禽场或饲养专业户，应建立自己的饮水设施，如果饮用公共井水，应建立小型水池，按容积计算，每立方米水中加入漂白粉6～10克，搅拌均匀，可减少水源污染的危险。此外，防止饮水器或水槽的饮水污染，最简单的办法是升高饮水器或水槽，并随日龄的增加不断调节到适当的高度，保证饮水不受粪便污染，防止病原和内寄生虫的传播。

（七）环境消毒

禽场的环境消毒，包括禽舍周围的空地、场内的道路及进入大门的通道等。正常情况下除进入场内的通道要设立经常性的消毒池外，一般每半年或每季度定期用氨水或漂白粉溶液，或来苏儿进行喷洒，全面消毒，在出现疫情时应每3～7天消毒一次，防止疫源扩散。

（八）防虫灭鼠

蚊、蝇、节肢动物及老鼠是多种病原的传播媒介，杀虫灭鼠也是预防传染病的重要措施。禽场应根据蚊、蝇和节肢动物的活动季节，选择适当的杀虫药经常性地杀灭蚊、蝇，在老鼠经常出没的地方，如禽舍、仓库、饲料加工厂、厨房、厕所以及职工宿舍周围投放灭鼠药或在鼠洞内投杀鼠药，消灭传播媒介。

四、鹅的免疫程序

免疫程序是指在鹅的整个生长过程中，对危害鹅的多发性传染病、主要传染病的免疫接种制订出的一套完整计划。规模化养鹅场要及时掌握和了解当地、周边地区疫病发生流行情况，并根据当地动物疫病控制机构的建议制定应对措施，严格执行"预防为主，防重于治"的方针，选择合理的疫苗、接种方法和剂量，来制定各种疫苗的接种时间、次数和间隔时间，以取得最佳免疫效果。制定免疫程序必须从实际情况出发，并依据养殖场的实际生产情况不断完善免疫程序。免疫程序是否合理是现代化、集约化畜牧业能否健康发展的关键，有组织、有计划、有针对性的免疫接种，对预防某些烈性传染病具有十分重大的作用。

（一）规模化养殖鹅的疫苗免疫程序

鹅的免疫程序一般各养鹅场可以根据当地的疫情进行科学合理的制定。

1日龄：抗小鹅瘟病毒血清0.5毫升皮下注射或胸肌注射（在确保母源抗体有效时可免除注射，并改用雏鹅用小鹅瘟疫苗皮下注射0.1毫升，同时免除7日龄注射）。

7日龄：雏鹅用小鹅瘟疫苗皮下或胸肌注射0.1毫升（约7日以后产生抗体）。

14日龄：鹅疫-鹅副黏二联油乳剂灭活苗（扬州），胸肌注射0.3~0.5毫升。

30日龄：禽霍乱蜂胶苗（山东滨州）胸肌注射1毫升（对非疫区可以推迟到60日龄注射）。

90日龄：鹅疫-鹅副黏二联油乳剂灭活苗（扬州），胸肌注射0.5毫升。

160日龄（或开产前4周）：种鹅用小鹅瘟疫苗，肌内注射1毫升。

170日龄（或开产前3周）：鹅疫-鹅副黏二联油乳剂灭活苗（胸肌注射1毫升）。

180日龄（或开产前2周）：鹅蛋子瘟灭活苗，胸肌注射1毫升。

190日龄（或开产前1周）：禽霍乱蜂胶苗（山东滨州），胸肌注射1毫升。

280日龄（或开产后90日）：种鹅用小鹅瘟疫苗，肌内注射1毫升。

现代养鹅关键技术精解

290 日龄（或开产后 100 日）：鹅疫-鹅副黏二联油乳剂灭活苗，胸肌注射 1 毫升。

300 日龄（或开产后 110 日）：鹅蛋子瘟灭活苗，胸肌注射 1 毫升。

310 日龄（或开产后 120 日）：禽霍乱蜂胶苗（山东滨州），胸肌注射 1 毫升。

蛋用种鹅的下一个产蛋季节免疫：按 160 日龄以后的程序重复进行。

（二）注意事项

① 1～3 日龄，对于有鹅新型病毒性肠炎的地区可以使用抗雏鹅新型病毒性肠炎-小鹅瘟二联高免血清 0.5 毫升（或抗体 1～1.5 毫升）皮下注射。160 日龄（或开产前 4 周），用雏鹅新型病毒性肠炎-小鹅瘟二联弱毒疫苗肌内注射。也可以在 170 日龄（或开产前 3 周），用雏鹅新型病毒性肠炎-小鹅瘟二联弱毒疫苗加强一次。280 日龄也可以使用上述联苗。

② 不同鹅品种开产日龄不一样，因此免疫时间应进行调整，以开产的时间为准，如四川白鹅开产日龄 200 天的，可以按上述程序免疫；如果是 240 天的，则开产前 4 周的免疫时间调整在 200～210 日龄进行。

③ 商品仔鹅 90 天出栏，只进行 30 日龄前的免疫；产蛋鹅第一产蛋季节可以按上述程序进行，如认为开产后 90～120 日龄注射疫苗影响产蛋时可改用药物预防。留作种鹅生产的，进入下一个产蛋季节的免疫程序，应按 160 日龄以后的程序重复进行。

（三）制定免疫程序的影响因素

① 如果鹅苗的来源较杂（即种鹅的免疫状况不同、感染状况不明），将影响到雏鹅小鹅瘟活疫苗免疫程序的制定。可能正因为如此，许多鹅场采用出壳即接种抗体制品的方式预防小鹅瘟。但注射小鹅瘟抗体制品，可能并不足以完全保护雏鹅安全度过易感期。

② 种鹅的产蛋期长达 36～39 周，即使在产蛋前进行多次免疫，种鹅在整个产蛋期（特别是产蛋中后期）是否能获得足够的免

疫保护，仍是值得考虑的问题。

③ 部分养鹅企业较为重视育雏期和产蛋前的疫苗免疫，但通常忽略育成期的免疫。种鹅的育成期长达 20～22 周，而此时种鹅仍可能发生新城疫、禽流感等疾病，因此值得考虑的问题是，在育雏期免疫 2 次新城疫和禽流感油乳佐剂灭活疫苗是否能提供 28～30 周（加上 8 周的育雏期）的保护，从而使种鹅安全度过育成期，尚难有定论。

受多种因素的影响，不同鹅群对疫苗接种产生的免疫反应可能不同。因此，免疫程序不能生搬硬套，也不能一成不变。合理的做法是对免疫抗体进行监测，并依据监测结果制定出适宜的免疫程序，使之满足养鹅生产的需要。

五、鹅群紧急预防

（一）种鹅群和其他鹅群紧急预防

鹅副黏病毒病、鹅禽流感紧急预防：当周围鹅群发生鹅副黏病毒病或鹅禽流感疫病时，健康鹅群除采取消毒、隔离、封锁等措施外，对鹅群应立即注射相应疫病的灭活苗，而不用油乳剂灭活苗。因油乳剂灭活苗免疫后 15 天左右才能产生较强的免疫力，而灭活苗免疫后 5～7 天即可产生较强的免疫力，有利于提早防止鹅群被感染。每鹅皮下或肌内注射 1.0 毫升。在用灭活苗免疫后 1 个月再用油乳剂灭活苗免疫，每鹅肌内注射 1.0 毫升。

（二）雏鹅群紧急预防

1. 小鹅瘟紧急预防

每只雏鹅皮下注射高效价抗血清 0.5～0.8 毫升，在血清中可适当加入广谱抗生素。或用小鹅瘟精制抗体皮下注射，剂量为抗血清的 2 倍。

2. 鹅副黏病毒病、鹅禽流感紧急预防

方法同（一），用灭活苗皮下或肌内注射 0.5 毫升。

3. 鹅出血性坏死性肝炎紧急预防

每只雏鹅皮下注射高免抗体 1.0 毫升，或注射小鹅瘟、出血性坏死性肝炎二联抗体，每羽皮下注射 1.0 毫升。

4. 鹅浆膜紧急预防

用抗生素或化学药物紧急预防。

六、常见病鹅群紧急防治方法

（一）小鹅瘟紧急防治

雏鹅群一旦发生小鹅瘟，应立即将未出现症状的雏鹅隔离出饲养场地，放在清洁无污染场地饲养，并每只雏鹅皮下注射高效价抗血清 0.5～0.8 毫升，或 1.0～1.6 毫升精制抗体，在血清或精制抗体中可适当加入广谱抗生素。每只病雏鹅皮下注射 1.0 毫升高效价抗血清或 2.0 毫升精制抗体。患病仔鹅每 500 克体重注射 1.0 毫升抗血清或 2.0 毫升精制抗体。

（二）鹅副黏病毒病紧急防治

鹅群一旦发生鹅副黏病毒病，首先应确诊。在确诊后，立即将未出现症状的鹅隔离出饲养场地，放在清洁无污染场地饲养。除了淘汰、无害化处理病死鹅，彻底消毒饲养场地及用具外，还应采取以下措施：仔鹅、青年鹅、成年鹅，每鹅肌内或皮下注射灭活苗 1.0 毫升，通常在注射疫苗后 5～7 天可控制发病和死亡。在注射疫苗时应勤换针头，防止针头交叉感染而引起发病，在注射灭活苗后 1 个月再用油乳剂灭活苗免疫。鹅群可应用抗血清或卵黄抗体作紧急注射，有一定效果，但 6～7 天后应注射油乳剂灭活苗。也可两侧同时注射抗体和油乳剂灭活苗。雏鹅群应注射抗血清或卵黄抗体，抗体注射 6～7 天后应注射油乳剂型灭活苗。在应用疫苗或抗体免疫时，可适量用广谱抗生素和抗病毒药物。

（三）鹅禽流感紧急防治

鹅群发病时，首先应上报并及时确诊，且立即封锁，将病死鹅群扑杀作无害化处理，彻底消毒场地及用具。除了雏鹅，尤其已经免疫过的鹅群，每鹅肌内注射灭活苗 1.0 毫升，一般在 5～7 天内可控制发病和死亡。在注射灭活苗时，应勤换针头，防止因针头污染而引起发病。在注射灭活苗 1 个月后应再用油乳剂灭活苗免疫。鹅群也可用抗体作紧急注射，有一定效果，但 6～7 天后应注射油乳剂灭活苗。在用灭活苗或抗体免疫时可适量用广谱抗生素和抗病毒药物。患病的雏鹅应用灭活苗或抗体都难达到预防效果。

（四）鹅出血性坏死性肝炎紧急防治

雏鹅群发生该病时立即将未出现症状的雏鹅隔离，放在清洁无污染的场地饲养，每羽皮下注射1.0～1.5毫升高效价抗体，并可适当加入广谱抗生素。

（五）鹅鸭瘟病毒感染紧急防治

鹅群发生鸭瘟时，应清除病鹅，对场地和用具进行彻底消毒，对未出现临床症状的鹅，每羽注射2～5羽份鸭瘟弱毒疫苗，一般7天后能产生免疫力。

（六）鹅出败紧急防治

鹅群发生出血性败血病时，应将病鹅隔离后用抗生素治疗，对场地和用具进行消毒。未出现症状的其他鹅，可用疫苗进行免疫，如用灭活苗，可同时使用抗生素混合在饲料中喂服，连用3～4天，有一定疗效。

（七）鹅浆膜炎紧急防治

鹅群发生浆膜炎时，淘汰病鹅（因无治疗价值），对场地和用具进行彻底消毒。未出现症状的其他鹅，用抗生素混合在饲料中喂服，连用5～7天，有一定疗效，但该病原菌容易产生耐药性而影响药效。

第三节　常见鹅病的防治

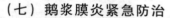

一、鹅的传染性疾病

（一）鹅禽流感

鹅禽流感又称鹅流行性感冒，是由A型流感病毒中的致病性血清型毒株所引起的鹅传染病。

1. 病原

鹅禽流感的病原体为A型禽流感病毒，有十多种血清型。

2. 流行病学

本病主要经呼吸道感染，也可由被污染的水源、羽毛、排泄物、饲料及用具经消化道感染。在鹅群附近发生禽流感的鸡、鸭群，也是重要的传染源。本病一年四季均可发生，以冬、春季节多发，夏、秋季节零星发生。气候突变，冷刺激，饲料中营养物质缺乏均能促进该病的发生。大批发病和死亡常见于10～12月及翌年的1～4月。

3. 临床症状

该病的潜伏期较短，一般为4～5天。因感染鹅的品种、日龄、性别、环境因素、病毒的毒力不同，病鹅的症状各异，轻重不一。病鹅的临床症状也有所不同，分为最急性型、急性型和亚急性型。

（1）最急性型　病鹅常突然发病，食欲废绝，低头闭目，很快倒地，不久死亡。死亡率可达90%～100%。

（2）急性型　病鹅精神沉郁，羽毛松乱，双翅下垂，拉黄绿色稀便，两腿发软，下颌、颈等皮下水肿，眼结膜充血，有出血点或出血斑，眼泪呈红色（俗称血泪），后期见眼结膜浑浊呈灰白色（俗称眼生白膜）。病鹅出现神经症状，曲颈歪头，左右摇摆或频频点头，最后倒地挣扎，终因呼吸困难而死亡。产蛋母鹅感染禽流感后产蛋率下降，破蛋、小蛋数量增加，耐过的产蛋母鹅经30～45天才能恢复产蛋。

（3）亚急性型　表现以呼吸道症状为主，一旦发病很快波及全群。病鹅呼吸急促，流浆液性鼻液，呼吸时发出啰音、咳嗽，经2～3天大部分病鹅的呼吸道症状减轻。若在发病早期及时控制，症状迅速减轻或消失，只有少数病鹅转为慢性型。母鹅染病后主要以产蛋率下降为主，死亡率很低。

4. 剖检变化

头部肿大的病例，可见头部皮下呈胶冻状，颈上段肌肉出血，鼻黏膜充血、出血和水肿，鼻腔充满血样黏液性分泌物，喉、气管黏膜有不同程度的出血。严重病例可见腺胃分泌物增多，腺胃与肌胃交界处有出血点或出血带。肠黏膜充血、出血，尤以十二指肠严重，心肌、肺、肝、肾、脾、脑等均有不同程度的出血。产蛋鹅卵泡充血、出血、变形和皱缩，输卵管黏膜充血、出血。

5. 诊断

由于本病的临床症状和病理变化差异较大，所以确诊必须依靠病毒的分离、鉴定和血清学试验。

本病在临床上与新城疫的症状及剖检变化相似，应注意鉴别。

6. 防治措施

该病属法定的畜禽一类传染病，危害极大，故一旦暴发，确诊后应坚决彻底销毁疫点的所有鹅只及有关物品，执行严格的封锁、隔离和无害化处理措施。严禁外来人员及车辆进入疫区。鹅群处理后，鹅场要全面清扫、清洗、消毒，空舍至少3个月。

预防和控制鹅禽流感的方法，中心的问题是防止病毒的入侵，这在大、中型鹅场较易操作，对于广大养鹅专业户认真操作起来比较困难。因鹅群不大，有些鹅群还要经常放牧。因此，预防鹅禽流感只能加强饲养管理，搞好环境卫生，增强鹅体的抗病力以及做好免疫接种，提高鹅体对鹅禽流感的免疫力。

（1）疫苗接种　疫苗最好选用多价灭活苗。种鹅7～10日龄首免，在颈部背侧的下1/3正中处皮下注射，每只0.5毫升；肉鹅注射一次即可，种鹅50～60日龄二免，每只注射1～1.5毫升；开产前三免，每只注射2～3毫升，以后每4～5个月免疫1次。种鹅未免疫的，所产种蛋孵出的雏鹅5～15日龄首免，每只注射0.5毫升；60日龄二免，每只注射1～1.5毫升。种鹅已免疫的，所产种蛋孵出的雏鹅15日龄左右首免，60日龄二免。

（2）使用抗生素和抗病毒药物　用抗生素控制继发感染，可降低鹅群发病造成的损失。抗病毒药物如病毒唑或盐酸吗啉胍（病毒灵）0.01%～0.05%饮水，连用5～7天；或盐酸金刚烷胺或盐酸金刚乙胺0.05%～0.08%拌料连用5～7天。也可用中药板蓝根2克/（只·日），大青叶3克/（只·日），粉碎后拌料，配合防治。抗菌药物如环丙沙星或培氟沙星等0.005%饮水，连用5～7天，以防止大肠杆菌、支原体等继发感染与混合感染。

（3）注意事项　不要将鹅群与其他家禽混养。一旦发现疑似禽

现代养鹅关键技术精解

流感症状的鹅，要立即将鹅场封锁，同时上报有关部门进行诊断或处理，并注意自身安全防护。

7. 鉴别诊断

禽流感病毒引起鹅群发病的流行特点、症状及病理变化与一些其他鹅病极为相似，特别是某些疾病的混合感染或继发感染，往往使病情更为复杂和缺乏典型病状和病变，给诊断带来困难，或容易发生误诊。因此，必要的鉴别诊断十分重要。

（1）与鹅副黏病毒病的鉴别　鹅禽流感的特征是全身器官以出血为主；鹅副黏病毒病的特征是以脾脏肿大，并有灰白色、大小不一的坏死灶，肠管黏膜有散在性或弥漫性大小不一、灰白色的纤维素性结痂病灶为主。

（2）与鹅巴氏杆菌病的鉴别　鹅巴氏杆菌病的病原体是禽多杀性巴氏杆菌，其主要病理变化的特征是肝脏有散在性或弥漫性针尖大小、边缘整齐、灰白色并稍突出于肝表面的坏死灶（详见鹅巴氏杆菌病部分）。鹅禽流感的肝脏以出血为特征，无灰白色坏死灶。

（二）鹅副黏病毒病

鹅副黏病毒病的发生、流行无明显的季节性。各种日龄的鹅对本病均有易感性，但发病率和死亡率与鹅群日龄有一定关系，日龄越小，发病率和死亡率越高。据对300余群不同日龄的鹅群的调查统计，其发病率为40%～100%，平均为60%左右；死亡率为30%～100%，平均40%左右。发病日龄最小为3日龄，最大为300日龄以上，两周龄以内雏鹅的发病率和死亡率可高达100%，其危害程度已超过小鹅瘟，因为小鹅瘟仅发生于1月龄内的雏鹅。患病鹅群内饲养的鸡在鹅群发病后2～3天也会感染发病，鸡的死亡率达80%以上，其症状及病变与鹅基本一致，而同群鸭未见发病。

1. 病原

鹅副黏病毒病是由副黏病毒引起的一种具有高发病率和死亡率的传染病。病鹅及其分泌物、排泄物是本病的主要传染源，鹅副黏病毒的抵抗力不强，容易被日光杀死，在干燥及腐败环境中很快失活，但在阴暗、潮湿、寒冷的环境中，病毒能够生存很久，组织器官和尿液中的病毒在 0℃ 环境中，至少可以存活 1 年以上，在土壤中，病毒能够存活 1 个月。患病鹅的肝脏、脾脏、心脏、肾脏、法氏囊、胰腺、胸腺、肺、气管、血液、肌肉、脑组织、食道、肠道等均含有大量病毒，患鹅咳嗽及打喷嚏时排出的飞沫和排泄物及羽毛等也含有大量病毒。被病鹅唾液、鼻涕、眼泪、粪便污染的饲料、垫料、饮水、用具和孵化器等是重要传染源。

2. 流行病学

本病主要通过消化道和呼吸道感染。当易感鹅吸入病毒或食入病毒之后就会感染，感染会从一个鹅群传到另一个鹅群，从而引起大流行。病毒在被感染而未出现症状的鹅体内迅速复制，通常在鹅出现症状之前 24 小时，病毒已大量地从口、鼻分泌物和粪便中排出。患病鹅在症状消失后 5～7 天才停止排毒，有的甚至 14 天还有病毒排出，因此康复鹅应隔离 2 周后才入舍，否则将成为传染源。

被污染的炕坊是重要传染源，鹅副黏病毒可通过鹅蛋传播。患鹅副黏病毒病的种鹅所产的蛋含有病毒，且蛋壳外带有大量副黏病毒及其他微生物。许多孵化鹅蛋的炕坊长期以来没有或很少进行消毒，此外，对死胚、臭蛋等没有进行无害化处理，因此被污染的炕坊是鹅副黏病毒病的重要传染源。

不当的饲养管理易诱发鹅副黏病毒病：一是许多饲养户习惯于在鹅群内或饲养场内饲养数量不等的鸡，鹅和鸡的副黏病毒均属于禽副黏病毒Ⅰ型 F 基因血型，相互间有高传染性，因此鸡发生新城疫时对鹅群有很大的威胁；二是种鹅饲养户习惯从市场购买一家或数家的后备种鹅作种用，但饲养户因不了解鹅群周围疫情以及疫苗免疫情况等，故常在鹅群引进后 1～3 天内引起发病；三是鹅群之间靠得太近，一旦发病，势必引起邻近鹅发病，尤其是鹅群饲养水环境受到污染时，一般在 3～5 天内暴发本病，日龄小的雏鹅在 1～2 天内大量发病死亡。

鹅群未得到有效免疫是鹅副黏病毒病流行的关键，本病是近年发现的新传染病。由于鹅副黏病毒和鸡副黏病毒均属于禽副黏病毒Ⅰ型，常被认为是鹅的新城疫，但鹅副黏病毒属于 F 基因Ⅶ型毒株，而鸡新城疫病毒属于 F 基因Ⅱ型毒株，二者的抗原性存在差异，因此用新城疫疫苗免疫鹅群难以达到预防和控制鹅副黏病毒病的目的。目前，预防鹅副黏病毒病的生物制剂有灭活苗和抗体两种，但灭活苗的质量与毒株鉴定和筛选以及抗原含量、制备工艺等有密切的关系，而且鹅副黏病毒灭活苗免疫期短（仅有2个月左右），如不按免疫程序免疫就很难使鹅群得到保护。抗体作为紧急预防和治疗有一定效果，但被动免疫期很短，一般不作预防用。

3. 临床症状

此病流行初期，病鹅食欲减少，羽毛松乱，渴欲增加，缩颈，看似比正常的短一些，用手触摸发硬；两腿无力，孤立一旁或瘫痪；羽毛缺乏油脂，容易附着污秽物；开始排白色稀粪，中期粪便带红色，后期呈绿色或黑色。部分病鹅呼吸困难，甩头，口中有黏液蓄积；有些病鹅有扭颈、转圈或向后仰等神经症状。

4. 剖检变化

病死鹅尸体消瘦，剖检见脾脏肿大，表面和实质有大小不等的白色坏死灶。病变的主要部位在肠道，十二指肠、空肠、回肠出血、坏死，结肠部分出现溃疡灶，小的如豆状，大的如小纽扣状，病灶中心发黑，易与肠管剥离，剥离后肠管变薄、出血；胰腺有出血和灰白色坏死灶，肝脏肿大、淤血；腺胃与肌胃交界处有出血点；泄殖腔有时出现溃疡病灶；鹅口腔黏液较多，喉头出血；食道黏膜，特别是下端有芝麻大小灰白色或淡黄色结痂，易剥离，剥离后可见紫色斑点或溃疡。

5. 诊断

根据临床症状和剖检变化，可初步诊断为鹅副黏病毒病。

6. 预防和扑灭鹅副黏病毒病的措施

（1）正确使用疫苗　对鹅副黏病毒病，目前没有活苗供使用，仅有灭活苗。鹅副黏病毒病灭活苗有Ⅰ号和Ⅱ号两种剂型，使用时应根据不同地区的疫病流行情况以及鹅群的用途选用，才能有效地预防和扑灭本病。

（2）种鹅群免疫　种鹅群至少应经四次灭活苗免疫。第一次免疫，在7～15日龄用Ⅰ号剂型，每雏皮下注射0.5毫升；第二次免疫，在第一次免疫后2个月内用Ⅰ号剂型，每鹅皮下或肌内注射

0.5 毫升；第三次免疫，在产蛋前 15 天左右用Ⅰ号剂型，每鹅肌内注射 1.0 毫升；第四次免疫，在第三次免疫 2 个月后用Ⅱ号剂型，每鹅肌内注射 1.0 毫升。经四次灭活苗免疫后，种鹅群在整个饲养期内能比较有效地抵抗本病。

（3）雏鹅群免疫 种鹅经免疫且母源抗体 HI 为 24 的雏鹅群，第一次免疫，在 15 日龄左右用Ⅰ号剂型灭活苗免疫，每雏皮下注射 0.5 毫升；第二次免疫，在第一次免疫后 2 个月内进行，每鹅肌内注射 0.5 毫升。种鹅未经免疫或无母源抗体的雏鹅群，第一次免疫应在 2～7 日龄或 10～15 日龄时用Ⅰ号剂型灭活苗免疫，每雏皮下注射 0.5 毫升；第二次免疫，在第一次免疫后 2 个月内进行，每鹅肌内注射 0.5 毫升。

（4）紧急预防接种 当鹅群周围已发生鹅副黏病毒病时，对健康鹅群除采取消毒、封锁等措施外，应立即注射Ⅱ号剂型灭活苗。因Ⅰ号剂型灭活苗免疫后需要 15 天左右才能产生免疫力，而Ⅱ号剂型灭活苗免疫后 5～7 天即能产生较强免疫力。每鹅皮下或肌内注射 0.5 毫升，种鹅 1.0 毫升。在Ⅱ号剂型灭活苗免疫后 1 个月再用Ⅰ号剂型灭活苗免疫。

（5）控制、扑灭措施 鹅群一旦发生鹅副黏病毒病首先应确诊。在确诊后，立即将未出现症状的鹅隔离于清洁无污染的场地。除了淘汰、无害化处理死鹅，彻底消毒饲养场地及用具外，可采取以下措施：仔鹅、青年鹅、成年鹅，每鹅肌内或皮下注射Ⅱ号剂型灭活苗 1.0 毫升，一般在注射疫苗后 5～7 天左右可控制发病和死亡。在注射疫苗时应常换针头，防止交叉感染引起发病。在注射Ⅱ号剂型灭活苗 1 个月左右用Ⅰ号剂型灭活苗免疫。鹅群可用抗血清或卵黄液紧急注射，但 6～7 天后应注射Ⅰ号剂型灭活苗。在应用疫苗或抗体免疫时可适量应用广谱抗生素和抗病毒药物。

（6）炕坊要求 种鹅蛋应来自健康无病的鹅群，本病流行场的鹅蛋禁止作种蛋用。鹅群必须在康复 15 天后其蛋才能作种蛋用。种蛋入孵前应先清理蛋壳表面的污物，然后经消毒处理后再入炕。炕坊内的孵化设备、用具以及屋内地面应定期消毒。

（7）免疫程序 科学的免疫程序对防治鹅副黏病毒病极为重

要，但它受到很多因素的影响，如疫苗的质量、鹅群免疫应答基础、母源抗体水平、个体差异、干扰免疫的疾病，以及饲养场的卫生防疫条件等。所以，免疫程序不能千篇一律，关键是要做好鹅群的免疫监测工作，定期检测鹅群的鹅副黏病毒抗体（HI 抗体）的消长和水平，一旦发现鹅群的 HI 抗体水平下降（通常以 HI 抗体效价 1：16 作为临界点），就必须进行加强免疫。

（8）综合措施　采取综合防治措施，以控制本病的发生和流行。有计划地做好鹅群的免疫监测和接种工作，使鹅群保持较高的抗体水平；新引进的鹅必须严格隔离饲养，同时接种鹅副黏病毒病灭活疫苗，经过两个星期确认无病后，才能与健康鹅混养；鹅场要严格执行卫生防疫制度，人员进出要消毒。除做好防治外，鹅群必须与鸡群严格分开饲养，避免相互传播疾病。

（三）禽沙门氏菌病（禽副伤寒）

本病又称禽副伤寒，是各种家禽都发生的常见传染病，主要危害幼鹅，呈急性或亚急性经过，表现为腹泻、结膜炎和消瘦等症状，成年鹅呈慢性或隐性经过。

1. 病原

本病病原为多种沙门氏菌，主要为鼠伤寒沙门氏菌、肠炎沙门氏菌、鸭沙门氏菌和鸡白痢沙门氏菌。该病病原抵抗力不强，60℃15 分钟失去致病性，普通消毒药能很快使之灭活。该菌在土壤、粪便和水中能生存很长时间，最多达 280 天之久；该菌毒素较耐热，75℃ 1 小时仍不能灭活。

2. 流行病学

病鹅和带菌鹅是本病外源性感染的传染源，本菌又是条件致病菌，在健康鹅消化道中都有存在，当机体抵抗力下降时发生内源性感染。本病的传播途径主要是消化道，其次是污染的种蛋垂直传播，少数情况下可通过呼吸道传播。被污染的饲料、饮水、用具、土壤及鹅舍环境等都是本病的传播媒介。各种应激因素，如不良的环境、不利的天气、长途运输等，都是促使本病发生的诱因。

3. 症状与病变

经蛋垂直传染的雏鹅，在出壳后数日内很快死亡，无明显症状。出壳后感染的雏鹅，表现食欲不振、口渴、腹泻，粪便呈稀粥样或水样，常混有气泡，呈黄绿色；肛门周围被粪便污染，干涸后封闭泄殖腔，导致排粪困难；眼结膜发炎、流泪、眼睑水肿、半开半闭；鼻流浆液性或黏液性分泌物；腿软、呆立、嗜睡、缩颈闭目、翅膀下垂、羽毛蓬松；呼吸困难，常张口呼吸。多在病后2～5天内死亡。成年鹅无明显症状，呈隐性经过。主要病变在肝脏，肝肿大、充血、表面色泽不均，呈黄色斑点，肝实质内有细小灰黄色坏死灶（副伤寒结节）；胆囊肿大，充满胆汁；肠黏膜充血、出血、淋巴滤泡肿胀，常突出于肠黏膜表面，盲肠内有白色豆腐样物；有时有卵巢、输卵管、腹膜的炎性变化。

4. 诊断

本病缺乏特征性症状及病变，经临床和剖检检查只有初步怀疑本病，确诊只能做病原学检查。

5. 防治措施

预防本病最主要的方法是保持种鹅健康，慢性病鹅必须淘汰。孵化前对种蛋和孵化器进行严格消毒。雏鹅与成年鹅分开饲养，并做好卫生消毒及饲养管理工作。对发病的雏鹅群可进行药物治疗和预防，常用药物有：①氯霉素，肌内注射12～15毫克/只，或以0.05%～0.1%浓度混料饲喂，连用3～5天；②环丙沙星或氟哌酸，按0.05%～0.1%混饲，连喂3天，或氟哌酸片半粒/只口服，连用3天；③鲜大蒜捣烂，按1份大蒜加5份清水，制汁内服，既可预防，也可治疗。

（四）小鹅瘟

小鹅瘟是雏鹅的急性或亚急性败血性传染病，以渗出性肠炎、肝炎、肌肉变性，特别是心肌变性为主要特征。病原是细小病毒，我国1956年在扬州首先发现本病，1961年分离到病原体，称小鹅瘟病毒，迄今已在我国南北方20余个省（区、市）流行。

1. 病原

本病的病原目前国内外已基本统一称为细小病毒。我国分离的毒株为圆形，无囊膜，大小为22～25纳米。迄今为止，世界各地对小鹅瘟细小病毒的研究证明只有一个血清型。国内各地分离的毒

现代养鹅关键技术精解

株抗原性也无明显差异。本病毒对外界的抵抗力较强，在－20℃下可存活 2 年以上，能抵抗 56℃ 的高温 3 小时。

2. 流行特点

本病在自然情况下只感染雏鹅，鸡、鸭不受感染，人工接种也不发病，雏鹅患病的日龄为 3～30 日龄，1 月龄以上发病的极少，以 5～15 日龄发病的最多，病死率高达 75%～95%。20 日龄以上发病的不多。本病的传染源为带毒的种蛋孵化后感染的雏鹅。当孵出的雏鹅发现受感染后，以后各批常呈暴发流行，所以污染的孵化室也是本病的传染媒介。在饲养肉鹅的地区，由于每年都在成批更新鹅群，所以本病常呈周期性流行。据报告，本病大流行后 1～2 年内不出现大规模流行，在大流行次年的雏鹅人工接种强毒，有 75% 的雏鹅有抵抗力，每年不大批更新鹅群的地区，发病率和死亡率却较低，一般在 20%～50%。

3. 临床表现

本病潜伏期 3～5 天。根据病程长短分最急性型、急性型和亚急性型。

（1）最急性型病例 见于出壳后 3～10 日龄发病的雏鹅，常无先期症状，突然发病倒地死亡。

（2）急性型病例 多见于 5～15 日龄的小鹅。主要表现精神委顿，羽绒松乱，声音嘶哑，有采食动作，但不吞咽，含起青草又摆头甩掉。症状出现后数小时行走迟缓，打瞌睡，只饮水，不吃，腹泻，排黄白色或淡绿色稀粪，肛门突出，肛周绒毛被粪便粘污，后期呼吸困难，鼻孔中有浆液性分泌物流出，死前出现抽搐、脚麻痹的现象。病程 1～2 天，最后因心力衰竭而死亡。

（3）亚急性型 多见于 15 日龄以上的小鹅。部分由急性型转化而来，主要表现为精神委顿，不吃，消瘦，腹泻，少数病例可排出条状香肠样、表面有纤维素性假膜的硬性粪便。本型病程较长的病例可能耐过，但早期生长迟缓。

4. 剖检病变

最急性型病例除肠道有急性卡他性炎症外，其他脏器病变不明显。急性型病例尸体消瘦，眼窝下陷，口腔黏膜棕褐色，有多量黏液性分泌物，全身皮下广泛性出血，胸腔积液，心肌松软、苍白，脂肪变性，冠状沟有点状出血，肝淤血肿大，呈紫红色或淡棕色，被膜下有出血点或出血斑，肝实质脆弱，切面有粟粒大坏死点，胆囊肿大，充满暗绿色胆汁，肾肿大淤血，呈暗红色，胰腺肿大，呈灰白色，有点状坏死灶，空肠、回肠有急性纤维素性渗出物，肠内容物稀薄，有血块，多数病例小肠扩张，肠壁变薄，肠内容物呈胶冻样，混有血块，黏膜脱落，典型病例小肠中段黏膜坏死、脱落，与凝固性纤维素性炎性渗出物融合成硬块，阻塞小肠，外表呈香肠状。

5. 诊断

根据本病的流行病学特点，临床症状和剖检病变可初步做出诊断，但确诊必须进行病原分离鉴定，根据病原分离和中和试验结果即可确诊此病。

6. 鉴别诊断

据报道，加拿大发现一种以感染 8～28 日龄雏鹅为主的腺病毒，引起雏鹅急性死亡，死亡率达 25%，主要病变为肝苍白，脂肪变性、肿大，有多量散在性出血点和坏死灶，皮下广泛性出血，腹水增多。用肝细胞触片染色显微镜检查，发现细胞核内出现嗜碱性和嗜酸性染色的两种核内包涵体，轮廓清晰。电子显微镜检查发现晶格状排列的病毒粒子，大小为 55～66 纳米，具有腺病毒的特征，人工复制病例，也能出现和自然病例相似的病状和剖检病变及核内包涵体。本病的临床症状和病变与小鹅瘟极为相似，但病毒中和试验，彼此不出现相互中和反应，病原为腺病毒，与小鹅瘟病毒的抗原特性完全不同，鹅的腺病毒感染，国内研究不多，在诊断中应引起重视。

7. 防治措施

各种抗生素及磺胺类药物对本病治疗无效。早期病例可皮下注射抗小鹅瘟高免血清 0.5 毫升，隔日重复注射一次，有一定疗效。重症病例注射剂量适当加大。对未出现症状的雏鹅用高免血清紧急预防注射，可控制本病的流行。

8. 预防

小鹅瘟主要是种蛋带毒感染和孵化室的污染传播，所以在种蛋

现代养鹅关键技术精解

孵化前应进行表面浸渍消毒，同时孵化室在上蛋前也应进行彻底消毒，如果雏鹅出壳后5～6天发现大批发病死亡，表明孵化室已受到严重污染，应停止继续孵化，进行全面彻底消毒，查明污染原因。

研究证明，小鹅瘟病毒可以通过母鹅垂直传播，因此控制疫区种蛋的随意流动是防制小鹅瘟的重要一环。此外，在有小鹅瘟发生的地区，每年在母鹅产蛋前25～30天，应对种鹅进行预防接种，不仅能有效地防止种蛋带毒，雏鹅出壳后还可从卵黄中获得母源抗体，产生被动免疫，抵抗小鹅瘟细小病毒的传染。

（五）鹅巴氏杆菌病（鹅出血性败血病）

鹅巴氏杆菌病又称鹅出血性败血病，简称鹅出败，是由禽型多杀性巴氏杆菌引起鹅的一种急性败血性传染病。本病分急性型和慢性型两种：急性型表现为败血症，发病率和死亡率很高；慢性型表现为呼吸道炎、关节炎。

1. 病原

鹅出败由禽型多杀性巴氏杆菌引起，菌体呈卵圆形或短杆状，宽0.25～0.4微米，长0.6～2.5微米，革兰氏阴性，无芽孢，无鞭毛，不运动，用瑞氏染色，显微镜下观察，菌体两端着色较深，呈明显的两极染色，中央部位着色较浅，很像并列的两个球菌，所以又称两极着色杆菌，在人工培养基上继代，这种特性消失，在病禽组织新分离的菌株还可见荚膜。本菌为需氧兼性厌氧菌，在普通培养基上生长良好，菌落呈露珠状，不透明。根据本菌不同荚膜抗原分为A、B、C、D四个基本型。鹅的巴氏杆菌主要是A型菌，少数为D型菌引起，禽巴氏杆菌对外界抵抗力不强，5%石灰水、1%漂白粉溶液都有良好的杀灭作用，阳光直射和干燥环境中菌体很快死亡，60℃10分钟可杀死本菌，冬季菌体在鹅尸体中可存活4个月以上，一般季节可存活1～3个月。

2. 流行特点

家禽包括鸡、鸭、鹅、火鸡对本病有易感性。野鸭、海鸥、麻雀、啄木鸟、白头翁等多种飞鸟都可感染致死，各种试验动物如小白鼠、豚鼠、家兔、鸽也能感染死亡。本病在鹅群中多为散发，但水源严重污染，鹅在污染水中游泳也能引起暴发流行。本病的传染源为病死的鸡、鸭、鹅、兔，或带菌的病禽，污染的环境，饲养工具。饲料、饮水、带菌的飞沫、灰尘等是主要的传播媒介，病原通过消化道、呼吸道进入体内。在自然情况下，巴氏杆菌也存于鹅的呼吸道，平时并不致病，当禽舍潮湿、阴暗、拥挤，气候突变，维生素缺乏，蛋白质及矿物质饲料不足，体内外寄生虫感染等不良因素的刺激导致鹅的抵抗力降低时可诱发本病。

3. 临床表现

自然感染的潜伏期为 3～5 天，本病在临床上因个体抵抗力的差异和病原菌毒力的差异，其症状表现可分为三型：

（1）最急性型　多见于流行初期，高产母鹅感染后多呈最急性型。无先期症状，常突然发病倒地死亡，有时晚上喂料时无异常发现，次日早晨却发现病鹅死于鹅舍内。

（2）急性型　本型最为多见。病鹅主要表现精神沉郁，不吃，离群，蹲伏地上，头藏在翅下，驱赶时，行动迟缓，不愿下水，腹泻，排灰白色或黄绿色稀粪，体温升高达 42～43℃，呼吸困难，病程 2～3 天，多数死亡。

（3）慢性型　多见于流行后期，部分病例由急性型转化而来。病鹅主要表现为持续性下痢，消瘦，后期常见一侧关节肿大，化脓，精神不佳，食量小或仅饮水，驱赶出现跛行，部分病例还表现呼吸道炎，鼻腔中流出浆液性或黏性分泌物，呼吸不畅，贫血，肉瘤苍白，病程可持续 1 个月以上，最后因失去生产能力而被淘汰。

4. 剖检病变

死于最急性型的尸体可见肝脏有不同程度的肿大淤血，心冠、心外膜有少量散在性出血点，消化道无显著病变。急性型病例全身出现败血症病变，浆膜、黏膜有点状出血，心包积液，色淡红，心包膜有点状出血，左、右心室内膜，冠状沟有点状出血，肝肿大、充血、质脆，肝被膜下有粟粒大小的棕色或灰白色坏死灶，气管及支气管黏膜充血、出血，肺充血，被膜下有点状出血，小肠黏膜有不同程度的炎性病变。慢性型病例主要病变见于小肠和回肠有不同程度的卡他性炎性病变，小肠黏膜脱落，黏膜下层水肿，肠壁增厚，脚关节炎性肿大，化脓，切开有干酪样物。

5. 诊断

根据临床症状和剖检病变，对本病不难做出诊断；进一步确诊，可采取死鹅肝、腺组织涂片，血液涂片，革兰氏染色镜检，如出现大量革兰氏阴性两极着色小杆菌即可确诊，也可用病变组织做细菌培养和动物接种分离病原菌，最后做出诊断。

6. 预防

对本病的预防，平时应加强饲养管理和清洁卫生，经常保持鹅舍干燥通风，防止气候的突然变化和饲料的骤然变化，减少不良因素的刺激，同时要有计划地做好鹅群的预防免疫工作。大群饲养可采用饮水免疫，效果好，省力，目前国内用于饮水免疫的有 1010 禽霍乱弱毒菌苗，免疫期可达 8 个月。也可用 CV 系禽霍乱弱毒冻干苗，用铝胶水作百倍稀释，每只鹅颈部皮下注射 0.5 毫升，2 周后重复注射一次，7 天后开始产生免疫力，免疫期 3 个月。

7. 治疗

青霉素、链霉素、氯霉素、土霉素可用于本病的治疗，对急性病例有一定疗效。青霉素成年鹅每只 5 万~8 万单位，一日 2~3 次，肌内注射，连用 4~5 天；链霉素每只成年鹅肌内注射 10 万单位，每天一次，连用 2~3 天；土霉素每千克饲料中加入 2 克，拌匀饲喂；氯霉素每千克体重 50 毫克，内服，一日一次，连用 2 天。仔鹅的药量可酌情减少。

磺胺类药物：20％磺胺二甲基嘧啶钠注射液，每千克体重肌内注射 0.2 毫升，每日 2 次，连用 4~5 天；长效磺胺每千克体重 0.2~0.3 克内服，每日一次，连用 5 天；复方敌菌净按饲料重量加入 0.02％~0.05％拌匀饲喂，连用 7 天。

紧急预防和治疗，可用抗禽霍乱高免血清皮下注射 3~5 毫升，治疗量可适当加大，隔日重复注射一次，对早期病例有效。

（六）小鹅流行性感冒

本病是鹅尤其是小鹅的一种急性传染病，以呼吸困难，鼻腔流出大量分泌物为特征，发病率和死亡率高达 90％以上。

1. 病原

对本病的病原尚有争议，我国和国外某些研究者认为是由和流行性感冒嗜血杆菌类似的细菌（称为鹅嗜血败血杆菌）引起。本菌为革兰氏阴性小杆菌，常为两个菌体相连，似两极着色杆菌或双球菌，培养物一般为单个排列，也有呈双联结的，菌体大小为1.5微米×0.5微米，亦可见7～13微米的丝状细胞，无芽孢，无荚膜，不运动，易为碱性复红染色，沙黄染色不佳。本菌在全血琼脂平板上生长良好，菌落细小黏稠，半透明，边缘整齐、表面光滑，略突出，有光泽，用纯培养物通过不同途径人工接种各种年龄的鹅均能发病，小白鼠、豚鼠、家兔、鸡、鸭和鸽不受感染。本病的病原体主要存在于病鹅的分泌物、血液以及肝、脾、肺、气囊壁等组织中，病鹅是主要传染源。

2. 流行特点

本病主要发生于鹅，特别是500克左右的仔鹅最易感染，成年鹅发病率较低。

3. 临床表现

本病潜伏期，人工病例9～24小时，主要特征是呼吸困难，鼻孔中有大量浆液性分泌物流出，病鹅常摇头甩掉分泌物，严重病例不吃食，缩颈伏卧地上，张口呼吸，有鼾声，病程2～4天，死亡率25%～95%，一般轻症病例可以耐过，重症病例多数死亡，耐过者常出现脚麻痹，站立不稳，或不能站立，最后被淘汰。

4. 剖检病变

主要呈急性败血症损害，鼻腔中有浆液性或黏液性分泌物。肺淤血，气管及支气管充血、出血，管腔中有半透明渗出物；心内膜及外膜有出血点或大小不等的出血斑；肝轻度肿大、淤血；胆囊肿大，充满胆汁；肾淤血。

5. 诊断

根据流行特点及临床表现可初步做出诊断，确诊则需进行病原菌分离鉴定和动物接种试验，必要时可采取肝、脾、肾组织送实验室检查。

6. 防治措施

对病鹅的治疗可用10%磺胺嘧啶肌内注射，每千克体重注射0.5～1毫升，一日两次，连治2～3天。也可用片剂内服，每千克体重 0.1～0.2 克，连续治疗 2～3 天，有较好疗效，但对某些病例无效，可能有其他继发感染。

7. 预防

本病目前尚无菌苗预防接种，有人曾用嗜血杆菌纯培养物制成灭活菌苗，肌内注射和口服免疫，证明有良好的免疫原性，有条件的，必要时可生产试用。

（七）鹅大肠杆菌性腹膜炎

本病是产蛋母鹅和仔鹅的一种常见传染病，主要引起成年母鹅生殖器官卡他性出血性炎性病变。

1. 病原

大肠杆菌是人类和动物肠道正常寄生菌群，一般情况下对机体无害，并能合成 B 族维生素和维生素 K，产生大肠菌素，对机体有益。当机体抵抗力降低或大肠杆菌侵入肠道以外的组织器官时，即可引起大肠杆菌感染。大肠杆菌是各型菌株的总称，革兰氏阴性，为中等大小的短杆菌，无芽孢，有鞭毛，能运动。兼性厌氧菌，对糖类发酵力很强，对外界不良因素的抵抗力不强；加热 $50℃30$ 分钟、$60℃15$ 分钟死亡，一般消毒药物均能杀死本菌。

2. 流行特点

大肠杆菌广泛分布于自然界，是人和动物肠道的常在菌，随粪便排出到外界，污染江、河、塘、堰、沟、渠、水池及周围环境，由于大肠杆菌中某些血清型菌株能产生毒素，具有致病力，能引起人和多种动物的大肠杆菌感染。当水源受到严重污染，鹅群在污染的水中寻食、交配，就很容易将病原传入生殖道和消化道，特别是进入春季和初夏，气候暖和，水温上升时，也正是母鹅进入产卵的旺季，性活动旺盛，交配频繁，生殖道受感染的机会大大增加，如果生殖道有寄生感染，就更容易促进发病，所以本病多发生于母鹅产蛋高峰季节，产蛋停止，病亦随之停息。本病能致成批发病和死亡，发病率高达 35% 以上，公鹅也能受到感染，主要引起生殖器发炎、溃烂，失去交配能力，但很少死亡。

3. 临床表现

病鹅主要表现精神委顿，减食或食欲废绝，行走缓慢，常蹲伏地上，不愿下水，触诊腹部，有疼痛反应，产卵减少或停止，亦常见产软壳蛋，部分病例随泄殖腔排出蛋白和卵黄，肛门周围亦常被污染结成硬块，病程3～7天，病鹅因严重失水，消瘦，心力衰竭而死亡，病死率高达70%左右。公鹅感染后，表现阴茎炎性水肿或溃疡，重症病例出现化脓性结节，有的产生坏死灶，阴茎不能回缩入泄殖腔，失去配种能力。

4. 剖检病变

病鹅外观羽毛蓬乱，消瘦，眼球下陷，肉瘤萎缩，喙干燥，皮肤干燥、萎缩，呈严重脱水状态；呼吸系统无显著变化，心肌松软、色淡，腹腔积液，充满淡黄色、淡红黄色腹水及凝固性纤维蛋白，腹水常见卵黄凝块、肠浆膜显黄色，有卡他性出血性炎性病变，腹膜有不同程度的炎性纤维素性渗出物附着，剥出纤维素性渗出物，可见出血点或出血斑。输卵管黏膜发炎，有出血点和淡黄色纤维素性渗出物，管腔中有破裂的卵脓块。卵巢呈急性出血性炎性病变，有的卵滤泡出血或破裂。

5. 诊断

根据产卵季节以产卵母鹅发病为主，结合剖检病变，可初步做出诊断，进一步可采取输卵管分泌物及病变的卵子做病原分离、生化鉴定和血清学分类鉴定后即可做出确诊意见。

6. 预防

对本病的预防应加强饲养管理，改善放养条件，更换死水塘堰的污染积水，避免鹅群在严重污染的塘、堰中放牧，减少传播机会。对公鹅应逐只检查，发现外生殖器有可疑病变的应停止配种，有条件的饲养场可进行人工授精。在本病发生的地区，每年产蛋前半月可用蛋子瘟灭活菌苗进行预防接种，免疫期5个月。已发生本病的鹅群，接种量可适当加大，接种后5～7天，病情即可逐渐停息。

7. 治疗

可选用链霉素治疗，每只鹅肌内注射5万～8万单位，每天注射2次，连用3天，效果良好。也可用氯霉素肌内注射，每只鹅60～80毫克，一日两次，连治3～4天。此外，可用磺胺嘧啶、呋喃唑酮等拌入饲料喂饲，有一定疗效。

（八）鹅链球菌病

鹅的链球菌病是由非化脓性有荚膜的链球菌引起的，是鹅的一种急性败血性传染病，特征为高热、下痢、麻痹。

1. 病原

链球菌为革兰氏阳性球菌，本菌群种类复杂，根据在鲜血琼脂上生长产生对红细胞的作用不同分为溶血性链球菌、不溶血链球菌和草绿色链球菌三群。引起鹅链球菌病的为溶血性链球菌，可产生杀白细胞毒素，本菌对外界的抵抗力较弱，80℃15分钟可杀死，一般消毒药有良好的消毒杀灭作用。

2. 流行特点

鹅、鸡、鸭、鸽有易感性，猪、羊、狗也可感染，实验动物小白鼠、兔人工接种可引起死亡，从血液培养基中可分离到纯培养物。本病在鸡、鸭、鹅及猪群中发病，可引起地方性大流行，传播迅速，造成大批死亡。病原存在于病畜禽的血液中，肝及其他脏器也含有大量病原菌，病愈鹅可成为带菌者。本菌通过呼吸道传染，也能通过接触传染，羽虱可成为机械传播媒介。

3. 临床表现

本病根据临床表现分为急性型和慢性型两种。急性型多见于3～5个月龄的仔鹅，常突然发病，两翅扇动，站立不稳，走几步即倒地抽搐而死。慢性型病例，体温升高，精神委顿，停食，闭眼，呼吸困难，常伏在地上昏睡；腹泻，拉黄绿色稀粪，产蛋停止。病程4～9天，部分病例可能耐过，成为带菌者，本病急性流行期发病率可高达30%以上，病死率可高达50%以上，慢性型死亡率较低。

4. 剖检病变

急性型病例全身呈现急性败血症病变，气管及支气管黏膜充血、出血，肺充血、出血，心外膜及冠状沟脂肪有弥漫性出血点，肝肿大、淤血、脾、肾肿大、充血、出血，小肠、回肠浆膜出血。慢性型病例肠黏膜充血、出血，肠壁增厚。

5. 诊断

本病在临床症状上与禽霍乱颇为相似，凭临床症状和剖检病变不易做出初步诊断，需进行细菌学检查才能最后确诊。采取病鹅血液、肝、脾等组织抹片，革兰氏染色镜检，如发现单个、短链或长链革兰氏阳性球菌即可确诊，必要时可做细菌培养和动物接种试验。

6. 防治措施

应采取综合性防治措施，平时应加强饲养管理，合理搭配青绿饲料，做好鹅舍的消毒和清洁卫生，不从疫区引进种鹅，防止传入病原，对病鹅应及时隔离治疗。大剂量青霉素肌内注射有显著疗效，成年鹅每只一次肌内注射 5 万～10 万单位，一日 3 次，连续用药 2～3 天，慢性病例可在饲料中加入磺胺嘧啶饲喂，有一定效果。

（九）鹅螺旋体病

鹅螺旋体病是鹅的一种高热败血性传染病，人工感染可使各种家禽发病。

1. 病原

本病病原为鹅包氏螺旋体，呈螺旋状，末端尖细，（6～30）微米×（0.2～0.4）微米，为细长菌体；有 15～16 个螺旋，暗视野检查，作螺旋式滚动前进。

2. 流行特点

病原在蜱和鹅的血液中繁殖。蜱是本病的传播媒介，自然感染是通过蜱的刺螫传播，当蜱吸食家禽血液时，将病原传给家禽，其他的蜱再吸食病禽血液，病又进入蜱体，在蜱的唾液腺和卵巢中繁殖。当再次叮咬健康鹅时又将病原传入鹅体在肝、脾、骨髓中繁殖，经 5～6 天发病，蜱体内的螺旋体还可以通过虫卵垂直传播给下一代。据报道，刺皮螨、羽虱也能通过吸血把病原传给寄主引起发病，本病的流行季节与蜱的活动有密切关系。

3. 临床表现

本病潜伏期 5～7 天或更长，最急性病例无明显症状，突然发病死亡。急性病例体温升高达 42～43℃，精神沉郁，不吃，喜喝水，打瞌睡，重症病例腹泻，排淡绿色稀粪，不愿活动，驱赶时走路摇晃，呈明显虚弱状态，消瘦，死前体温下降，全身麻痹，病

现代养鹅关键技术精解

程 4～6 天，慢者 8～15 天，如治疗不及时，死亡率高达 80％。

4. 剖检病变

急性病例肝、脾肿大，质脆，肝呈棕色脂肪变性，表面有不规则坏死点，脾肿大约 2 倍，呈棕色或紫红色，皮质有出血点，小肠黏膜充血、出血，心肌脂肪变性，心外膜有纤维素性渗出物附着，肺水肿、充血。

5. 诊断

本病的临床诊断较难，应采取新鲜尸体的肝、脾或血液抹片，姬姆萨染色，显微镜检查，也可用肝、脾组织制成悬浮标本做暗视野检查，如发现螺旋体即可确诊。

6. 防治措施

蜱是本病的传播者，平时应做好灭蜱工作，可用 0.5％ 马拉硫磷水溶液喷洒鹅舍及墙壁缝隙，也可用 0.0025％～0.0050％ 溴氰菊酯溶液喷雾杀虫。对鹅体表的虫体也应杀灭。

治疗：早期治疗，成年鹅肌内注射青霉素 6 万～8 万单位，一日 3 次，连续用药 2～3 天，或用土霉素按体重计算每千克 30～50 毫克配成溶液静脉注射，一日 1 次，一般治疗 2 次即可痊愈。

（十）肉毒梭菌中毒

肉毒梭菌产生的毒素，能引起人和畜禽中毒，是一种食物中毒性疾病，特征为肌肉麻痹，急性死亡。

1. 病原

肉毒梭菌是一种厌氧性有芽孢的大杆菌，革兰氏阳性。本菌广泛分布于自然界，土壤、腐败的肉类、鱼类、蔬菜、水果都可受到污染，产生极强的毒素，0.0012 毫克即可使豚鼠中毒死亡，是已知的最毒的细菌毒素之一，有耐热性，需煮沸较长时间才能被破坏。

2. 流行特点

高温季节，肉类及蔬菜瓜果等有机物容易腐败，适合肉毒梭菌大量繁殖，产生毒素，即使在冬季，如果大量蔬菜成堆贮藏，蔬菜自身产生的生物热也易引起发热、变黄、腐败，鹅及其他家禽吃了这种腐败变质的饲料，也容易引起中毒。

3. 临床表现

本病潜伏期取决于吃入毒素的数量。一般吃后数小时至 3 天出现中毒症状，鹅及其他家禽表现精神委顿，不吃，嗜睡，翅下垂，头触地，所以又叫"软颈病"，重症病例瘫痪无力，常常倒地，头颈平伸，部分病例出现腹泻，最后麻痹死亡。

4. 剖检病变

死于本病的尸体无特殊病变。消化道黏膜可见炎性卡他，出血，心包积液，心肌出血，肝、肾、脾充血、轻度肿大。

5. 诊断

根据采食情况和病鹅的麻痹症状，可考虑本病中毒。将被检材料研成糊状，用灭菌蒸馏水进行 1∶2 稀释，浸渍 1~2 小时，用滤纸过滤，取上清液 2 毫升接种小白鼠两只，每只腹腔注射 0.3 毫升，1~2 日后出现麻痹或死亡，可诊断为本病。

6. 预防

对本病的预防应加强饲养管理，不喂腐败变质饲料，随时清除鹅舍积粪，保持舍内清洁干燥，对病鹅死尸应深埋或烧毁。

7. 治疗

轻症病例可内服清泻剂，加速排出毒素。有条件的可使用 C 型肉毒梭菌抗毒素腹腔注射，每只鹅 2~4 毫升，有一定疗效。

（十一）鹅的鸭瘟

在鹅、鸭混养的情况下以及鸭瘟流行疫区，鸭瘟病毒可感染鹅使鹅发生鸭瘟。鹅的鸭瘟多发于养鸭旺季，例如盛夏或初秋，不同日龄的鹅均可发病，常在鸭群发病后不久，鹅群开始发病，3~5天后波及全群，病程为 2~6 周，发病率为 20%~50%，死亡率在 90% 以下。病鹅表现为流眼泪，眼睑水肿，结膜充血，头颈肿大，呼吸困难，腹泻。

预防鹅鸭瘟的主要措施：不要将鸭、鹅混养，可用鸭瘟弱毒疫苗免疫鹅群。雏鹅 20 日龄首免，60 日龄二免，种鹅在开产前半个月三免，成年鹅每年免疫 2 次。疫苗用量为鸭免疫剂量的 30 倍。

现代养鹅关键技术精解

二、鹅真菌病

（一）鹅口疮

鹅口疮又名家禽念珠菌病或霉菌性口炎，是白色念珠菌引起的鹅和其他家禽上消化道的一种霉菌病，特征是上消化道黏膜发生白色的假膜。

1. 病原

白色念珠菌是念珠菌属中的一种类酵母菌，在自然界广泛存在，健康家禽及人的口腔、上呼吸道、肠道中亦常有本菌存在。本菌在病变组织及普通培养基中都能产生芽生孢子及假菌丝。出芽细胞为卵圆形，似酵母细胞，革兰氏染色阳性。假菌丝由细胞出芽后发育而成。本菌为兼性厌氧菌，在沙保弱培养基上长出酵母样菌落，略带酒味，在玉米粉培养基上可长出分枝的菌丝体、厚膜孢子及芽生孢子。非致病性念珠菌不产生厚膜孢子。

2. 流行特点

本病主要发生于幼龄鹅。幼禽的易感性比成年禽高，发病率和死亡率也高。病鹅的粪便中含有大量病原菌，被污染的环境和水中也含有大量病原，本病通过消化道传染，口腔黏膜受损时有利于病原的侵入，饲养管理失调，环境卫生不好，可促进本病的发生，病原也能通过卵壳传播。

3. 临床表现

病鹅主要表现生长不良，精神不佳，羽毛粗乱，口腔黏膜上有乳白色或淡黄色斑点，并逐渐融合成大片白色纤维状假膜或干酪样假膜，故称鹅口疮，这种假膜发生于嗉囊者更为多见。

4. 剖检病变

病鹅口腔黏膜有乳白色假膜，嗉囊增厚呈灰白色，有的有溃疡，表面为黄白色假膜覆盖，少数病例食道中也能见到相同病变。

5. 诊断

根据口腔和食道、嗉囊的特殊病变，可初步做出诊断，进一步确诊可采取病变组织抹片，革兰氏染色，显微镜检查，观察酵母状菌体和假菌丝，若观察到病原菌，进一步做细菌培养，如果在玉米琼脂平板上培养长出分枝的菌丝体、厚膜孢子及芽生孢子，即可确诊。必要时可用纯培养物百倍稀释，做家兔耳静脉注射，4～5天后死亡，剖检可见肾皮质层有粟粒样脓肿。皮下接种，可引起皮下脓肿，用病变组织抹片镜检，可发现菌丝和孢子。

6. 预防

本病的发生与环境卫生条件密切相关，因此应注意改善饲养管理条件，保持环境的清洁、干燥，注意鹅舍的通风换气。可定期用1：（2000～5000）倍稀释的百毒杀消毒。鹅群中如发现本病的病鹅，应及时隔离、消毒和治疗，防止饲料、饮水及环境污染。本病可感染人，特别是小孩，可以引起人的鹅口疮、阴道炎、皮炎、肺的念珠菌病。饲养人员要注意个人防病，一旦发现本病要严格消毒，用消毒药水洗手，工作时戴上口罩，穿好工作服，戴上工作帽，进出更衣、换鞋、消毒。

7. 治疗

群体发病可用制霉菌素50～100毫克，加入1千克的饲料中拌匀饲喂，连喂1～3周。个别治疗，可先除去病变部的假膜涂搽碘甘油，嗉囊中灌服2%硼酸水10～30毫升，也可用0.5%硫酸铜溶液让病鹅饮用。

（二）曲霉菌病

鹅曲霉菌病又称鹅霉菌性肺炎，是曲霉菌引起的真菌病。本病在华南地区梅雨季节常有发生，雏鹅的发病率和死亡率均很高，多呈急性暴发，成鹅多散发本病。

1. 病原

本病主要的病原体是烟色曲霉菌，是病原性霉菌中常见的一种。曲霉菌的孢子广泛分布于自然界中。烟色曲霉菌可产生毒素，具有对血液、神经和组织的毒害作用。黑曲霉、黄曲霉等也具有不同程度的病原性，有时也可从病灶分离出青霉菌、白霉菌等。鹅只感染曲霉菌造成死亡的原因：一方面由于霉菌的大量繁殖，形成呼吸道机械性阻塞，引起鹅只窒息而死；另一方面由于吸收了霉菌毒素而引起中毒死亡。

曲霉菌对物理及化学因素的抵抗力极强。120℃干热1小时或煮沸 5 分钟才可将其杀死。2％苛性钠、0.05％～0.5％硫酸铜、2％～3％石炭酸、0.01％～0.5％高锰酸钾处理，短时间内不能使其死亡。5％甲醛、0.3％过氧乙酸及含氯的消毒剂，需要1～3小时方能杀死本菌。在我国南方地区梅雨季节时空气湿度大，空气中含有大量霉菌，霉菌一旦污染饲料或垫料即可大量繁殖，鹅只可经呼吸道或消化道而被感染。如果出雏机污染霉菌或孵坊污染霉菌，则鹅苗一出壳即可能被感染。

2. 临床症状

自然感染的潜伏期为 2～7 天，人工感染为 24 小时。幼鹅发生本病常呈急性经过，出壳后 8 天内的雏鹅尤易受感染，一个月内雏鹅，大多数在发病后 2～3 天内死亡，也有拖延到 5 天后才死亡的。雏鹅流行本病时，死亡高峰是在 5～15 天，3 周龄以后逐渐下降。日龄较大的幼鹅及成年鹅呈个别散发，死亡率低，病程拖得长。

患鹅食欲显著减少，或完全废绝，精神沉郁，呆在一边，不爱活动，翅膀下垂，羽毛松乱，嗜睡，对外界反应冷漠。

随着病情的发展，患鹅出现呼吸困难，张口伸颈，当张口吸气时，常见颈部气囊明显胀大，一起一伏，呼吸如打哈欠和打喷嚏样，一般不发出明显的"咯咯"声。由于呼吸困难，颈向上前方伸得很快，一伸一缩。口黏膜和面部青紫，呼吸次数增加。由于腹式呼吸牵动，全身像航行的小木舟上下升动；或两翼扇动，尾巴上下摇动。当把雏鹅放到耳旁，细听可听到沙哑的水泡声。当气囊破裂，呼气时发出尖锐的"嘎嘎"声。有时患鹅流出浆液性鼻液，病的后期下痢，排出黄色或绿色的稀粪。

患鹅还会出现麻痹状态，或发生痉挛或阵发性抽搐，出现摇头，头向后弯，甚至不能保持平衡而跌倒。有的病例（7～20 日龄）发生曲霉菌性眼炎，其特征是眼睑黏合而失明。当眼炎分泌物积蓄多时，便会使眼睑鼓凸。当幼鹅缺乏维生素 A 时，眼的疾患更为严重。有些慢性病例症状不太明显，病程可延至数周。

3. 病理剖检

本病的病理变化在相当程度上取决于曲霉菌传染的途径和侵入机体的部位，其发生的病变或呈局限性或呈全身性。病变的主要特征是肺及气囊发生炎症，有时也发生于鼻腔、喉头、气管及支气管。典型病变则在肺部可见有针头大至粟粒大甚至更大的结节，颜色呈灰白色或淡黄色，这些小结节大量存在时，可融合为较大的结节，其特点是，结节质地柔软，富有弹性或如软骨状，或橡皮样，切面见有层次结构，其中心呈均质干酪样的坏死组织，内含的菌丝体呈丝绒状，边缘不整齐，周围有充血区。有些病例肺部出现局灶性或弥漫性肺炎，很少形成结节，在这种情况下，肺组织有病变，发炎过程使部分肺泡发生水肿。在接近支气管的下部、气囊或腹腔浆膜上用肉眼可见蓝灰色或蓝绿色的干酪样块状物，或可见菌丝斑，呈圆形突起，中心稍凹陷，形似碟状，呈绿色或深褐色，用小棍子拨动时，可见到粉状物（实际上是真菌的孢子）飞扬。有些病例见肝脏肿大，还可见灰白色的小结节。

4. 诊断

曲霉菌病的诊断，首先观察患鹅呼吸困难所表现的各种症状，尤其在张口吸气时，颈部气囊明显胀大，一起一伏，一般不发出"咯咯"声；其次是怀疑发生本病时立即调查垫草、孵化器等工具、饲料是否发霉；再次是尽可能多剖检几只病例，根据特征性的病理变化进行综合分析；最后通过镜检找霉菌，对本病不难确诊。

5. 预防与治疗

防止本病发生的根本办法是贯彻"预防为主"的措施。搞好孵化室及育雏室的清洁卫生工作，不使用发霉的垫草和饲料，是预防本病的重要措施。梅雨季节为了预防本病的发生，可在每千克饲料中加入 50 万单位的制霉菌素喂饲雏鹅，喂 3 天停 2 天为一疗程，连用 2～3 个疗程。

发病鹅群每千克饲料加入 100 万单位制霉菌素，连喂 5～7 天，并以 1/2000～1/3000 的硫酸铜溶液作饮水，连用 5～7 天。以上措施会很快减少死亡，迅速控制病程。

三、鹅寄生虫病

（一）鹅绦虫病

鹅体内寄生有多种绦虫，包括片形皱缘绦虫、某些膜壳绦虫

（如冠状膜壳绦虫、巨头膜壳绦虫、缩短膜壳绦虫等）和矛形剑带绦虫等，其中以矛形剑带绦虫危害最严重，矛形剑带绦虫主要危害数周到5月龄的鹅，感染严重时会表现出明显的全身性症状。青、成年鹅也可感染，但症状一般较轻。多发生在秋季，患鹅发育受阻，周龄内死亡率甚高（60%以上），带黏液性的粪便很臭，可见虫体节片。

1. 病原

矛形剑带绦虫的成虫长达11~13厘米，宽18毫米。顶突上有8个钩排成单列。成虫寄生在鹅的小肠内。孕卵节片随禽粪排出到外界。孕卵节片崩解后，虫卵散出。虫卵如果落入水中，被剑水蚤吞食后，虫卵内的幼虫就会在其体内逐渐发育成为似囊尾蚴的剑水蚤。当鹅吃到了这种体内含有似囊尾蚴的剑水蚤，就发生感染。在鹅的消化道中，似囊尾蚴能吸着在小肠黏膜上并发育为成虫。

2. 症状

患鹅首先出现消化功能障碍的症状，排出灰白色或淡绿色稀薄粪便，污染肛门四周羽毛，粪便中混有白色的绦虫节片，食欲减退。病程后期患鹅拒食，口渴增加，生长停滞，消瘦，精神萎靡，不喜活动，常离群独居，翅膀下垂，羽毛松乱。有时呈神经症状，运动失调，走路摇晃，两腿无力，向后面坐倒或突然向一侧跌倒，不能起立。发病后一般1~5天死亡。有时，由于其他不良环境因素（如气候、温度等）的影响，而使大批幼年患鹅突然死亡。

3. 剖检特征

病死鹅血液稀薄如水，剖检可见肠黏膜肥厚，呈卡他性炎症，有出血点和米粒大、结节状溃疡，十二指肠和空肠内可见扁平、分节的虫体，有的肠段变粗、变硬，呈现阻塞状态。心外膜有明显出血点或斑纹。

4. 诊断

可根据粪便中观察到的虫体节片以及小肠前段的肠内虫体做出诊断。

5. 防治措施

剑水蚤在不流动的水里较多，因此鹅群应尽可能放养在流动且最好是水流较急的水面，避开剑水蚤繁衍生活较多的死水塘（池）等处。幼鹅与成鹅要分开饲养、放养。对感染绦虫的鹅群应进行有计划的药物驱虫。

药物治疗最好采用直接填喂法，可以用以下药物进行治疗：

① 硫双二氯酚（别丁），使用剂量为每千克体重150～200毫克，一次喂服，也可按1∶30的比例与饲料混合，揉成条状或豆大丸状剂型填喂。吡喹酮，使用剂量为每千克体重10毫克，一次喂服。

② 氯硝柳胺（灭绦灵、血防-67），使用剂量为每千克体重50～60毫克，一次喂服，可以杀死绦虫头节，促使虫体排出，利于排除隐患。

③ 丙硫咪唑进行治疗，混饲方便，但用药时间长且需要3～5天才能排出虫体。

（二）鹅球虫病

鹅球虫病主要是由艾美尔科艾美尔属及泰泽属的球虫寄生于鹅的肾脏和肠道所引起的一种原虫性疾病，是鹅的主要寄生虫病之一。本病主要发生于小鹅，成年鹅多为带虫者，成为传染源。鹅食入因受感染性卵囊污染的饲料及饮水而感染。各个品种的鹅均可发生本病。

1. 症状

鹅球虫按寄生部位不同，可分为寄生于肾和寄生于肠道的两种类型。

（1）肾球虫病　由具有强大致病力的截形艾美尔球虫所引起，本种球虫分布很广，对3～12周龄的鹅有致病力，其死亡率高达30%～100%，甚至引起暴发流行。本病发病急，病鹅精神沉郁，衰弱，拉白色稀粪，厌食，翅下垂，目光呆滞，眼睛凹陷。幸存者歪头扭颈，步态摇晃或以背卧地，剖检变化为肾肿大，由正常的淡红色变成淡灰黄或红色，可见有针头状大小的白色病灶或条纹状出血斑点，在灰白色病灶中含有尿酸盐沉积物及大量卵囊。

（2）肠道球虫病　寄生于鹅肠道的球虫中，以柯氏艾美尔球虫和鹅艾美尔球虫的致病力为强，能引起严重发病和死亡；其次为有害艾美尔球虫，其他种致病力较弱。鹅艾美尔球虫引起出血性肠炎，病鹅厌食，步态蹒跚，下痢，衰弱，小肠肿大，充满浓稠淡红棕色液体。小肠中下段有卡他性肠炎，肠黏膜出血糜烂，有假膜覆盖，或假膜脱落，并与粪便等内容物形成坚实的肠栓子，阻塞肠管。

2. 诊断

刮取假膜压片（或取肾组织压片）镜检，发现大量的裂殖体和卵囊；取肠内容物涂片镜检，查出大量卵囊即可确诊。

3. 防治

① 加强饲养管理，及时清除粪便，更换垫料，保持清洁卫生。饲舍保持干燥，防止鹅粪污染饲料及饮水。小鹅和成鹅分开饲养。

② 在饲料中添加抗球虫药物，对病鹅可选用下列药物治疗：

氯苯胍：80 毫克/千克混料，连用 3 天，再用 40 毫克/千克混料喂 3 天。配合其他抗生素使用，效果更好。

盐霉素：60 毫克/千克混料喂。

磺胺六甲氧嘧啶：0.05％浓度混料，连喂 3～5 天。

痢特灵：按 0.05％浓度混料，连喂 3 天。

广虫灵：按 0.05％浓度混料，连喂 5 天。

（三）鹅裂口线虫病

鹅裂口线虫主要寄生于鹅的肌胃角质层下，形成虫道，引起溃疡，特别对仔鹅危害最严重，影响其生长发育，甚至造成死亡。本病常呈地方性流行，可造成患病雏鹅大批死亡。

1. 病原

鹅裂口线虫为毛圆科鹅裂口线虫属的一种小型线虫，虫体细长，微红，表面有横纹，口囊短而宽，底部有 3 个尖齿。雄虫长 10～17 毫米、宽 250～350 微米，交合伞有 3 片大的侧叶和 1 片小的中间叶，背肋短，后端分两叉，每一个叉又分为两小支，交合刺等长，为 200 微米，较纤细，在靠近中间处又分为两支，引器细长，为 95 微米；雌虫长 12～24 毫米，阴门处宽 200～400 微米，虫体的两端均逐渐变细，阴门横裂，位于虫体的后部，子宫充满椭圆形虫卵，虫卵大小为（100～110）微米×（50～70）微米。

鹅裂口线虫为直接发育类型,不需要中间宿主,因此对舍饲或放牧的鹅均具有一定的危害性。虫卵排到外界后孵出幼虫,感染性幼虫很活泼,能沿牧草爬行,很容易被鹅连同牧草或水一起吞食。鹅食入感染性幼虫后,经17~22天在肌胃的黏膜上发育为成虫。

2. 临床症状

本病主要危害雏鹅,成年鹅为带虫者。当寄生大量虫体时,病鹅食欲减退或完全废绝,精神沉郁,生长发育缓慢,重症时步伐摇晃,呼吸困难,极度消瘦而死亡。虫体寄生于肌胃角质膜下,造成肌胃出血、坏死、发炎,导致消化功能减弱。成年鹅多为轻度感染,不呈现症状。

3. 病理变化

剖检时病鹅肌胃的角质层易碎,出现坏死并呈棕色,除去角质层,黏膜面有溃疡,同时可找到虫体或查到虫卵。

4. 确诊

用饱和食盐水漂浮法在粪中查到虫卵或在病死鹅的肌胃内找到虫体即可确诊。

5. 防治措施

① 对本病的防治主要是搞好环境卫生,达到消灭虫卵和感染性幼虫的目的。由于大鹅常是带虫者,所以大、小鹅群应分开饲养、放牧。

② 在本病流行的地方,每年进行2次预防性驱虫,通常是在20~30日龄、3~4月龄各1次。驱虫应在隔离鹅舍内进行,投药后3天内,彻底清除鹅粪,进行生物发酵处理。通常用丙硫咪唑按每千克体重10~30毫克,一次口服预防或治疗性驱虫;或用左旋咪唑按每千克体重25毫克,通过饮水给药,驱虫率可达99%。甲苯咪唑以每千克体重100毫克内服3天,也能获得满意效果。肉鹅屠宰前1个月应禁用。

四、鹅常见普通病

(一) 雏鹅"水中毒"

在育雏期间的雏鹅,由于各种原因造成饮水不足,一旦遇水即暴饮，体内突然增加大量水分，使渗透压失去平衡，导致组织内大量蓄水，继而进入细胞内而出现水肿，以脑细胞为甚，这种现象称水中毒。

1. 临床症状

雏鹅水中毒一般发生于暴饮后半小时左右，表现为呼吸急促，缩颈垂翅，精神沉郁，嘴里流出黏液或白沫，排出水样稀粪。食管膨大部胀满，触之有波动感，皮肤发紫。张口摇头或频频回顾食管膨大部。肌肉震颤，步态不稳，靠墙或依附其他鹅只行进，两脚急步呈直线后退，或转圈，即使碰撞墙壁或其他障碍物亦不调头转向。有的病例表现嗜睡，眼睑浮肿，眼围增大，足后出现痉挛、抽搐，倒地后两肢做游泳状摆动。触摸皮肤有过敏感觉，似有疼痛感并发出尖叫声。急性中毒者，突然仰卧倒地，昏迷而死。耐过者，生长发育严重受阻。部分病鹅经过一段时间后可康复。

2. 病理变化

食管壁大部分和腺胃含有大量带泡沫状的黏液性分泌液或水样液体；消化管膜轻度充血，肠管黏膜用刀背轻刮易脱落；呼吸道内含有少量泡沫状分泌液；其他器官无明显异常。

3. 预防

① 雏鹅在出壳之后要及早供水饮用，加强饲养管理，饲养密度要适中，要有足够的饮水器。做好保温工作，以防雏鹅因怕冷而扎堆。经常轻赶雏鹅，让其有更多的机会接触饮水器饮水，在夜间更应注意。

② 到外地购买鹅苗需要长途运输时，应随时注意鹅群情况，必要时可在运输途中给予适当的饮水，或将菜叶切成细条状喂给。特别在炎热的夏季更应注意，到达目的地之后，应及时开饮，千万要防止暴饮。

4. 治疗

发生水中毒后，应尽快供水，尽可能多设饮水器，以少量多次为原则，不能让其自由暴饮。如已发生脱水，应在饮水中加少量食盐，使浓度在 0.9% 左右，同时控制饮水量，不让其暴饮，这样可以防止水中毒的发生。如能在上述盐水中加入少许糖，效果更好。

可以采取供给湿料，1升水拌1千克干料，拌匀后喂给，然后才供水。气温较高时，可先供饮水，同时供湿料。

（二）鹅软脚病

鹅软脚病的病因和症状，表现极为复杂，它不是一种独立的疾病。因此，把多种病因引起鹅呈现软脚的一系列症状，称为鹅软脚症候群。临诊时见到鹅只呈现两脚发软的，都属软脚症候群。但这里主要是介绍非传染病引起的鹅脚发软，致使其站立不稳和走动困难等一系列症状的软脚病。

1. 病因

① 主要是由于饲养管理条件不良所致。育雏环境寒冷潮湿，舍内缺乏阳光。饲养密度过大，运动不足。

② 饲料营养不全，尤其缺乏维生素 D_3 及钙，尤其是钙磷比例不恰当。

③ 较长时间的阴天，鹅只光照不足，更容易引起维生素 D_3 的缺乏，此时即使饲料中有足够的钙，也无法被鹅只吸收。

④ 维生素 B_1 缺乏也可以引起多发性神经炎和外围神经麻痹，脚无力，步伐不稳。

⑤ 维生素 B_2 缺乏也会引起脚趾弯曲，腿麻痹，走路困难。

⑥ 维生素 E 缺乏引起脑软化症，也能引起脚麻痹。

⑦ 红霉素或氯霉素与莫能霉素、盐霉素、甲基盐霉素等任一种抗球虫药合用时，也会引起腿无力和麻痹。

⑧ 有害的气体如一氧化碳、氨气、甲醛，也会引起脚软弱。

2. 临床症状

发病初期只见病鹅喜欢蹲伏，走几步就蹲下，跟不上大群，食欲不振，生长缓慢，接着出现两脚发软，走动无力，走得过急或过快时容易摔倒；随着病情的发展，患鹅不能正常站立和自由行动，移动时则关节触地爬行，甚至用两翼支撑着地，因而脚部容易磨损发炎、肿大、增厚而形成关节畸形。

3. 防治措施

① 保持鹅舍干燥，搞好卫生，增加放牧时间，尽量让鹅只多

晒太阳。当阴天时间较长时,要注意在饲料中添加维生素 D_3。

② 饲料的配合要全面,雏鹅要以全价颗粒料为主。

③ 当出现软脚病鹅时,将患鹅集中隔离饲养,每只肌内注射维丁胶性钙注射液 2 毫升,每天 1 次,2～3 天为一疗程。其他鹅喂给益生素、多种维生素(特别是维生素 A＋维生素 D_3),饲料中添加贝壳粉或碳酸钙,按每只鹅 0.5 毫克,以减少本病的发生。

(三) 有机磷中毒

有机磷农药有剧毒,其种类很多,如敌百虫、敌敌畏、对硫磷、马拉松、乐果等。鹅因误食了施用过有机磷农药的蔬菜、谷类、牧草或被农药污染的塘水,都会发生中毒。

1. 症状

病鹅突然停食,精神不安,运动失调,瞳孔明显缩小,流泪,大量流涎,频频摇头和做吞咽动作,肌肉震颤,下痢,呼吸困难,体温下降,最后抽搐、昏迷而死。

2. 防治措施

(1) 预防　本病应以预防为主,农药的保管、贮存和使用必须注意安全。严禁用含有机磷农药的饲料和水喂鹅。放牧地如喷洒过农药或被污染,有效期内不能放牧。一般不要用敌百虫作鹅的内服驱虫药,但可用其消除体表寄生虫,用时注意浓度不要超过 0.5%。

(2) 治疗　中毒初期,可用手术法切开皮肤,钝性分离食道膨大部,纵向切开 2～3 厘米,将其中毒性内容物掏出或挤出,用生理盐水冲洗后缝合。然后,静脉注射或肌内注射解磷定,成鹅每只 0.2～0.5 毫升,并配合使用阿托品,成鹅每只每次 1～2 毫升,20 分钟后再注射 1 毫升,以后每 30 分钟服阿托品 1 片,连服 2～3 次,并给充足的饮水。如是雏鹅,则依体重情况适当减量,体重 0.5～1.0 千克的小鹅,内服阿托品 1 片,15 分钟后再服 1 片,以后每 30 分钟服半片,连服 1～3 次。针对以上治疗方法,同时配合采用 50% 葡萄糖溶液 20 毫升腹腔注射、0.2 克维生素 C 肌内注射,每天 1 次,连续 7 天。待症状减轻后,针对腹泻不止,在饮水中,按每千克体重 25 毫升投入复方敌菌净,连续 1 天,以防脱水。若对硫磷中毒，病鹅用1%石灰水上清液或3%碳酸氢钠溶液灌服，每只鹅3～5毫升。需要注意的是，敌百虫中毒不能服用石灰水，因石灰水能使敌百虫变成毒性更强的敌敌畏。

(四) 中暑

鹅中暑是日射病与热射病的总称，又称为热衰竭症，是炎热夏季常发生的疾病。鹅只可以大群发生，尤以雏鹅更常见。

1. 病因

中暑主要的原因是高温、闷热和高湿高热。鹅只在烈日下暴晒，使头部血管高度扩张而引起脑膜急性充血，从而致使中枢神经系统机能障碍。鹅只缺乏汗腺，羽毛致密；长时间在灼热的地面上活动或停留，所谓上晒下煎，鹅只就容易发生日射病。在高温季节若饲养密度大，环境潮湿，饮水不足，湿度大而闷热，通风不良，体内的热量难以散发而引起热射病。我国南方在夏季常出现晴雨变化无常的天气情况，鹅群（尤其是雏鹅）放牧时在阳光直射下暴晒，突然被雨淋湿后，又直接赶回鹅舍，在高度湿热的环境中，也容易引起中暑。

2. 临床症状

日射病以神经症状为主，患鹅烦躁不安，颤抖，有些病鹅乱蹦乱跳，甚至在地上打滚。体温升高，眼结膜发红，痉挛，最后昏迷倒地而死。病理变化以大脑和脑膜充血、出血和水肿为主。

发生热射病时，则表现为呼吸急促，张口伸颈呼吸，翅膀张开而垂下，口渴，体温升高，打战，走路不稳，痉挛，昏迷倒地，常引起大批死亡。其病理变化以大脑和脑膜充血、出血，全身静脉淤滞，血液凝固不良，尸冷缓慢为特征。

3. 预防

高温季节，尽量避免在烈日下放牧，池塘边应搭盖凉棚遮阴。育雏时应降低饲养密度，鹅舍要通风，尤其应注意打开地脚窗，要有充足的冷水供其自由饮用。夏天放牧应早出晚归，尽量走阴凉牧道，选择凉爽的牧地，并有充足的水源。

4. 治疗

一旦发生中暑，应立即进行急救。把全群鹅赶下水降温，或转移到阴凉通风处，先泼洒冷水降温（个别严重的病鹅可以放在冷水里浸一会），或给予维生素 C、红糖水任其自由饮用，严重者可以喂鹅 8～10 滴水。也可大群喂服酸梅汤加冬瓜水或红糖水解暑。

（五）脚趾脓肿

1．病因

鹅脚趾脓肿又称趾疯，是指鹅的趾关节、趾间或趾的皮下（蹼）组织因创伤而局部感染化脓性细菌致使组织坏死、增生，更多是畸化而形成的脓肿结节，一般多发生于体形大而重的鹅只。鹅舍或运动场地面粗糙、坚硬，或放牧时经过不平整及存有大量瓦砾的牧道，也容易造成脚趾皮肤的损伤，感染化脓菌（尤其葡萄球菌）而导致发生本病。

2．临床症状

患鹅脚底皮肤损伤、发炎、化脓肿胀，大小如黄豆大到鸽蛋大。炎症若继续发展，可扩展到脚趾间的组织，或沿着深部组织、关节和腱鞘发展。在肿胀部位的组织中，蓄积大量的炎症渗出物及坏死组织。经一段时间后，脓肿的内容物逐渐干燥，变成干酪样。也有在脓肿溃烂之后形成溃疡面，使患鹅行走困难，由于疼痛，影响食欲，造成母鹅产蛋下降或停止。

3．防治

病的早期可以采取手术疗法，切开患部皮肤，排清脓液及坏死组织，用 1％～2％雷夫奴尔溶液或 3％硼酸溶液清洗消毒患处，再涂上鱼石脂软膏，同时内服土霉素。病鹅停止放牧，单独饲养，每天护理一次，约 1 周可痊愈。有人曾给感染葡萄球菌的患鹅（严重者除外）肌内注射氢氧化铝葡萄球菌灭活疫苗，效果甚佳，1～2周趾瘤消失，只剩下一点粗糙的痕迹。

附　录

附录一　NY/T 5038—2006　无公害食品　家禽养殖生产管理规范

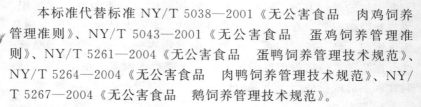

本标准代替标准 NY/T 5038—2001《无公害食品　肉鸡饲养管理准则》、NY/T 5043—2001《无公害食品　蛋鸡饲养管理准则》、NY/T 5261—2004《无公害食品　蛋鸭饲养管理技术规范》、NY/T 5264—2004《无公害食品　肉鸭饲养管理技术规范》、NY/T 5267—2004《无公害食品　鹅饲养管理技术规范》。

1　范围

本标准规定了家禽无公害养殖生产环境要求、引种、人员、饲养管理、疫病防治、产品检疫、检测、运输及生产记录。

本标准适用于家禽无公害养殖生产的饲养管理。

2　规范性引用文件

下列文件中的条款通过本标准的引用而成为本标准的条款。凡是注日期的引用文件，其随后所有的修改单（不包括勘误的内容）或修订版均不适用于本标准，然而，鼓励根据本标准达成协议的各方研究是否可使用这些文件的最新版本。凡是不注日期的引用文件，其最新版本适用于本标准。

GB 16548　畜禽病害肉尸及其产品无害化处理规程

GB 16549　畜禽产地检疫规范

GB 18596　　畜禽养殖业污染物排放标准

NY/T 388　　畜禽场环境质量标准

NY 5027　　无公害食品　畜禽饮用水水质

NY 5039　　无公害食品　鲜禽蛋

NY 5339　　无公害食品　畜禽饲养兽医防疫准则

NY 5030　　无公害食品　畜禽饲养兽药使用准则

NY 5032　　无公害食品　畜禽饲料和饲料添加剂使用准则

3　术语和定义

下列术语和定义适用于本标准：

3.1　全进全出

同一家禽舍或同一家禽场的同一段时期内只饲养同一批次的家禽，同时进场、同时出场的管理制度。

3.2　净道

供家禽群体周转、人员进出、运送饲料的专用道路。

3.3　污道

粪便和病死、淘汰家禽出场的道路。

3.4　家禽场废弃物

主要包括家禽粪（尿）、垫料、病死家禽和孵化厂废弃物（蛋壳、死胚）、过期兽药、残余疫苗和疫苗瓶等。

附录

4　环境要求

4.1　环境质量

家禽场内环境质量应符合 NY/T 388 的要求。

4.2　选址

4.2.1　家禽场选址宜在地势高燥、采光充足、排水良好、隔离条件好的区域。

4.2.2　家禽周围 3km 内无大型化工厂、矿厂，距离其他畜牧场应至少 1km 以外。

4.2.3　家禽场距离交通主干道、城市、村镇、居民点至少 1km 以上。

4.2.4　禁止在生活饮用水水源保护区、风景名胜区、自然保护区的核心区及缓冲区，城市和城镇居民区、文教科研区、医疗区等人口集中地区，以及国家或地方法律、法规规定需特殊保护的其他区域内修建禽舍。

4.3 布局、工艺要求及设施

4.3.1 家禽场分为生活区、办公区和生产区，生活区和办公区与生产区分离，且有明确标识。生活区和办公区位于生产区的上风向。养殖区域应位于污水、粪便和病、死禽处理区域的上风向。同时，生产区内污道与净道分离，不相交叉。

4.3.2 家禽场应设有相应的消毒设施、更衣室、兽医室及有效的病禽、污水及废弃物无公害化处理设施。禽舍地面和墙壁应便于清洗和消毒，耐磨损，耐酸碱。墙面不易脱落，耐磨损，不含有毒有害物质。

4.3.3 禽舍应具备良好的排水、通风换气、防虫及防鸟设施及相应的清洗消毒设施和设备。

5 引种

5.1 雏禽应来源于具有种禽生产经营许可证的种禽场。

5.2 雏禽需经产地动物防疫检疫部门检疫合格，达到 GB 16549 的要求。

5.3 同一栋家禽舍的所有家禽应来源于同一批次的家禽。

5.4 不得从禽病疫区引进雏禽。

5.5 运输工具运输前需进行清洗和消毒。

5.6 家禽场应有追溯程序，能追溯到家禽出生、孵化的家禽场。

6 人员

6.1 对新参加工作及临时参加工作的人员需进行上岗卫生安全培训。定期对全体职工进行各种卫生规范、操作规程的培训。

6.2 生产人员和生产相关管理人员至少每年进行一次健康检查，新参加工作和临时参加工作的人员，应经过身体检查取得健康合格证方可上岗，并建立职工健康档案。

6.3 进生产区必须穿工作服、工作鞋，戴工作帽，工作服等必须定期清洗和消毒。每次家禽周转完毕，所有参加周转人员的工作服应进行清洗和消毒。

6.4 各禽舍专人专职管理，禁止各禽舍人员随意走动。

7 饲养管理

7.1 饲养方式

可采用地面平养、网上平养和笼养。地面平养应选择合适的垫料，垫料要求干燥、无霉变。

7.2 温度与湿度

雏禽 1～2 天时，舍内温度宜保持在 32℃以上。随后，禽舍内的环境温度每周宜下降 2℃～4℃，直至室温。禽舍内地面、垫料应保持干燥、清洁，相对湿度宜在 40%～75%。

7.3 光照

7.3.1 肉用禽饲养期宜采用 16～24h 光照，夜间弱光照明，光照强度为 10～15 勒克斯。

7.3.2 蛋用禽和种禽应依据不同生理阶段调节光照时间。1～3d 雏禽宜采用 24h 光照。幼雏和育成期的蛋用禽和种禽应根据日照长短制定恒定的光照时间，产蛋期的光照维持在 14h～17h，禁止缩短光照时间。

7.3.3 禽舍内应备有应急灯。

7.4 饲养密度

家禽的饲养密度依据其品种、生理阶段和饲养方式的不同而有所差异，见表 1。

附录

表 1 家禽饲养密度（只/m²）

品种类型	饲养方式	育雏期	生长期	育成期	产蛋期
		1～3周龄	4～8周龄	9周龄～5%产蛋率	产蛋率5%以上
快大型肉用禽品种	网上平养	≤20	≤6	≤5	≤4
	地面平养	≤15	≤4	≤4	≤3
	笼养	≤20	≤6	≤5	≤5
中小型肉用禽及蛋用禽品种	网上平养	≤25	≤12	≤8	≤8
	地面平养	≤20	≤8	≤6	≤5
	笼养	≤25	≤12	≤10	≤10

7.5 通风

在保证家禽对禽舍环境温度要求的同时，通风换气，使禽舍内空气质量符合 NY/T 388 的要求。注意防止贼风和过堂风。

7.6 饮水

7.6.1 家禽的饮用水水质应符合 NY 5027 的要求。

7.6.2 家禽采用自由饮水，每天清洗饮水设备，定期消毒。

7.7 饲料

家禽饲料品质应符合 NY 5032 的要求。

7.8 灭鼠

经常灭鼠，注意不让鼠药污染饲料和饮水，残余鼠药应做无害化处理。

7.9 杀虫

定期采用高效低毒化学药物杀虫，防止昆虫传播疾病，避免杀虫剂喷洒到饮水、饲料、禽体和禽蛋中。

7.10 家禽场废弃物处理

7.10.1 家禽场产生的污水应进行无公害化处理，排放水应达到 GB 18596 规定的要求。

7.10.2 使用垫料的饲养场，家禽出栏后一次性清理垫料。清出的垫料和粪便应在固定的地点进行堆肥处理，也可采取其他有效的无害化处理措施。

7.10.3 病死家禽的处理按 GB 16548。

8 疫病防治

8.1 防疫

坚持全进全出的饲养管理制度。同一养禽场不得同时饲养其他禽类。家禽防疫应符合 NY 5339 的要求。

8.2 兽药

家禽使用的兽药应符合 NY 5030 的要求。

9 产品检疫、检测

9.1 肉禽出售前 4h～8h 应停喂饲料，但保证自由饮水。并按 GB 16549 的规定进行产地检疫。

9.2 出售的禽蛋质量应符合 NY 5039 的要求。

现代养鹅关键技术精解

10 运输

10.1 运输工具应利于家禽产品防护、消毒，并防止排泄物漏洒。运输前需进行清洗和消毒。

10.2 运输禽蛋车辆应使用封闭货车或集装箱，不得让禽蛋直接暴露在空气中运输。

11 生产记录

建立生产记录档案，包括引种记录、培训记录、饲养管理记录、饲料及饲料添加剂采购和使用记录、禽蛋生产记录、废弃物记录、消毒记录、外来人员参观登记记录、兽药使用记录、免疫记录、病死或淘汰禽的尸体处理记录、禽蛋检测记录、活禽检疫记录及可追溯记录等。所有记录应在家禽出售或清群后保存 3 年以上。

附录二 NY 5266—2004 无公害食品 鹅饲养兽医防疫准则

1 范围

本标准规定了生产无公害食品的鹅饲养场在疫病预防、监测、控制和扑灭方面的兽医防疫准则。

本标准适用于生产无公害食品的鹅饲养场的兽医防疫。

2 规范性引用文件

下列文件中的条款通过本标准的引用而成为本标准的条款。凡是注日期的引用文件，其随后所有的修改单（不包括勘误的内容）或修订版均不适用于本标准，然而，鼓励根据本标准达成协议的各方研究是否可使用这些文件的最新版本。凡是不注日期的引用文件，其最新版本适用于本标准。

GB 16548 畜禽病害肉尸及其产品无害化处理规程

GB/T 16569 畜禽产品消毒规范

NY/T 388 畜禽场环境质量标准

NY 5027 无公害食品 畜禽饮用水水质

NY/T 5267 无公害食品 鹅饲养管理技术规范

中华人民共和国动物防疫法

中华人民共和国兽用生物制品质量标准

3 术语和定义

下列术语和定义适用于本标准：

3.1 动物疫病 animal epidemic diseases 动物的传染病和寄生虫病。

3.2 动物防疫 animal epidemic prevention 动物疫病的预防、控制、扑灭和动物、动物产品的检疫。

4 疫病预防

4.1 环境卫生条件

4.1.1 鹅饲养场的环境卫生质量应符合 NY/T 388 的要求，污水、污物处理应符合国家环保要求。

4.1.2 鹅饲养场的选址、建筑布局及设施设备应符合 NY/T 5267 的要求。

4.1.3 自繁自养的鹅饲养场应严格执行种鹅场、孵化场和商品鹅场相对独立，防止疫病相互传播。

4.1.4 病害肉尸的无害化处理和消毒分别按 GB 16548 和 GB/T 16569 进行。

4.2 饲养管理

4.2.1 鹅饲养场应坚持"全进全出"的原则。引进的鹅只应来自经畜牧兽医行政管理部门核准合格的种鹅场，并持有动物检疫合格证明。运输鹅只所用的车辆和器具必须彻底清洗消毒，并持有动物及动物产品运载工具消毒证明。引进鹅只后，应先隔离观察 7d～14d，确认健康后方可解除隔离。

4.2.2 鹅的饲养管理、日常消毒措施、饲料及兽药、疫苗的使用应符合 NY/T 5267 的要求，并定期进行监督检查。

4.2.3 鹅的饮用水应符合 NY 5027 的要求。

4.2.4 鹅饲养场的工作人员应身体健康，并定期进行体检，在工作期间严格按照 NY/T 5267 的要求进行操作。

4.2.5 鹅饲养场应谢绝参观。特殊情况下，参观人员在消毒并穿戴专用工作服后方可进入。

4.3 免疫接种

现代养鹅关键技术精解

278

鹅饲养场应根据《中华人民共和国动物防疫法》及其配套法规的要求，结合当地实际情况，有选择地进行疫病的预防接种工作。选用的疫苗应符合《中华人民共和国兽用生物制品质量标准》的要求，并注意选择科学的免疫程序和免疫方法。

5 疫病监测

5.1 鹅饲养场应依照《中华人民共和国动物防疫法》及其配套法规的要求，结合当地实际情况，制定疫病监测方案并组织实施。监测结果应及时报告当地畜牧兽医行政管理部门。

5.2 鹅饲养场常规监测的疫病至少应包括禽流感、鹅副黏病毒病、小鹅瘟。除上述疫病外，还应根据当地实际情况，选择其他一些必要的疫病进行监测。

5.3 鹅饲养场应配合当地动物防疫监督机构进行定期或不定期的疫病监督抽查。

6 疫病控制和扑灭

6.1 鹅饲养场发生疫病或怀疑发生疫病时，应依据《中华人民共和国动物防疫法》，立即向当地畜牧兽医行政管理部门报告疫情。

6.2 确认发生高致病性禽流感时，鹅饲养场应积极配合当地畜牧兽医行政管理部门，对鹅群实施严格的隔离、扑杀措施。

6.3 发生小鹅瘟、鹅副黏病毒病、禽霍乱、鹅白痢与伤寒等疫病时，应对鹅群实施净化措施。

6.4 当发生 6.2、6.3 所述疫病时，全场进行清洗消毒，病死鹅或淘汰鹅的尸体按 GB 16548 进行无害化处理，消毒按 GB/T 16569 进行，并且同群未发病的鹅只不得作为无公害食品销售。

7 记录

每群鹅都应有相关的资料记录，其内容包括鹅种及来源、生产性能、饲料来源及消耗情况、用药及免疫接种情况、日常消毒措施、发病情况、实验室检查及结果、死亡率及死亡原因、无害化处理情况等。所有记录应有相关负责人员签字并妥善保存 2 年以上。

参 考 文 献

[1] 孙亚红，吕海坤. 常见鹅病的防治 [J]. 河南畜牧兽医，2008 (10)：21-22.

[2] 王晓凤. 雏鹅的饲养管理技术措施 [J]. 畜牧兽医科技信息，2015 (3)：113.

[3] 周永才. 雏鹅的饲养管理要点 [J]. 湖北畜牧兽医，2015 (4)：49-50.

[4] 孙莉. 鹅场址选择与鹅舍建造 [J]. 养殖技术顾问，2012 (11)：9.

[5] 黄学家，王立春. 鹅的高效繁殖技术 [J]. 新农业，2015 (9)：44-46.

[6] 杨冬辉. 鹅反季节繁殖技术的推广应用 [J]. 中国家禽，2011 (7)：38-39.

[7] 糜益锋. 鹅肥肝的生产技术 [J]. 水禽世界，2014 (2)：21-22.

[8] 周敏，潘健存，王士长，等. 鹅肥肝的营养作用及其生产技术 [J]. 广西农学报，2004 (5)：41-43.

[9] 王广辉，吴启龙. 鹅群免疫程序及疫病防治 [J]. 养殖技术顾问，2008 (10)：114.

[10] 田晓东，闫栋，孙健，等. 鹅舍的常用消毒药物 [J]. 养殖技术顾问，2008 (8)：30.

[11] 王永坤，田慧芳. 鹅主要传染病免疫程序 [J]. 农村养殖技术，2006 (9)：18-19.

[12] 陈来文. 提高种鹅经济效益的综合措施 [J]. 水禽世界，2012 (2)：21-23.

[13] 马宝荣. 种鹅的饲养管理 [J]. 当代畜禽养殖业，2015 (12)：17-18.

[14] 韦骏. 提高规模种鹅场经济效益的几项关键措施 [J]. 畜牧与兽医，2008 (2)：11-112.

[15] 寇祥明，唐鹤军，张家宏，等. 林间套种牧草养鹅循环农业模式的高效配套技术 [J]. 湖南农业科学，2015 (12)：56-58.

现代养鹅关键技术精解